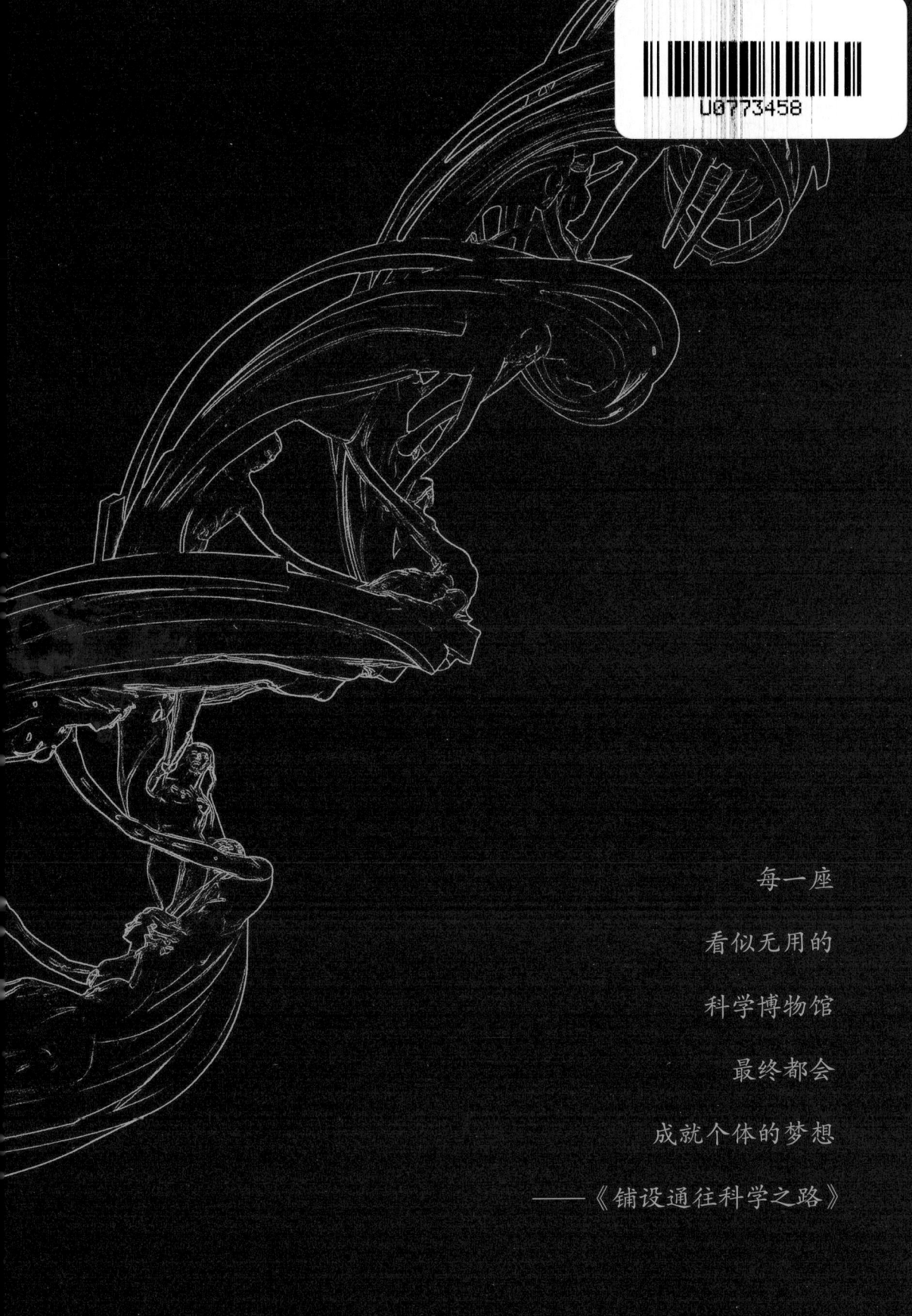

每一座

看似无用的

科学博物馆

最终都会

成就个体的梦想

——《铺设通往科学之路》

铺设通往科学之路

面向变革时代的中国科技馆体系

中国科学技术馆 ◎ 主编

科学技术文献出版社
SCIENTIFIC AND TECHNICAL DOCUMENTATION PRESS
·北京·

图书在版编目（CIP）数据

铺设通往科学之路：面向变革时代的中国科技馆体系 / 中国科学技术馆主编. -- 北京：科学技术文献出版社, 2025.2. -- ISBN 978-7-5235-2191-5

Ⅰ.N282

中国国家版本馆CIP数据核字第2024XP5826号

铺设通往科学之路：面向变革时代的中国科技馆体系

策划编辑：丁坤善　张　丹　责任编辑：李　蕊　张瑶瑶　责任校对：王瑞瑞　责任出版：张志平

出 版 者	科学技术文献出版社	
地　　址	北京市复兴路15号　邮编　100038	
出 版 部	（010）58882952，58882087（传真）	
发 行 部	（010）58882868，58882870（传真）	
官方网址	www.stdp.com.cn	
发 行 者	科学技术文献出版社发行　全国各地新华书店经销	
印 刷 者	北京地大彩印有限公司	
版　　次	2025年2月第1版　2025年2月第1次印刷	
开　　本	710×1000　1/16	
字　　数	313千	
印　　张	23	
书　　号	ISBN 978-7-5235-2191-5	
定　　价	168.00元	

版权所有　违法必究

购买本社图书，凡字迹不清、缺页、倒页、脱页者，本社发行部负责调换

编委会

主　任　郭　哲　钱　岩

副主任　楼　伟　廖　红　任海宏　齐　欣
　　　　　马晓琨　郑永和　李子彪　胡红亮
　　　　　张　剑　丁坤善　卢阳旭

成　员（按姓氏笔画排序）

马玉清	王美力	王姝婧	王紫色
龙金晶	乐　雁	任贺春	刘　怡
刘　琦	刘　巍	刘玉花	闫卓远
李　丹	李　晗	李　蕊	李洪森
杨　洋	杨博文	邱永哲	张　丹
张　闫	张　磊	张雨涵	张瑶瑶
陈　迪	陈劭轩	陈璐瑶	苑　楠
范家旭	赵　洋	赵　焕	赵　斌
胡　群	钟　毅	饶荣亮	祝　贺
秦　源	袁　正	莫小丹	徐威聪
唐　罡	黄宇婕	谌璐琳	彭　禹
韩潇阳	谢　涌	蔡文东	霍梦雅

目　录

总　论 1
  1 优秀科技博物馆的创生与发展始终与科技产业浪潮同频
     共振，展现并构筑不断变化的科学（观念）与公众之间的
     复杂关系，是新赛道的启示者 2
  2 在转型升级中拥抱新一轮科技产业变革，科技博物馆行进在
     又一个"十字路口" 5
  3 从创新系统角度看中国科技馆体系的破壁升维：发挥跨界
     协同的开放枢纽平台功能，建设认知世界的现代化方式 9
  4 打造科学文化高地：服务人的现代化需求，构筑大众
     科学的现代化建设动员力 13

第一章　塑造创新系统的新力量 19
  1 全球创新密集爆发，前沿科技汇聚新纪元 21
  2 国家创新体系构建，行动网络力量启新潮 27
  3 馆窥科学之美，名馆与科产浪潮同频共振 45

第二章　新赛道的启示者 67
  1 科技强国之路与科技博物馆文化功能 69
  2 科技博物馆开放性与时代见证者 75
  3 科技博物馆引领文化，孵化创新思维 83

第三章 中国道路：我国科技馆的创新发展与战略转型 93

1. 党领导下推动大众科学 95
2. 以人民为中心推动大众科学事业 105
3. 新时代科技馆体系驱动跨界融合演化 108
4. 泛在科技馆助力高水平科技自立自强 113

第四章 智能技术：赋能、平权还是颠覆？ 121

1. 赋能百业：作为人类创造力"外脑"，赋能科技馆在知识生产范式的重塑中发挥潜力 123
2. 平权：打造泛在、智能的中国科技馆体系公共基础设施 142
3. 颠覆：人机物融合智能驱动科技馆构筑无边界协同，帮助大众拥抱颠覆式浪潮 160

第五章 科技馆展教研一体化策源驱动国家创新系统增效 179

1. 原位转化，科技馆丰富创新实践和传播活动 181
2. 馆学融合，科技馆引领展教研一体化变革进程 190
3. 以人为本，科技馆构建超级互联生态驱动广泛的行动者网络 203

第六章 方兴未艾的科学教育浪潮 211

1. 与时俱进的科学教育是驱动世界科学中心转移的加速器 213
2. 科学教育作为"科学-社会"系统的连接器 229
3. 智能时代的科学教育作为必需公共产品，正在筑基一个新兴的未来 233
4. 我国科学教育的发展、困境与突破 242
5. 科技馆呈现分科-综合-系统整合的科学图景 258
6. 像科学家一样思考和实践，科技馆情境学习为科学教育新浪潮注入活力 268

第七章　流动的风景线：消弭发展鸿沟 ... 277

1. 科普"轻骑兵"架设知识流动桥梁，有效扩大受众面 ... 279
2. 深入推进公平普惠，持续放大流动科普资源网络效应 ... 294
3. 泛在化引领流动科普发展方向：让科学无处不在 ... 306

第八章　无尽的展陈前沿 ... 311

1. 拥抱"博物馆热"：在中国式现代化的宏大场景中打造泛在的终身学习与科学教育阵地 ... 313
2. 科技博物馆发展趋势：最根本的变化在于服务大众的信念 ... 318
3. 破壁、升维、跨界、协同：面向未来的中国科技馆体系致力于社会创造力、凝聚力的强化 ... 336
4. 以大众科学的蓬勃开展，掀起科技强国建设的社会动员热潮 ... 346

总 论

博物馆是一所没有围墙的大学校,它承载过去、连接未来,记录着人类观察自然、思考世界的探究历程,横亘于不同民族、文化和疆界之间,以独特的语言沟通彼此、架设桥梁。在更广阔的视野和纵深中感受科技博物馆的兴起兴盛,体验科技和产业革命浪潮对国家创新力崛起的引擎轰鸣,科学也具有了更加显现的意义。

科技革命总是能够深刻改变世界发展格局,决不能同这样的历史机遇失之交臂。党的十八大以来,习近平总书记多次强调,科技是国之利器,发展是第一要务,人才是第一资源,创新是第一动力,要把创新摆在国家发展全局的核心位置,作为建设现代化经济体系的战略支撑。党的二十大一体设计部署教育、科技、人才贯通发展,实施科教兴国、人才强国、创新驱动发展三大战略,这是夯实全面建设社会主义现代化国家基础性战略性支撑的行动指南。作为科技类综合场馆,引领中国科技馆体系发展的中国科学技术馆(简称中国科技馆)牢牢把握时代发展的历史主动,抓住未来10年新一轮科技革命和产业变革推动世界科技经济新赛场加速形成的机会窗口,因应时代、拥抱变革,突破传统物理形态,破壁、升维、跨界、协同,成为科学的"探路者",成为面向大众的科学文化内容输出"大学校",为实现高水平科技自立自强营造良好的创新创造氛围和社会文化基础,是系统推进中国科技馆体系建设的发力点。

科技博物馆的背后是人对自然的理性思考和阶段性认识,其以多元化的方式展示给公众,启发更广泛和深入的思考,它不仅是博物馆

生命力和吸引力的源泉，还是博物馆进行广泛的科学社会动员、驱动国家创新力崛起的基础。

1 优秀科技博物馆的创生与发展始终与科技产业浪潮同频共振，展现并构筑不断变化的科学（观念）与公众之间的复杂关系，是新赛道的启示者

科技馆起源于自然博物馆，建制化出现在第一次工业革命时期。始建于 1794 年的巴黎工艺博物馆（Musée des Arts et Métiers）收藏当时艺术和商业领域的机器、模型、工具、图纸、说明和书籍，其中相当一部分可以归于科学类别，包括当时先进科学仪器和各种机械。经验丰富的工匠会在场演示和解释说明，供工人观看和使用，向工人展示工业革命的进步，帮助工人学习用科技成果服务生产。随着工业革命的扩散和不断深入，各国各类机构纷纷效仿，设立展览来激励和影响工人及公众。1824 年，"宾夕法尼亚州富兰克林机械技艺促进研究所"在美国费城成立，就是现在的"富兰克林研究所"。作为一个科技博物馆和科学教育研究中心，其是最早以在沉浸式体验中发现科学秘密为己任，提供实践方法来了解物理世界的博物馆之一，这种方法一直持续到今天。受到 1849 年巴黎世博会的启发，吸引了 600 万名参观者的万国工业博览会于 1851 年在伦敦举办，展示当时和未来的尖端科学技术，并直接推动了英国科学教育的改革。将科学（和其他）藏品作为技术教育系统的核心，以这次万国工业博览会的剩余藏品为基础，不仅促成了 1857 年伦敦科学博物馆的建成，还促成了 1852 年维多利亚和阿尔伯特博物馆的建立，为"实践科学"提供了生动的操作空间，推动公众特别是工人了解并接受工业革命产生的科技成果。大规模的科学氛围营造，增长了公众的科学兴趣，以及对英国科学和工业领导地位的信心。

20 世纪初，美国专利商标局将大量工作模型藏品转移给综合性的史密森尼学会，即于 1846 年成立的美国国家博物馆。美国专利商标局

和史密森尼学会合作开发项目以展示美国的创新成果，就科学教育项目的合作延续至今。1881年，在巴黎举行了第一届国际电力博览会。1903年，在德意志第二帝国的鼎盛时期，建立了德意志科学技术成就博物馆（简称"德意志博物馆"），是当时世界同类博物馆中的佼佼者。受到新建的德意志博物馆启发，芝加哥科学与工业博物馆于1933年在名为"一个世纪的进步"的世界博览会举办期间开放，是西半球最大的科技博物馆，专注于科学原理和最新发现。1934年，富兰克林研究所以德意志博物馆为蓝本，开设了一座"科学乐园"式的以亲身体验为主的科技博物馆，纽约科学与工业博物馆采取了同样的模式。科技博物馆与公众的互动，转向了科学原理和技术应用的教育。

20世纪60年代，主要发达国家认识到科技对国家实力的决定性影响，建立旧金山探索馆（1969年）、安大略科学中心（1969年）等"科学中心"，引导公民主动感知科学，激发公民对未来科技发展的憧憬，引导公民参与科技决策。1957年10月4日，苏联发射了第一颗人造卫星"斯普特尼克1号"，6周后，美国政府彻底改革了科学教育，赋予科技博物馆强烈使命以有效提升公民"科学基础"，在随后几十年愈发强调对公民的科学教育。在华盛顿国家广场修建的历史与技术博物馆于1964年开放，其巨大的底层主要展示原子能、汽车、农业等技术藏品。历史与技术博物馆作为华盛顿国家广场上的第一座现代化建筑，凸显了科技作为美国生活方式基本要素的地位，它的开放标志着欧洲和北美各类科技博物馆10年扩张的开始，使现代科学尽可能地与公众互动、激发活力，描绘科技创造的乌托邦式美好未来。二十世纪六七十年代，一些科技博物馆在以前的工业区内建立。例如，在世界第一座工业城市曼彻斯特，1969年成立了一个科学和工业博物馆，该馆于1983年迁至世界上第一条火车铁路——曼彻斯特—利物浦铁路的老火车站旧址，在珍贵的工业遗产和工业文明遗址中展示科学、技术和产业发展，是世界最大的科技博物馆之一，帮助公众体验科学与工业相遇催生的现代世界。

"曼哈顿工程"开启了大科学时代，《科学：无尽的边疆》成为美

国科学界的精神财富和共同语言,推进发展科学技术成为美国战后建设的核心任务,科学的组织形式也更加灵活和交互。奥本海默作为经历"曼哈顿工程"的科学家,在美国引领了体验科学的不同方式。以"创造能够改变人类学习方式的探究式体验"为使命,旧金山探索馆于1969年创建,努力做到科学可以被看见、被触摸,参观者被鼓励自行探索、自行建立规则,通过科学、艺术与感知来体悟周围的世界,更加深入地理解现象背后的科学原理和发现方法,这种模式形成了对学校科学教育的有效补充,鼓舞了众多模仿者。旧金山探索馆通常被认为是"科学中心"式科技馆的先行者,欧洲和北美兴起了很多这类科技馆。早在1973年,北美就有了20个科学中心,到20世纪90年代中期,英国已有30个科学中心,创设了公众与科学技术新的社会互动环境。20世纪80年代,在"公众理解科学"的潮流下,巴黎建立了规模庞大的科学与工业城,科学与工业城现在和以基础理论为重点的法国发现宫一起组成名为环球科学城的联合体,是欧洲最大的科学中心,以"开放、互动、多元"的观念让每个人都能了解科学、与科学互动,以科学的逻辑来思考问题。新加坡科学中心(1977年)、巴塞罗那宇宙盒科技馆(2004年)等也充分突出科技发展与人类社会的相互作用关系。信息时代又促进了越来越多的科技馆将展品资源与信息技术结合,通过虚拟化方便公众进行实验模拟和数据分析,并与众多合作伙伴一道生动展现正在发生的科技革命和产业变革。

历史地看,世界顶级科技博物馆,与世界科学中心的形成和转移相生相伴,是世界科学中心的国家符号。科技博物馆(science and technology museum)与其他机构的界限很模糊,结构形态也非常灵活,包括自然博物馆(natural history museum)、科学工业博物馆(science and industrial museum)和科学中心(science center)等。在我国,科学中心常见的称呼是"科学技术馆",简称"科技馆"。

百年前,科学技术作为重建中国的方式长入中国社会,助推实现现代化这一近代以来的民族梦想。从"吃水不忘挖井人"到"向科学进军",从"科学技术是第一生产力"到新时代"把创新摆在国家发展全局的核心位置",我们党坚持"以人民为中心"的科学观,不断激发"人才第一资源"的创新创造活力,我国逐步成为全球创新重要一极,影响力持续提升。二十世纪八九十年代至今的40年间,我国科技博物馆蓬勃发展。中国科技馆、上海科技馆和广东科学中心等全国省级以上科技馆陆续竣工开馆以后,各省都呈现出市、县和行业建馆的新趋势,动物馆、地质馆、天文馆等异彩纷呈,我国公共科学文化服务设施发展迎来了崭新局面,科技馆体系建设稳步推进。随着教育和社会功能的不断扩展,科技馆对校外的科学、技术、工程和数学(STEM)的终身学习提供高水平服务,作为参与科学知识生产与传播转化生态系统的实时交互公共服务基础设施,其是推进科学与社会进行建设性交互和对话的平台,将科学作为更广泛的文化和社会建制来呈现。

2 在转型升级中拥抱新一轮科技产业变革,科技博物馆行进在又一个"十字路口"

积极主动适应和引领新一轮科技革命和产业变革,不仅是国家保持创新力的前提,更是时刻处在与公众交互一线、进行大众动员的科技博物馆的时代使命。

脱胎于百年工业化和信息化创新大潮的新一轮科技革命和产业变革,向极宏观拓展、向极微观深入、向极端条件迈进、向极综合交叉发力,以前所未有的渗透、融合、辐射、带动能力推动世界进入崭新的创新密集时代。我们看到的事实是:科学与技术的边界在逐渐消失,科技与经济的融合推动生产力快速飞跃,引发的社会系统变革力量在不断蓄积,创新体系一体化能力越来越成为跑赢"变化率"的关键。参与其中的,不仅是科学家、工程师、企业家们,更有越来越多的公众力量在汇聚。近20年来,科学与文化变革几乎重塑了世界发展形态,科技博物馆行进在又一个"十字路口"[①]。

群体性突破和汇聚创新加速工业社会和信息社会的融合跃迁,

---

① 郭哲:《科学博物馆的幕后》中文版序,2024年7月。

成为智能社会形成演化的核心动力。人工智能作为这一轮变革的"头雁",更是跑出了推进社会互联互通的惊人加速度,人类快步进入"人机物"三元融合的万物智能互联时代。人工智能正在模拟高维科学时空,通过对巨型复杂知识点的链接带来基础科学新突破,改变乃至重构科学。海量数据和泛在智能孕育着新的思维模式,实现了信息获取和处理的质变。知识走出"经院"向广泛社会学习转化,对"变化规律可确定、规律可被公式化表达且放之四海皆准"的传统认识论提出挑战。数据已然成为科学发现的源泉,驱动了知识生产、知识传播的效能变革和人类认知的革命。人工智能成为新的生产力,数据成为至关重要的生产要素,物联网成为全新的生产环境,未来工厂本质成为人机互动的虚拟生态圈,具备实时沟通和整合现场的能力。泛在社会感知网络加速形成,将物理世界、主观世界和信息世界融为一体,人、机、物深度交融互动,关键基础设施一体化发展,进一步加快新知识的创造和流动,人类社会在尚未弥合信息鸿沟的同时,又将面临文明鸿沟出现的巨大挑战。

人工智能的加速发展、科技经济文明的深入推进,使人的创新和创造力培养成为教育的核心目标,倒逼科学教育转型增效,开启新空间。亟待突破和升级农业时代教育在经验积累基础上的展开,以及工业化大规模生产以静态、线性、标准化的形式进行的教育普惠,在不同维度上延展人类能力。当前,世界人工智能领域发生的重大突破日新月异,甚至是"分新秒异",科学教育对这场变革的适应性直接关系着能否推进新的国家竞争力的形成,强烈地促使我们的教育升级传统目标和路径,迎接新的挑战、形成新的模式。面向未来人才,应当给予他们什么样的理念?是单一学科的垂直深耕,还是一种更广阔的视角?显然,传统教育模式与新时代的不适应性在日益凸显。当下的科技经济现状已经不满足于顺从且遵守纪律的大规模生产劳动者,更多需要的是具有创造力、充满好奇心,并能自我引导的终身学习者,需要他们有能力提出新颖的想法并付诸实施。

人的全面发展,未来可能不仅要在人类内部定义,更要在人类与人工智能之间定义。与工业社会甚至信息社会相比，智能社会呈现出指数级速度演进特征，日益体现出协同、融合的鲜明特点。这个过程中，传道、授业、解惑的基本教育功能将在很不确定的背景下面临通用人工智能（artificial general intelligence，AGI）的全面重塑。在高附加值的经济创造活动中，如果人工智能达到超越人类的"奇点"时刻，游戏规则就会改变。比如，货币的本质是分配劳动力，如果通用人工智能实现普及，货币的价值和意义又将是什么？如果生物经济的快速发展实现了对人类生物特征的重塑，我们应该给予受教育者什么样的价值或信息？随着AI等技术的发展，未来竞争不仅在人类内部，更在人类、AI、可能的"赛博人"等群体之间展开，大量重复性的体力工作与低脑力工作都可能被机器和AI所替代。这些本源性的问题，都会给教育带来新的挑战，并随着科技边界的突破，迎接不可回避的变革。

尽管教育理念一直随着科技发展的范式演化持续调整，从"做中学""结构主义课程改革运动""作为探究的科学""人本主义思潮"，到"科学、技术、社会（STS）教育""科学为大众（science for all）""科学、技术、工程、数学（STEM）教育""数学、信息科学、自然科学、技术（MINT）教育行动计划"等科学教育改革理念，不断推动人类学习理论发生深刻变化。智能社会的兴起，将催生人类学习理论与方式的彻底革命。这场变革的"桅杆"已然显现，起始于中心化的、中心控制式的变革，将使基于知识和知识逻辑化的工作被AI大量取代。生成式预训练模型（generative pre-trained transformer，GPT）读取再造了人的判断、情感能力，逐渐地扩展到审美等更高层次的表达。AGI加上教育，会使我们未来的受教育者越来越聪明还是朝着相反方向发展？这可能也是一个大问题。当AI、AGI作为教育助理的时候，它是我们的学习伴侣，还是会和人的属性进行新的统一？人机边界日益模糊或者人机不分，对教育的本质、对教育的工具产生的革命性影响，需要科学教育开拓新的发展空间，通过更加互动、沉浸式的学习体验，实现个性化和互动化的学习环境。技术与教学的深度融合还应促进跨学科学习，通过整合不同学科的知识和方法，促进人的全面发展和创新

能力的培养，推动其在快速变化的世界中把握方法，并解决问题和迎接挑战。

现代化的核心是人的现代化。作为一种公共产品的科学教育，正在为一个新兴的未来筑基。科学教育应形成校内教育与校外教育的高度互补，以及学科和跨学科科学教育之间的融合格局。我们要创造一种新的场景，提升人们跨学科沟通、跨领域对话的能力，培养人以科学精神为灵魂、以科学思维为核心、以科学知识为基础，通过科学方法提升自主探究世界、创造知识、应用实践的能力，让今天的年轻人，乃至全体公众，敢于面向未来，解决无法预见的复杂问题。①

当前新科技产业革命浪潮如何重塑科技馆与公众的互动形态？科技馆如何运用人工智能技术创造启发科学的无限新场景？数据作为科技馆展览设计、运营的基本要素，如何塑造体系发展以更好适应变革？万物互联时代，中国科技馆体系在未来新型生产关系中如何构建创新联系？智能革命是否会驱动人类创造性的又一次解放？又如何重塑一个新的学习系统，加快公众学习上新机制的突破，使灌输、重复训练走向认知世界、认知规律、探索规律、塑造前沿的学习机制？跨界融合趋势驱动了物理空间与结构作用的再定义，创新组织的外部连接重要性远远大于内部管理②。必须以系统观念审视当下和未来发展，深刻把握贡献者、策源者、供给者才是中心的万物互联时代规律。

科技博物馆的现代化，首要在于突破传统之墙，其是以万物互联重新定义未来空间的智能社会基础设施重要组成部分，是驱动教育科技人才体制机制一体创新变革、改变"学习秩序"的"社会实验室"，是拥抱新科技产业变革、推进科技展教研一体化创新策源的"开放型、枢纽型、平台型"博物致知通道，是矗立在时代前沿的科技产业变革的

---

① 郭哲.以人民的科学教育推动大众科学的蓬勃发展[J].中小学科学教育，2024（4）：9-12.
② 郭哲：《创新策源能力形成的系统视角》，在2020年科技创新智库国际研讨会的演讲。

塑造者和探路者。

3 从创新系统角度看中国科技馆体系的破壁升维：发挥跨界协同的开放枢纽平台功能，建设认知世界的现代化方式

中国式现代化要靠科技现代化作支撑，实现高质量发展要靠科技创新培育新动能。习近平总书记强调，要坚持以开放促创新，补齐开放创新制度短板，增强系统观念，增强国家创新体系一体化能力。英国经济学家克里斯托夫·弗里曼（Christopher Freeman）从独特视角揭示了以技术创新为主导使国家经济迅速崛起的奥秘，于1987年提出了国家创新系统（national innovation system）的概念——由公共部门和私营部门中各种机构组成的网络，这些机构的活动和相互影响促进了新技术的开发、引进、改进和扩散。国家创新系统就是一种有关科学技术长入经济增长、社会发展过程之中的制度安排，其核心内容就是科技知识的生产者、传播者、使用者及各主体之间的相互作用，并在此基础上形成科学技术知识在整个社会范围内循环流转和应用的良性机制。创新体系中各组成部分相互作用的实质是学习，知识流动的效率与方向决定着现代化国家经济增长实绩，也决定着其国际经济技术竞争地位。教育、创新补贴和技术计划等制度性因素，以及文化、语言、职业习惯、历史性因素等国家专有因素①直接影响到科学技术知识流动的方向和效率。

一般而言，国家专有因素与特定的社会文化和历史传统紧密联系在一起，并不容易在国与国之间传递。弗里曼认为，"对工业革命最有影响的是科学文化的兴起。英国对待牛顿的态度与意大利对待伽利略的态度最清楚地说明了这一点。"不少学者认为，现代科学没有在中国

---

① 国家专有因素（country specific factors）这个概念是德国历史学派经济学家弗里德里希·李斯特首先提出来的。在其代表作《政治经济学的国民体系》一书中，李斯特具体阐述了国家专有因素的特点及其表现，并且认为正是国家专有因素的存在说明了为什么全球普适的世界主义的经济学原理并不存在。

产生，当时的中国没能维持其世界技术领先地位，就是因为当时的社会制度和环境没有使科学、技术、文化和企业家这些亚系统发挥积极相互作用并在亚系统之间保持契合。技术创新绝非闭门造车，从来是多重循环、往复、多组织交叉的复杂社会过程，科技过程、经济过程是核心过程，缺乏制度、文化等许多非经济因素的参与和促进，创新也无法顺利完成。正是在这个意义上，要尤为强调创新主体之间的互动乃至化学反应，强调知识流动的速度和方向，强调文化等国家专有因素的重要作用，强调创新过程的广泛和充分社会参与。

新一轮科技革命和产业变革深入发展，与大国博弈相互交织，2035年建成科技强国重任在肩、时不我待。科技经济社会的界面发生了变化，创新的主体更加多元。中国科技馆体系作为面向全社会的开放系统，充分激发展教研核心创新过程的枢纽和辐射功能，促进公众认知科学、理解科学、参与科学、创造科学，加速科技知识的生产、在全社会的快速流动，激发全社会理解把握科技经济文明规律，把有限的资源投入到无限的前沿探索中，建立一个观察世界、理解世界的现代化方式，是其在国家创新系统中的职责和使命。

较之人类历史上曾经发生的多次科技或产业革命，此轮变革浪潮的兴起和展现突出表现为两大变革力量的相互叠加，由某一领域的突破为主，向多领域群体性突破转变。总体来看，信息、生命、材料、制造、能源等科技领域齐头并进、纵深创新的势头空前迅猛，交叉融合创新成为新一轮科技革命和产业变革的动力基础和演化走向，其底层逻辑就在于多学科的大尺度交叉、跨学科跨领域的综合集成，以及超越组织和国家层面各种要素之间的聚合、激发、重组。把握集大成的系统创新成为创新方法变革主导模式和趋势，推进观万物而致知。深刻理解学科领域越分越细，已经不能适应当代创新发展需要，要回到系统论这一研究经济社会视角，超越还原论，实现整体大于部分之和。

还原论几乎主宰着工业文明的科研与应用转化，现代科学热衷于培养纵向型的专才，科技创新规律却在深化横向主义。人工智能也是信息科技与生物学的结合，这样才能编制人工神经网络算法赋予大模型以"魂灵"。当前，科学家越来越认识到此路不通，一个突破性进展的背后，往往是多领域齐头并进的结果，转而在还原论的基础上寻求宏微观的平衡之道。博物兴起从19世纪60年代开始，从还原论到学科交叉，是一种博物致知的基础理论创新。协同诱发突变，"新质"未必源自在擅长领域深耕的科学家。协同的链接点越多，涌现突变的可能性越大，打破学科壁垒的协同创新已经成为科技应用迭代的加速器，各行各业都将在其加持下进一步突变。

建设中国科技馆体系，首先要突破传统物理形态，破壁升维、跨界协同，从整体论、系统论的视角审视当代科学、技术和产业发展规律，这是适应和引领这轮科技产业变革必须具备的基本创新方法。以系统观整体观看科技知识的生产和创造，面向公众策划，展陈科学思维方式、知识创造系统发生的变化、技术群体性突破和系统性创新并进特征，以及创新模式的网络化、平台化、生态化特征，展现科学生产主体的有机融合和内在联系。推进跨界协同，"你中有我、我中有你"，不同学科和技术之间横向联合、交叉启发，推动不同领域科技产生共振现象和共鸣作用，实现创造性融合和升华，激发"0-1"的原位转化，在协同增效中实现"1+1>2"，通过中国科技馆体系构筑的节点推进以前沿探究为核心的博物致知，塑造适应变革浪潮的劳动者、创造者。

开放性作为系统最一般的主要特征，由系统内在结构即内部各要素相互联系、相互作用所决定，强化主体间的网络联系和互动是提升系统效能的灵魂。开放创新是创新系统有效运转的必要前提。传统的垂直创新模式显然已经不能适应智能时代的变化率。从单一技术的开发到应用、从研究机构到企业的线性知识流动和反馈回路，已演变成多回路、网络化、交叉性、多机构、互动性的模式，并反复嵌套这一互动模式。新科技产业革命大大减少了信息阻隔，推动了个人力量的崛起，促使组织必须由单打独斗转向"结网发展"，协同创新的平台尤为重要。

构筑开放型、枢纽型、平台型组织，打造泛在、智能的社会基础设施，在超越物理边界的科技馆平台上进行结构式创新，是科技馆驱动知识快速创造、流动，推动国家创新系统效能提升的核心过程。组织创新是科技馆体系的现代化之钥，要全面评估中国科技馆体系的辐射能力、对产学研资源的虹吸能力，以及惠及的人才密度、服务的信息密度，把科技馆打造成开放型、枢纽型、平台型组织，场景驱动、跨界融合、智能支撑，帮助公众更加便捷地获取创新所需要的各种信息、资源，使科技馆成为最基本的创新细胞和社会价值源泉，建立起与研究机构、大学、企业的创新关系，推动跨组织、跨部门、跨地域的创新互动，促成各种形式的创新伙伴网络。

把握贡献者、策源者才是中心的超级互联时代规律，形成展教研一体化策源能力。改变单纯依靠展品企业的机制，密切与科技界、教育界、产业界联系，聚焦新领域、新赛道，共建"社会实验室"，驱动教育科技人才体制机制一体创新变革，推动科教融汇、产教融合协同发力，帮助公众体验新工具，推动创新范式转型，进行高能处理和自主学习，为终身校外的科学、技术、工程和数学学习与参与提供高质量服务，引领塑造智能时代的"科技学习秩序"。聚力推进展陈高质量发展，提高科学发现、技术创新和社会需求一体化策源能力，实现展示、体验并启发科技经济的过去、现在和未来，构筑公众科学基础和信念、展现国家创造力与科学生态繁荣，推进中国科技馆成为高质量内容策源和供给中心，推进科技馆展教研创新系统成为国家创新体系的重要力量。

万物互联不仅是学科、区域、国家的界面重塑，更是文化的连接与发展。科技对社会的改造和对文明的塑造能力不断加强，并在以更快的加速度实现这种塑造。数据驱动、开放科学跨界融通众多学科、领域，使科学文化日益走出"经院"，在塑造社会文化的新潮流中发挥着更加显性的作用。当代科学文化从量变到质变的趋势，正叩击"割裂还是融合？"的"时代之问"，人工智能也必将驱动产生新的文化形态和生产模式，进一步释放激发人的创新创造力，人类社会将在尚未弥合信息鸿沟的同时又面临"智能鸿沟"，机械式、还原式的认识观念已经远不能够"包打天下"。博物馆不仅存在于文化环境中，也在创造着文化环境。① 推进中西古今交流，从中华文化中寻找新时代科学文化的给养，在崇尚理性，提倡质疑、批判、创新，追求实证和普遍确定性规律中，观照人类文明发展纵深，坚持"以人为本"追求真理，在更广阔的时间、空间框架中推动科学文化对系统、整体、联系、辩证的追崇，将是焕发科学文化的时代感召力、凝聚力、传播力、影响力，积极主动适应和引领新一轮科技革命和产业变革，催生新的科学文化繁荣，不断创造先进文化新形态的现代科技博物馆的贡献。

4 打造科学文化高地：服务人的现代化需求，构筑大众科学的现代化建设动员力

有力的推动者，不仅仅是象牙塔里的科学家，还必须有越来越多的拥抱科学的芸芸大众。现代科学体系建立带来的不仅是科学的理论和突破，更多是对民众思维、民族精神的系统性塑造。智能社会，个人、组织等各类创新主体，都能够成为与科技、经济和社会双向耦合的"投射者"，每个人都可以参与创造社会的未来，成为创造社会价值的源泉。基于此，当代中国的科技馆无疑肩负着启蒙传播大众科学的重要使命。经历规模快速增长之后，必须立足于人民大众日益增长的科学文化需求，努力适应日新月异、"分新秒异"的变革时代，破壁升维、跨界协同，在策源、辐射能力上实现新的飞跃，带动泛在智能的科学场馆网络不断形成，构建扎实的中国式现代化的社会基础设施，做科学的"探路者"，实现新时代科学的功能表达、社会表达，树立起中华民族伟大复兴的科学文化地标。

一座科技博物馆既是一个科技经济社会交织发展的时代过程，也是一种结构。科技博物馆自身作为一条理论大道，各种理论不期而遇、殊途同归。文化作为一种建构，有其自身的真实，使科学文化实体化、大众化，引领理论创新，成为科技馆发挥现代化建设科学动员力的基本前提。这个时代科技博物馆理论创新的方向是什么？构建科

---

① 麦克唐纳，法伊夫. 理论博物馆 [M]. 陆芳芳，译. 杭州：浙江大学出版社，2020.

技博物馆分析的"创新主体关系复杂协同"的理论框架，能否诠释未来的科技博物馆理论？这不仅包含科技博物馆与科技产业变革，科技博物馆的本质与特征，与社会、经济、创新、文化理论化的关系，当代科学教育的趋势和规律，还包含科学理论概念和技术实践的客观化、具体化、可视化的方式，对科技博物馆学习和认知特点的研究，呈现给大众的不同分类方式，文化的生产与消费，专业知识与非专业知识之间的种种关系等。中国科技馆体系的贡献，不只是将科技世界与时代同步地展陈出来，实现科普理念革命性变革，还在于为建立一个看待科学、理解现代化、建设现代化的方式，供给科学前沿、新领域新赛道的卓见和启示，提供理论指导。

当前，我国开启的现代化经济体系建设正在推动一场结构性变革，与全球范围的新经济科技赛场高度契合，特别是中国巨大的中等收入群体和人口老龄化创造的多元化需求，以及新科技革命和产业变革与工业化、信息化、城市化、市场化、国际化相互交织，为我们在新的经济技术场景完成技术迭代升级和创新系统效能跃升提供了机遇。"以场景促协同"，依托经济地理纵深提升开放创新能力，场景驱动全方位构造重塑中国科技馆体系，建设零距离沟通接触、泛在的人类共同平台，探索科学公园、科学文化消费等新的业态，创新形成新的增长点，搭建基于未来应用场景的、依托中国科技馆体系的协同平台，为开拓未来的科技博物馆理论创新和实践，加速国家创新体系效能提升前瞻探路。

科技博物馆如同活的教科书，引导公众在书中穿梭。中国科技馆体系是当代科学教育浪潮的推动者，对于把握教育科技人才贯通发展的时代规律，推进产教融合、科教融汇，推动现代化的科学传播、科学教育体系构建，肩负重要职责。通过研究和把握当代科学教育的趋势和规律，透过复杂现象、复杂科技发展图景看本质、抓底层逻辑，透析认知规律和思维方式之变，破题学科、科学之变，馆、校之变，师生关系之变，贯通规律、认识、理论、实践的协同印证。创新性开展科学方法特训营，将科学方法与科学问题结合、与科技发展对接、与校内教育衔接，创新中小学科学教育的理念、模式和路径。把中国科技馆体系从国家公共文化设施和高质量科普服务阵地拓展为"广义的科学实验室"，有效促进科技创新和科学普及的结合，实践和引领未来科学教育的图景。

打造并形成展教研一体化策源能力，是中国科技馆带动中国科技馆体系适应变革时代"日新月异"的必由之路。服务人的现代化需求，突破传统科学知识的维度，广泛发动社会参与，构建广泛联系产学研各个主体的产品创新枢纽和研发平台，推进展品研发创新、高新技术手段研发、展教研资源工程转化，把社会和文化变量引入体系中来，在维度提升、跨学科融合和多元协作方面取得创新，强化展教研一体化策源能力。深挖古代科技背后的中华文化根脉和民族创新精神，推进古代科技展览研发，利用先进展示手段，让古代科技文物和科技成果"活起来"，推动中华优秀传统文化在科普领域的创造性转化和创新性发展。汇聚全国科技馆、科普企业、科研院所等的优秀原创展览展品资源，建设展品资源库，开发不同主题、适宜中小科技馆直接使用的科普展品资源，为有需求的科技馆的内容建设做好支撑和服务。立足国家战略和基层需求，开发主题多样、模块组合、菜单配置的展览资源库，建设服务中小科技馆的展览资源"中央厨房"。

传播最佳实践，构建面向基层一线、无处不在的开放、无边界辐射中国科技馆体系。发挥中国科技馆作为科技馆体系龙头的引领作用，以"馆联体""活动联盟"等牵引形成科技馆体系旗舰，打造无边界组织群，建立起全链条的服务生态。顶层研究设计流动资源和流动设施的变迁模式，网络化布局实体馆外流动体系，"从流动走向泛在"，构筑新时代"泛在的风景线"，针对性供给资源，推进实质上的公平、普惠，实现枢纽组织功能的确立。"AI for Science Museum"打造智能时代科技博物馆发展的核心驱动力，以智能化思维推动跨越上一轮信息化发展阶段，把复杂问题简单化、数据化、程序化、体系化，将CSTM-GPT打造成为掌上科技馆的引擎，泛在感知、互联互通，推动中国科技馆体系效能变革。推动构筑全民科学化、现代化的思想方法和思维方式，不断提升全体人民矗立前沿、引领科技文明时代的能力。

催化跨界协作，体现开放型、枢纽型、平台型组织的使命和改革成效，把中国科技馆体系作为重要基础设施，加强与教育主管部门协作，深化馆校合作长效机制，将优质科学教育资源辐射至中小学校，鼓励中小学到科技馆常态化开展"科技馆里的科学课"。联合企业共同推进中小科技馆建设，深化中国企业公益科普联合倡议机制，探索推广由地方政府、企业、科技馆三方共同参与的中小科技馆共建模式。尊重并服务企业对产业和市场竞争前沿趋势的判断，汇聚各方智慧，形成对企业创新的战略信息支撑体系和重点技术选择的有效机制，推动公共科技资源聚焦企业创新战略重点，响应创新发展。

以人民的科学教育，推动大众科学的蓬勃发展。让大众的观念，突破展品、体验的外壳，将关注转向物质深处的精神内涵，并试图以知识、思想、方法、情感和信念的形式将其提炼和揭示出来，前往科学的通路才能被真正打开。中国科技馆体系要服务创新时代人的全面发展，成为科学文化的投射者、大众科学的动员者。贯通科学教育、人才培养、精神养成、文化涵养各个环节，科技馆的科学理解、实践、感知，让大众既是参与者，更是创造者，不再是被动的、产品的接收者。人口统计学家马克·麦克林登预计，到2025年全球"α世代"人口将接近20亿人，或许会成为世界历史上出生人口最多的一代①。充分考量受众群体的结构性变化，洞察"Z世代"数字原住民、"α世代"智能原住民的"心"，让科学教育的内容和方式获得他们的亲近和信任。建设跨越物理空间的泛在、智能"伴随终身助手"，引导公众进入新的自我"编程"方式，以产生创新创造型的行为模式和自我塑造，不断满足人民群众日益增长的科学文化需求，始终把事业发展建立在推进大众的创新创造实践之上，助力支持、参与科技创新成为全民的自觉行动，以大众科学的蓬勃发展推动以科技创新为核心的全面创新。

---

① α世代，通常指2010年以后出生的少年儿童。他们出生、成长在数字时代，是数字时代的原住民，因而也具有不同于其他世代的明显特征。

面向科学无尽的前沿，中国科技馆体系塑造着现代科技与公众的实时界面和情景。在人类正在进入的"人机物"三元融合的万物智能互联时代，必须适应快速创新变化，自我破壁、主动跨界。我们力争"看得更远""看得更清""看得更准"，力图通过战略研究，睁开眼睛看变革，力求在理论上有跨越式创新，在战略上有革命性突破，推动科技馆体系建设跟上时代步伐，不断深化对创新发展规律、科技管理规律、人才成长规律的认识，不断深化中国科技馆体系围绕中心、服务大局，发挥体系引领枢纽功能的规律认识，筑牢面向2035建成科技强国的社会基础。我们试图去完整描摹中国科技馆体系变革的效能方向和发展路径，明晰突破物理空间限制，"破壁"构建广泛联系产学研各主体的协同创新枢纽，催化跨界协作，"升维"塑造科学文化发展的新活力，"跨界"打造科技、教育、文化资源汇聚平台，"协同"形成科技展教研一体化创新的策源地。这些目标的达成，将使中国科技馆体系推动人在体验科学、参与科学、探索科学中实现全面发展，从而以大众科学的兴起和蓬勃发展，完成现代化建设、伟大复兴的社会动员。

第一章
塑造创新系统的新力量

科学技术是第一生产力，在推动人类文明进步中发挥着日益重要的决定性作用。当前，变革涌流席卷世界，迅猛发展的科技创新其深度广度速度精度均超越历史任何时期，成为驱动经济社会发展转型的第一动力，并以前所未有的力度深刻影响人们的生产生活方式，乃至人类文明形态和走向。

改革开放40多年以来，我国的创新体系实现了跨越性发展，从传统的线性方式向产学研协同转变，面临新的国际环境，正在大力推动新型举国体制下的科技创新自立自强体系构建，推动我国的科技创新多点齐发，国家创新系统不断朝着全球创新系统演变。开放创新是国家创新系统方法论的核心内涵，创新越来越成为诸多机构相互作用、文化塑形的结果，知识的流动和配置效能决定着创新系统效能。

迎着第一次科技产业革命的潮涌兴起的科技博物馆，推动公众体验着科技和产业变革浪潮对国家创新力崛起的引擎轰鸣，连通着公众与科学、产业实时交互的界面，是全球创新体系的靓丽风景线。面临百年未有之大变局，人类迎来科技文明大发展的时代，应对创新的复杂性和全球性问题，必须以历史纵深和整体视角，充分挖掘和释放科技博物馆的社会建设枢纽和文化功能。

1 全球创新密集爆发，前沿科技汇聚新纪元

创新是从根本上打开增长之锁的钥匙。进入 21 世纪第二个十年，全球范围内科技进步和创新的速度不断加快，科技创新成为推动人类社会生产力向更高水平跨越的最具革命性的力量。新一轮科技革命和产业变革的航船从孕育之初就依稀可见，演化兴起呈现出清晰轮廓。经过多年的发展，世界科技创新正加速实现从量变到质变的重大飞跃，以交叉融合、集成创新为鲜明特点，学科交叉的广度和深度前所未有，不断引发重大科学方向上的根本性、群体性突破。特别是在物质结构、宇宙演化、生命起源、意识本质等一些重大科学领域，原创性突破不断出现，其价值和意义丝毫不逊于历次科技革命中出现的里程碑式成果，并从宇观和微观两大层次极大地拓展了人类的认知范围和空间，重新定位人对自然的认识。此次革命的系统性影响更表现在原创性突破对新前沿、新方向的引领和带动，并迅速转化为新的生产力。以信息、纳米、生命、认知科技汇聚交叉为核心，颠覆式技术和商业模式创新层出不穷，推动信息、生物、制造、新材料、新能源五大领域深度融合发展，进而带动科技、经济、社会体系全方位融合创新，汇聚形成了新一轮产业变革的核心驱动力。一个明显的趋势是，工业化和信息化在深度融合中正加速向更高水平跃迁，以开放、协同、融合、共享、共治为鲜明特征的智能社会新形态初见端倪。正如习近平总书记指出的，信息技术、生物技术、新材料技术、新能源技术广泛渗透，科技创新链条更加灵巧，技术更新和成果转化更加快捷，产业更新换代不断加快，使社会生产和消费从工业化向自动化、智能化转变，社会生产力将再次大提高，劳动生产率将再次大飞跃[①]。这一过程中，人类社会的知识生产、流动、传播、获取方式也在随之发生根本性变化，为当代科技馆的发展带来了新时代的机遇和挑战（图1-1）。

---

① 习近平：《为建设世界科技强国而奋斗——在全国科技创新大会、两院院士大会、中国科协第九次全国代表大会上的讲话》（2016 年 5 月 30 日）。

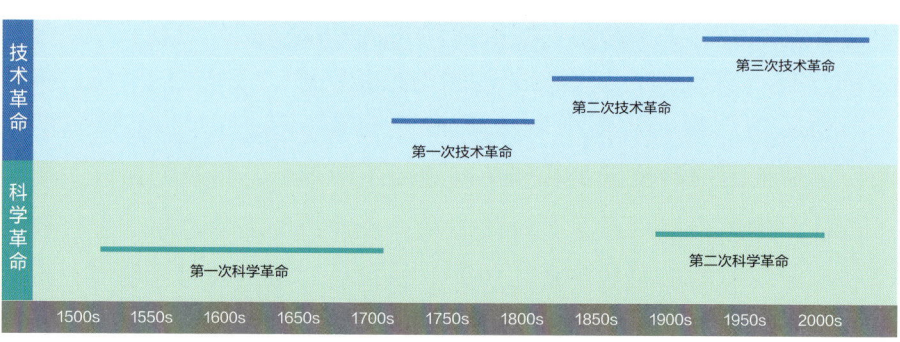

图1-1 科学革命和技术革命的发展历程

习近平总书记指出，要积极主动适应和引领新一轮科技革命和产业变革[①]。建设世界科技强国是实现中华民族伟大复兴的必由之路，必须抓住历史机遇。纵观近代世界发展的历史进程，每一次大国的崛起都伴随着科技创新强国的崛起，世界经济中心的转移也是科技中心转移的过程。历史上，我们多次与科技和产业变革失之交臂，痛失发展机遇。不创新不行，创新慢了也不行。如果我们不识变、不应变、不求变，就可能陷入战略被动，错失发展机遇，甚至错过整整一个时代。近代世界发展史就是一部国家创新力比拼赶超的历史，顺潮流则强盛，逆潮流则衰落。就像习近平总书记讲到的，"科技竞争就像短道速滑，我们在加速，人家也在加速，最后要看谁速度更快、谁的速度更能持续[②]。"创新竞争不仅是赢者通吃、大鱼吃小鱼式的竞争，更是快鱼吃慢鱼，甚至是小鱼吃大鱼式的降维打击式竞争，在技术上领先一小步，特别是掌握了颠覆式技术，就可以掌握竞争的先机，以小搏大，形成压倒性优势。特别是要在新赛场建设之初就加入其中，甚至主导一些赛场建设，从而成为新的竞赛规则的重要制定者、新的竞赛场地的重要主导者。

当代科技革命正是这一新的历史起点的重要标志。脱胎于百年工业化和信息化的创新大潮，新一轮科技革命和产业变革经过近60年

---

① 习近平：2023年9月对推进新型工业化的指示。
② 习近平：《在中国科学院第十七次院士大会、中国工程院第十二次院士大会上的讲话》（2014年6月9日）。

的蓄势筑基，已步入蓬勃兴起的朝阳期，以前所未有的渗透、融合、辐射、带动能力，推动世界进入崭新的创新密集时代：科学研究向极宏观拓展、向极微观深入、向极端条件迈进、向极综合交叉发力，不断突破人类认知边界。技术创新进入前所未有的密集活跃期，人工智能、量子技术、生物技术等前沿技术集中涌现，引发链式变革。世界百年未有之大变局加速演进，科技革命与大国博弈相互交织，高技术领域成为国际竞争最前沿和主战场，深刻重塑全球秩序和发展格局①。

向广度、深度、速度、精度进军，构成当代科技创新的时代特征。从宇观至微观，从深海、深地到深空，从时间、空间到认知，技术（数据）驱动的全景式科学变革风起云涌，"调控时代"开启人类认知自然、自身的新境界，新理论、新方法、新体系发端于此，纳米、生物、信息、认知技术的协同突破和融合，形成相关产业变革创新的强劲动力。基因蛋白调控、低维材料控制技术、基因编辑工具、AI蛋白质折叠等根技术出现，由之前的某一领域的突破为主，向多领域群体性突破转变，集大成的系统创新成为变革的主导模式，赋予创新密集时代不竭动力，"高原"上不断形成新的"高峰"，就广度和深度而言，其革命性和影响力已远超历次科技革命并以强劲动能驱动人类社会现代化巨轮破浪前行。

"结构式创新"重塑国家创新体系动能，技术的群体性突破和系统性创新并进，创新模式呈现网络化、平台化、生态化特征。创新的竞争已经从企业—企业、机构—机构的单一主体比拼，向以国家创新体系为基础的系统博弈转变。结构式创新引发产学研等创新单元形成新型互动关系，"你中有我、我中有你"，快捷响应外部网络变化，在协同增效中实现"1+1＞2"，推动国家创新体系向效率最优发展演化。新一轮科技革命和产业变革持续推动人类社会生产力的快速跃升，不断创造巨大的发展空间。

---

① 习近平：《在全国科技大会、国家科学技术奖励大会、两院院士大会上的讲话》（2024年6月24日）。

科技经济社会呈现更加复杂的系统耦合，变革速度超越治理能力，引发经济社会的深度震荡。纵观此轮科技和产业变革，科技是经济化、社会化的科技，是深度重塑世界政治、经济、科技格局和现代社会的力量之源，使全球化发生历史转折。科技创新与经济社会发展深度融合，原发性的科技创新、商业模式创新与社会创新深度互动，科学发现、技术创新和社会需求浑然一体，其最大影响不在于技术发达程度和既有成就，而在于引发链式反应的"变化率"。科技"快变量"重构人类的生产方式、生活方式和交换方式，万物互联时代的人机共治难题凸显，面对成长于数字时代的"Z世代"对传统价值观的挑战，以及更加多元的新社会文化意识形态带来的对未来科技治理的严峻挑战，创新及治理的体系一体化能力成为跑赢"变化率"的关键（图1-2）。

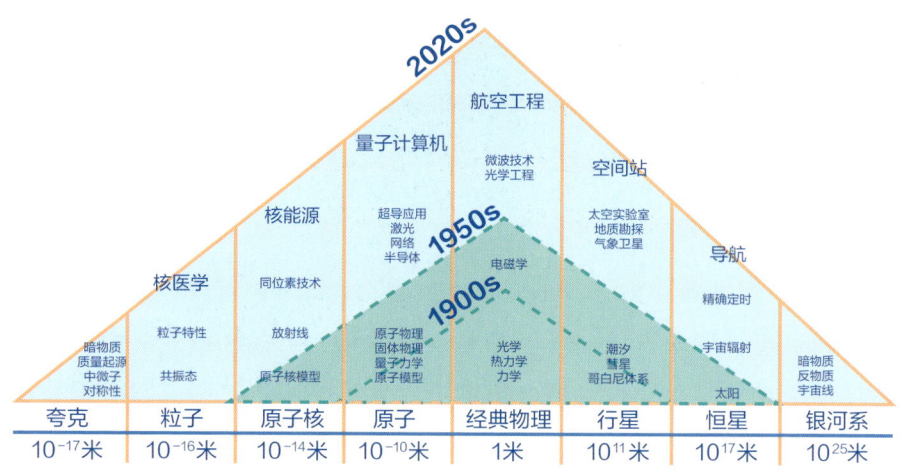

图1-2　科学的塔基与技术的塔高[①]

网络的中心点是信息和智能技术的支撑、辐射和带动，驱动智能社会加速到来。信息技术领域的变革瞬息万变，其强大的渗透性、适

---

① 根据丁肇中先生演讲稿内容修改。

应性和"量身定制"的特点,成为各领域发展的主要支撑。总体来看,信息、生命、材料、制造、能源等五大科技领域齐头并进、纵深创新的势头空前迅猛,群体性突破和汇聚创新加速工业社会和信息社会的融合跃迁,成为智能社会形成演化的核心动力。在这一新的社会形态中,驱动发展的核心动力和基础设施、人类生产生活方式、经济社会结构和治理方式均出现重大变化。正如习近平总书记讲到的:"以信息技术、人工智能为代表的新兴科技快速发展,大大拓展了时间、空间和人们认知范围,人类正在进入一个'人机物'三元融合的万物智能互联时代[①]。""人机物"三元融合示意如图1-3所示。

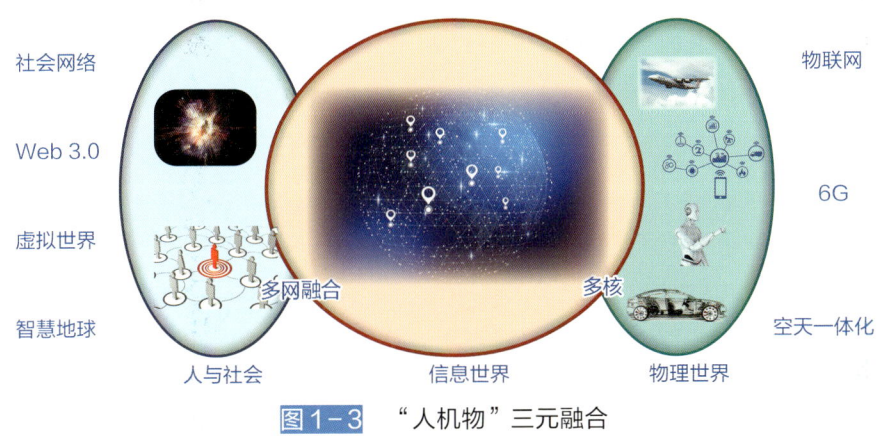

图1-3 "人机物"三元融合

人与自然打交道,都是通过某种媒介,不同的媒介实际上塑造了不同的"自然"或"自然观"。万物智能互联会催生怎样的"自然观"?回望近代西方科学的诞生和形态,它是以实验事实为根据并具有严密逻辑体系和数学表述形式的科学。17世纪的科学革命重新定义了人的理性,并认为人的理性倘若依从一些简明的原则,如公理、几何,并采用严格的数学和逻辑方法,就能最终拥抱真理,由此,新形而上

---

① 习近平:《加快建设科技强国 实现高水平科技自立自强——在中国科学院第二十次院士大会、中国工程院第十五次院士大会和中国科协第十次全国代表大会上的讲话》(2021年5月28日)。

学——机械论哲学诞生。在这种自然观的启示下，整个自然被比喻成一座"钟表"。数学方法打开了巨大的未知世界，但面对复杂多变的生命现象时就非常棘手了。还原论、机械论的形而上学中，建构的观念具有真实性。数学真理简明清晰、严密精确，帮助我们对思想进行简化和抽象，却与真实的现实存在空间和距离。如果强行将数学运用到复杂的物理现象中，就不得不剥离物体的部分属性，以这样的代价来换取对物体的抽象和简化。但是，这个抽象的简化之物，已经不能等同于实在，更多是人脑的一个抽象产物。

科学发展到"人机物"三元融合的今天，怎样突破机械论的桎梏，为自然建立一座科学大厦呢？通过观察、分类、类比、归纳，将最关键的事物联系起来，并且基于这种联系，将事物以最自然的方式呈现出来，并对其进行解释。符号和术语只是科学的脚手架，而不是科学本身。对生命体的知识进行系统化，才能获得更高一个层次的知识——个体是如何依赖于全体、局部事件是如何受宏观事件的影响；也只有这样，才能将自然与自然的运动方式相比较，获得确定性的知识，为理解自然发现定律及其秩序，首先就要打破机械论、还原论构建的人为的学科界限。自然本身就是其目的，而非一种人为建构的抽象映像。作为自然中唯一有理性的人，是宇宙参照系的原点[①]。

交融各类知识，从整体、宏观的角度理解世界图景和自然秩序的博物致知，描绘了新的时代主流特征，也铺就了科学向更高阶段迈进的方法和进路。正视现实世界的复杂性、非线性，博物推进跨界逾层，跨越多学科界限，层次贯通、有限还原，明确时空结构，面向对象调动方法、资源，成为推动科技发展的重要力量[②]。当代科学发展也不断由某一领域的突破为主向多领域群体性突破转变，集大成的系统创新成为变革的主导模式，方法的结构式变革创新引发产学研等创新单元形成新型互动关系，全方位影响着传统科研范式、产业创新模式

---

① 朱昱海. 从数学到博物学 [J]. 自然辩证法研究，2015（31）：81-85.
② 杨学泥，刘华杰. 博物学重返学者视野 [J]. 鄱阳湖学刊，2017（5）：31-38.

和科技组织发展方式。

科技博物馆作为展示和体验全景科学过去、当下和未来的公众窗口，是"博物致知"的天然平台，在新的时代特征下扮演着促进科技创新交叉融合和知识加速创造传播的重要角色，是激发新的创造点、沟通科技和社会的重要通道。以历史的、系统的、综合性的视角解决复杂问题，研究方法从单一学科扩展到多学科交叉融合，以推动未知领域的全面突破，引导公众对科学是什么、科学前行的方向、科学的社会功能进行历史的、全局的理解，把握科技经济社会长周期规律，推进开放创新以形成系统的升级。

2 国家创新体系构建，行动网络力量启新潮

20 世纪 70 年代以后，第三次科技革命方兴未艾，科技与经济增长的关系日益紧密，许多经济学家提出，知识的积累和技术的革新对经济增长作用很大，甚至是决定性的。在此背景下，诞生了经济增长研究的新成果——新经济增长理论。阿罗[①]（Arrow）于 1962 年发表的《干中学的经济含义》提出，技术进步是学习的结果，生产和投资过程中形成的经验对技术进步的正向作用，称为"干中学"[②]。技术知识是一种公共物品，具有溢出效应（spillover effect），由于技术在全社会的扩散，以及技术作为生产要素具有报酬递增的特点，整个社会经济收益递增。1986 年，罗默[③]（Romer）在《递增报酬与长期增长》一文中，通过知识的外部性、知识自身生产报酬递减、知识的报酬递增

[①] 阿罗（Kenneth J. Arrow，1921—2017），美国经济学家，战后新古典经济学的开创者之一，于 1972 年因在一般均衡理论方面的突出贡献与约翰·希克斯共同荣获诺贝尔经济学奖。阿罗是保险经济学、不确定性经济学、信息经济学和沟通经济学的发展先驱。

[②] ARROW K J. The economic implication learning by doing[J]. Review of economic studies，1962，29：155-173.

[③] 保罗·罗默（Paul M. Romer，1955—），美国经济学家，新增长理论的主要建立者之一。现任纽约大学经济学教授、斯坦福大学经济学教授、胡佛研究所高级研究员。

等假设，较好地解决了竞争性均衡与经济稳定增长的兼容性问题和阿罗模型增长路径发散的问题[1]。1990年，罗默在《内生技术变化》中指出，技术变化是人们在市场刺激作用下主动作为的结果，将技术进步视为专门研发活动的成果，为长期经济增长提供了重要推动力。通过将技术进步内生化，有力地说明长期经济增长之源，提升主流经济学对经济增长问题的解释力[2]。

以Aghion-Howitt模型为代表的新熊彼特经济增长理论，继承了美籍奥地利经济学家熊彼特（Joseph Alois Schumpeter）[3]关于技术创新是一个"创造性破坏"过程的思想，给出了新知识的产生对原有知识同时具有正外部性和负外部性的假设[4]。尽管Aghion-Howitt模型也将技术进步视为经济增长的重要推动力，但这一过程不再是线性的，而是一个不同市场主体的利益相互冲突、市场领先者与追随者相互更替的复杂的社会再生产过程。这证明，经济的动态均衡结果可能是平衡增长的路径，也可能是非增长陷阱"创造性破坏"过程的存在，使过时研究产品惨遭淘汰，从而降低整个社会的研发努力，使经济的动态均衡增长率低于社会最优增长水平。格罗斯曼（Grossman）和赫尔普曼（Helpman）从产品质量阶梯内生经济增长出发得出了类似结论[5]。1988年，卢卡斯（Lucas）[6]提出，不同国家之间技术进步水平的差距，主要

---

[1] ROMER P M. Increasing returns and long-run growth[J]. Journal of political economy，1986，94（5）：1002-1037.

[2] ROMER P M. Endogenous technological change[J]. Journal of political economy，1990，98（5）：71-102.

[3] 约瑟夫·熊彼特（Joseph Alois Schumpeter，1883—1950），被誉为"创新理论"的鼻祖。1912年，其出版《经济发展理论》一书，提出了"创新"及其在经济发展中的作用，形成了以"创新理论"为基础的独特理论体系。

[4] AGHION P, HOWITT P. A model of growth through creative destruction[J]. Econometrica，1992，60（2）：323-351.

[5] 格罗斯曼，赫尔普曼. 全球经济中的创新与增长[M]. 北京：中国人民大学出版社，2003：106-109.

[6] 卢卡斯（Robert E. Lucas, Jr.，1937—2023），美国著名经济学家、芝加哥经济学派代表人物之一、芝加哥大学教授，1995年诺贝尔经济学奖得主。

体现在不同素质的劳动者身上而不是"有用知识的存量"①。按照卢卡斯的思路，技术进步对经济增长的贡献，主要体现在人力资本的形成对产出的贡献明显大于一般劳动投入，那么技术的扩散同样体现在增加了与该技术相应的人力资本。他们对技术进步、人力资本和创新的研究，为后来的经济增长研究奠定了良好的基础。

新制度经济学将制度、技术都看成社会经济系统的内生变量，认为技术进步是增长本身而非增长的原因。诺思（North）②认为，决定经济绩效和知识技术增长率的是政治经济组织的结构③。增长过程对一个国家意味着内部的不稳定④。技术进步速度加快，不仅可以归因于市场规模的扩大，还应归因于发明者在其发明所创造的收益中占有较大份额能力的提高⑤。诺思特别强调，如果没有有效的思想约束，约束行为的衡量费用会高到使新的组织形式不可行⑥。新结构经济学以马克思历史唯物主义为指导，认为要最大限度地释放产业和技术的生产力需要适当的基础设施和上层建筑⑦。马克思通过对资本主义社会劳动生产力的深入分析，阐明了科学是生产力中一个相对独立的因素，明确提出随着大工业的发展，现实财富的创造较少地取决于劳动时间和已耗费的劳动量，更多地取决于在劳动时间内所运用的动因的力量，取决于一般的科学水平和技术进步，或者说取决于科学在生产

---

① LUCAS R E. On the mechanics of economic development[J]. Journal of monetary economics, 1988 (22).
② 诺思（Douglass C. North, 1920—2015），美国经济学家、历史学家，新经济史的先驱者、开拓者，由于建立了包括产权理论、国家理论和意识形态理论在内的"制度变迁理论"，获得1993年诺贝尔经济学奖。
③ NORTH D C. 经济史上的结构和变革 [M]. 北京：商务印书馆，2009：21.
④ NORTH D C. 经济史上的结构和变革 [M]. 北京：商务印书馆，2009：35.
⑤ NORTH D C. 经济史上的结构和变革 [M]. 北京：商务印书馆，2009：188.
⑥ NORTH D C. 经济史上的结构和变革 [M]. 北京：商务印书馆，2009：192.
⑦ LIN J Y. New structural economics: a framework for rethinking economic development[J]. The world bank observer, 2011 (26): 193-221.

上的应用①。

以快速技术进步和产业升级为特征的创新是引发经济系统结构变化，推动经济从停滞不前的传统农业经济转变为充满活力的现代经济的基础②，已成为现代增长理论的共识。科学技术是现代化发展最先进的生产力，也是最好的推进剂。当它与生产相结合，就会变为最为活跃的生产力，推动现代化发展。马克思认为科学技术是"物化的知识力量"③。新增长理论认为，知识可以提高投资的回报，而这反过来又可以增进知识的积累。人们可以通过创造更为有效的生产组织方式及开发出新的和改进的产品与服务来实现上述目标。知识可以通过溢出效应，在几乎不增加额外投资的情况下反复利用，以减轻资金短缺对经济增长的压力，因而它具有报酬递增的特征。

创新被视为经济动力背后的主要机制。第一个对创新进行界定的是经济学家熊彼特，他认为，"所谓创新，就是建立一种新的函数，也就是把一种从来没有过的关于生产要素和生产条件的组合引入生产系统"。在其1912年以德文版最先发表的《经济发展理论》一书中，熊彼特认为创新的新组合包括以下5种情况：①引进新产品或一种产品的新特性；②采用新技术，即新的生产方法；③开辟新市场；④控制原材料或半成品的新的供给来源；⑤实现企业的新组织。

弗里曼（Freeman）④开创了将创新理解为互动过程的愿景，而不是线性的，即创新是从研发工作中自动产生的，弗里曼也是引入"国家

---

① 马克思，恩格斯. 马克思恩格斯全集（第46卷）[M]. 北京：人民出版社，1980：217.
② KUZNETS S. Modern economic growth: rate, structure and speed[M]. New Haven, CT: Yale University Press, 1966.
③ 马克思，恩格斯. 马克思恩格斯全集（第46卷）[M]. 北京：人民出版社，1980：34.
④ 克里斯·弗里曼（Chris Freeman，1921—），英国著名创新经济学家与科技政策专家，现代创新经济学的奠基人之一。曾经是英国萨塞克斯大学科技政策研究所（SPRU）的创建人和第一任负责人，其主要研究领域涉及技术创新、科技指标设计、技术扩散及其影响、世界经济结构变迁，以及东亚和拉美国家的"技术追赶"等方面。

创新体系"概念的先驱（Freeman，1982，2004）。依据熊彼特的思想，弗里曼（Freeman，1992）将创新活动分为不同层次，包括产品创新和工艺创新（或称为过程创新）。产品创新主要指公司、大学或政府实验室中有意识的 R&D 新产品的生产和对旧产品的一些非连续性质变性的创新。

国家创新系统的理论渊源同样可以追溯到李斯特[①]的《政治经济学的国民体系》一书。在著作中，李斯特提出国家体系这一概念，并且分析了"国家专有因素"如何影响一国的经济发展绩效及后进国家的技术政策选择，从而成为国家创新系统的理论源泉。李斯特的立足点是发展生产力，而不是仅仅依靠市场这只"看不见的手"去解决所有的经济问题。他特别指出了国家专有因素的重要性，强调不同国家的历史条件、文化传统、地理环境、自然资源及国际背景等对于一国经济发展和政策选择的决定性影响[②]。

20世纪80年代末，随着科学技术日新月异的发展，西方发达国家开始从工业经济逐渐向知识经济转变，科学技术成为第一生产力。世界科技经济全球化使得国与国之间的竞争变得更为复杂，产品的竞争变为创新链之间的竞争、创新能力和效率之间的竞争。提高创新能力成为经济增长的主要驱动力，发展高新技术产业成为经济繁荣的关键。在此背景下，一些研究创新的专家学者发现，有些国家的创新成绩斐然，而另一些国家则成绩平平，其主要原因是前者有一个运行有效的国家创新系统。

1987年，弗里曼在分析日本经济绩效的著作《技术和经济运行：来自日本的经验》中，首次公开提出国家创新系统（national innovation system，NIS）的概念。他将 NIS 定义为一个与新技术启发、引进、改

---

① 李斯特（Friedrich List，1789—1846），古典经济学的怀疑者和批判者，德国历史学派的先驱者。李斯特的奋斗目标是推动德国在经济上的统一，这决定了他的经济学是服务于国家利益和社会利益的。与亚当·斯密的自由主义经济学相左，李斯特认为国家应该在经济生活中起到重要作用。
② 李斯特. 政治经济学的国民体系 [M]. 北京：商务印书馆，1961.

造、开发和扩散相关的机构及其相互关系组成的网络组织。这种网络组织由公共部门与私营部门构成,通过这些部门的行为及其相互作用促进新技术的创造、引入、改进和扩散[①]。1988年,弗里曼在《日本,一个新的国家创新系统?》一文中进一步规范了国家创新系统的界定。1992年,他又将国家创新系统分为广义和狭义两种:广义的国家创新系统包括国家经济体系中涉及引入、扩散新产品的所有机构;狭义的国家创新系统涵盖与科技活动直接相关的机构及支撑这些机构的教育系统、技术培训系统等[②]。

国家创新系统概念提出之后,国外学者从不同角度对国家创新系统概念和结构进行深入研究。1988年,美国学者纳尔逊(Nelson)在《作为演变过程中的技术变革》中介绍了美国的国家创新系统,认为国家创新系统是一组机构,其相互作用决定企业的创新行为。他分析了大学、政府、企业在新技术生产中的作用,认为创新是大学、企业等有关机构的复合体制,制度设计的功能是在技术的私有和公有之间建立一种平衡。1993年,纳尔逊主编的《国家创新系统:比较分析》对15个国家和地区的国家创新系统进行比较分析,认为由于各国家及地区的历史、文化、地理、大小、资源、社会和政治系统及发展水平不同,国家创新系统的发生和运行机制存在较大差异,政策制定者要根据具体国情制定相关政策来提升本国的创新能力[③④]。纳尔逊对国家创新系统的

---

① FREEMAN C. Technology policy and economic performance:lessons from Japan[M]. London:Pinter Publishers,1987.
② FREEMAN C. The national system of innovation in historical perspective[J]. Cambridge journal of economics,1995,19(1):5-24.
③ NELSON R. National systems of innovation:a comparative analysis[M]. New York:Oxford University Press,1993.
④ KIM L,RICHARD N. Technology,learning and innovation:experience of newly industrializing economics[M]. New York:Cambridge University Press,2000.

分析偏重于经验研究，而 1992 年，伦德瓦尔（Lundvall）[①]在其主编的《国家创新系统：构建创新和交互学习的理论》一书中阐述了国家创新系统的构成和运作，剖析了国家创新系统的要素在生产、扩散和使用新知识过程中的相互作用，补充和完善了国家创新系统的理论框架。从国家层面来研究制度安排、生产结构和用户－生产者相互作用所形成的创新体系，国家创新系统的主要组成部分（如企业组织结构、企业网络、大学和科研机构、公共部门、金融系统等），以及经济全球化情况下国家创新系统的开放性问题[②]。

1994 年，OECD 启动了国家创新系统项目，该项目的任务是探索国家创新的"力量分布"。在《以知识为基础的经济》研究报告基础上，1996 年，OECD 将知识概念引入国家创新系统，认为知识流动是联系国家创新系统各主体的核心要素。1997 年，OECD 通过对 NIS 的实证研究，发表《国家创新系统》研究报告，指出"创新是不同主体和机构间复杂的互相作用的结果。技术变革并不以一个完美的线性方式出现，而是系统内部各要素之间的互相作用和反馈的结果。这一系统的核心是企业，是企业组织生产和创新、获取外部知识的方式。外部知识的主要来源则是别的企业、公共或私有的研究机构、大学和中介组织"，认为国家创新系统是"由不同机构组成的集合，这些机构共同或单独致力于新技术的开发和扩散，并向政府提供一个制定、执行政策以影响创新过程的框架"。约翰逊（Johnson，1998）最先提出了创新体系的"功能"概念，认为创新体系中"一个组件或组件集对目标

[①] 伦德瓦尔（Bengt-Åke Lundvall，1930—），国家创新系统理论先驱，丹麦奥尔堡大学商学院教授，丹麦政府技术委员会和欧洲政策委员会顾问，欧盟、经济合作与发展组织（Organization for Economic Co-operation and Development，OECD）的顾问专家，清华大学特聘教授。1985 年开始关于"技术创新作为一种学习过程"的研究，1996 年其创建的 DRUID（Danish Research Unit for Industrial Dynamics）现已成为国际技术创新领域最著名的研究机构。

[②] LUNDVALL B. National system of innovation：toward a theory of innovation and interactive learning[M]. London：Printer Publishers，1992.

的贡献称为功能"[①]。爱德华多（Eduardo[②]，2002）认为发展中国家的创新过程与发达国家截然不同，进而主张用国家学习系统替代国家创新系统[③]。一个健全的国家创新体系具有克服市场失灵、防范政府失灵和缓解系统失灵的功能[④]，这不仅是科技进步与经济社会发展一体化的产物，同时也是推进这种一体化的重要杠杆（图1-4）。

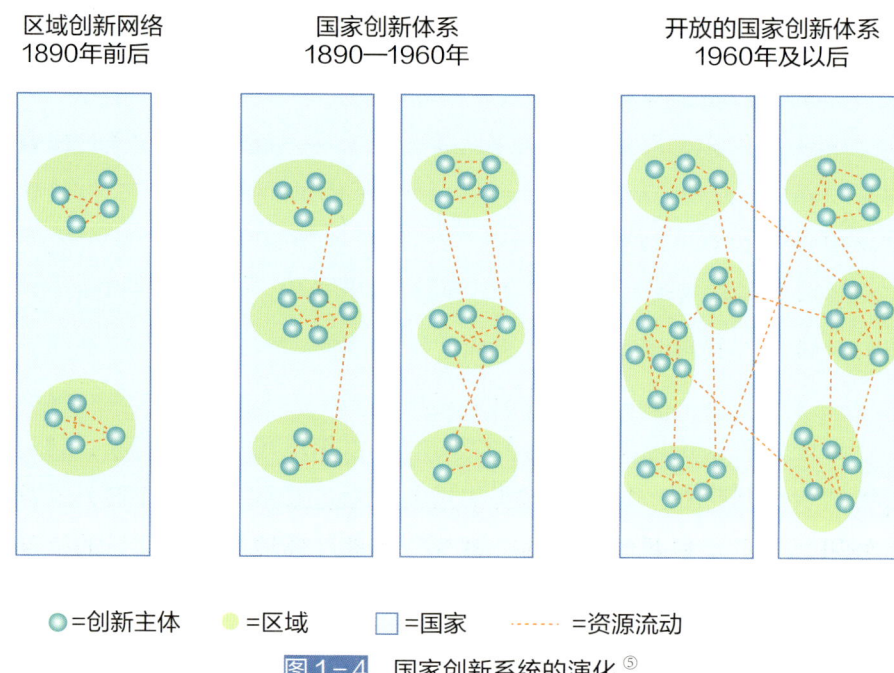

图1-4　国家创新系统的演化[⑤]

---

① JOHNSON A. Functions in innovation system approaches[Z]. Department of Industrial Dynamics，Chalmers University of Technology，1998.
② 爱德华多·维奥蒂（Eduardo Viotti），主要研究领域是科技创新与发展之间的关系，特别是科技创新与可持续发展、国家创新和技术学习体系、科技与创新指标、科技与创新人力资源方面。
③ EDUARDO B. Viotti national learning systems：a new approach on technological change in late industrializing economies and evidence from the cases of Brazil and South Korea[J]. Technological forecasting&social change，2002（69）：653-680.
④ 傅利平. 国家创新体系的结构演化及其功能分析[J]. 自然辩证法研究，2002（6）：65-67，77.
⑤ 刘云，谭龙，李正风，等. 国家创新体系国际化的理论模型及测度实证研究[J]. 科学学研究，2015，33（9）：1324-1339.

随着技术经济范式的深刻变化，创新主体不再局限于传统的科研机构和高校，而是包括企业、政府、机构等多种形式，这些主体之间形成了跨地域、跨组织的高效互动创新网络[1]。创新主体多元化与网络化在国家创新体系变革中通过构建开放式的创新网络，促进不同创新主体之间的协同合作，可以有效地提升国家的创新能力和竞争力。随着人工智能时代的到来，AI 技术的引入从技术创新、产业升级和商业模式创新方面重塑了国家创新体系动能[2]。数据成为创新活动的核心投入要素。数据要素在消除微观个体局部信息不对称的同时，也大大增加了个体间交互性，进而提升了宏观整体的系统性、复杂性。随着数据要素的投入，国家创新体系的组织架构、运行方式也随之发生适应性变化，创新主体之间高连通、多链接，组织架构去中心化、扁平化，主体行为的并发性、交互性增强，并带来创新生态系统整体复杂性的大幅提升[3]。

开放创新是国家创新系统方法论的核心内涵。开放性是系统的主要特征，并不是环境给系统外加的特征，而是由系统内在结构即内部各要素相互联系、相互作用所决定的属性。开放的创新系统，系统内外相互联系、相互作用加强，系统、要素、环境可以在更大的范围内相互选择、相互适应，从而形成有机有序的开放式结构与优化的功能。强化主体间的网络联系和互动是提升创新系统效能的关键[4]。国家创新体系的开放性是自演化结果，且演化成两种状态。Lundvall 研究 NIS 概念时，已明确表述其是一个开放且动态的系统，认为随着国际交流的频繁、国际化程度的加深，创新过程并不局限于本国之内，跨国

---

[1] 杨晶，李哲，康琪. 数字化转型对国家创新体系的影响与对策研究 [J]. 研究与发展管理，2020，32（6）：26-38.
[2] 郭晗. 人工智能培育中国经济发展新动能的理论逻辑与实践路径 [J]. 西北大学学报（哲学社会科学版），2019，49（5）：21-27.
[3] 蔡跃洲. 数字经济的国家治理机制：数据驱动的科技创新视角 [J]. 北京交通大学学报（社会科学版），2021，20（2）：39-49.
[4] 郭哲. 开放创新是深化科技管理体制改革的关键 [N]. 科技日报，2012-01-09（1）.

创新日益重要[①]。NIS 从封闭式向开放式演化，形成两种 NIS 状态：第一种是开放式国家创新系统（open national innovation system，ONIS），由全球化趋势下的 NIS 国际化发展形成，使 NIS 的创新活动在国家边界以外具备开放性特点[②]。第二种是由 Santonen 等学者定义的国家开放式创新系统（national open innovation system，NOIS），由社会媒体技术结合开放式创新发展形成，使 NIS 的创新活动在国家边界以内具备开放性特点[③]。谁掌握了开放创新的主动权，谁才能够最大限度地调动各种资源为创新所用，在激烈的竞争中抢占先机。

开放创新是交叉融合创新的基础。历史上，数学与物理的结合创立了牛顿力学，黎曼几何与物理的结合创立了相对论，物理、化学与生物学的结合创立了分子生物学，力学与电磁理论的结合创立了电力学，材料科技与电子学的结合创立了半导体技术等。这些都说明了学科交叉融合对孕育重大创新的必要性。今天，学科的深入、交叉、融合、会聚使研究开发活动的复杂化程度不断加强，并为创新和人才培养机构的运转和行为方式带来了巨大的影响。

第一，研究开发不再仅仅是单一技术的突破，而是多项技术的集成。创新不再是在一个组织内完成，而是在多个组织间进行。创新不再是孤立产生，几乎所有的创新过程都是社会性的和互动的。从单一技术的开发到应用、从研究机构到企业的线性知识流动和反馈回路，已演变成多回路、网络化、交叉性、多机构、互动性的模式。

第二，基础研究与应用研究到产业化的界限日益模糊，驱动创新的动力也不再是单向的，而是呈现双螺旋驱动。从基础研究到应用研究直至形成市场化产品，企业、大学、科研机构、中介机构等创新主

---

① LUNDVALL B .National systems of innovation: toward a theory of innovation and interactive learning[M]. London: Anthem Press, 2010.
② 崔新健，章东明 . 国家创新系统的开放性研究 [J]. 中国科技论坛，2016（6）：5–10.
③ SANTONEN T, KAIVO-OJA J, SUOMALA J. Introduction to national open innovation system（NOlS）paradigm[J]. A preliminary concept for interchange, 2007, 8: 2007.

体间的互动和联系无处不在、无时不在，成为一个复杂的、不确定的系统。即使把从基础研究到产业化的过程看作一个链条，其上下游的协同互动仍是创新效率的决定性因素。

第三，从国家层面看，整体的创新能力不仅依赖于特定机构的表现，而且更依赖于它们作为知识生产和使用系统中要素之间的作用，以及公共政策对其的响应和支持程度。

第四，融合不仅是技术的融合，还包括不同行业、不同领域的融合，企业的融合，甚至社会体系的融合。融合的前提是开放。信息通信领域的飞速发展主要受益于开放式创新——多方参与、联动性、多头均赢、技术与运营使用盈利模式的互动。随着万物互联时代的到来，在全球经济一体化、条块分割逐渐消失的背景下，整个产业链只有融合、抱团、资源互补，才能在激烈的市场竞争中拥有一席之地[①]。

知识的流动速度和配置效能决定国家创新系统效能。OECD 认为："国家创新系统可以定义为公共和私人部门中的组织结构网络，这些部门的活动和相互作用决定着一个国家扩散知识和技术的能力，并影响着国家的创新绩效。"国家创新系统强调以知识流动为核心，促进从基础研究到应用研究直至形成市场化产品，企业、公共研究机构、教育培训机构、政府部门和中介机构等创新主体交互，实现知识要素的重新组合，促进新知识产生、传播和利用[②]（图1-5）。

---

① 郭哲. 开放创新是深化科技管理体制改革的关键[N]. 科技日报，2012-01-09(1).
② 曾德明，王业静，覃荔荔. 基于知识流动视角的国家创新系统与创新政策体系互动关系研究[J]. 湖南大学学报（社会科学版），2009，23(2)：39-43.

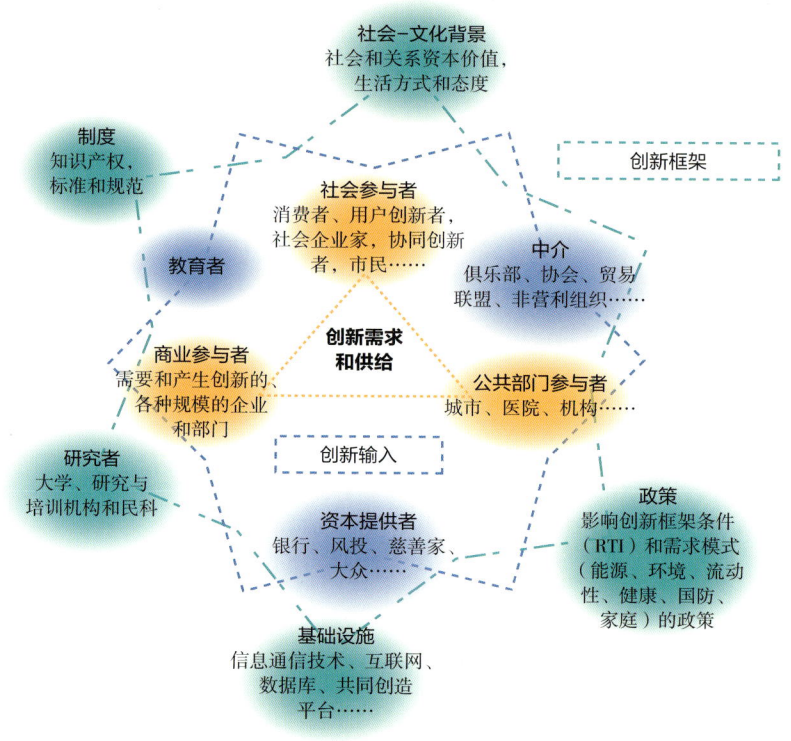

图1-5 创新系统分析视角[1]

平台在创新系统中扮演的角色越来越重要。在经济全球化、动态复杂变化的环境中，许多领域和机构要想成功，就得让其他利益相关者参与其中，在合适的时机达成一致目标，创建出一个整合、共创、共享的平台（图1-6）。同时，互联网、信息化、智能化也为创建无时空限制的生态平台提供了无限可能性。平台才是真正的舞台，生态圈平台合作是另一重要的生产主体[2]。平台的利益相关者、生态合作者，大多没有产权关联，不是传统的企业收购兼并，但它们能产生出"非组

---

[1] WARNKE P, KOSCHATZKY K, DÖNITZ E, et al. Opening up the innovation system framework towards new actors and institutions[R]. Fraunhofer ISI Discussion Papers-Innovation Systems and Policy Analysis，2016.

[2] 谢佩洪，陈昌东，周帆. 平台型企业生态圈战略研究前沿探析 [J]. 上海对外经贸大学学报，2017，24（5）：54-56.

织的组织力量、非组织的超组织力量"。

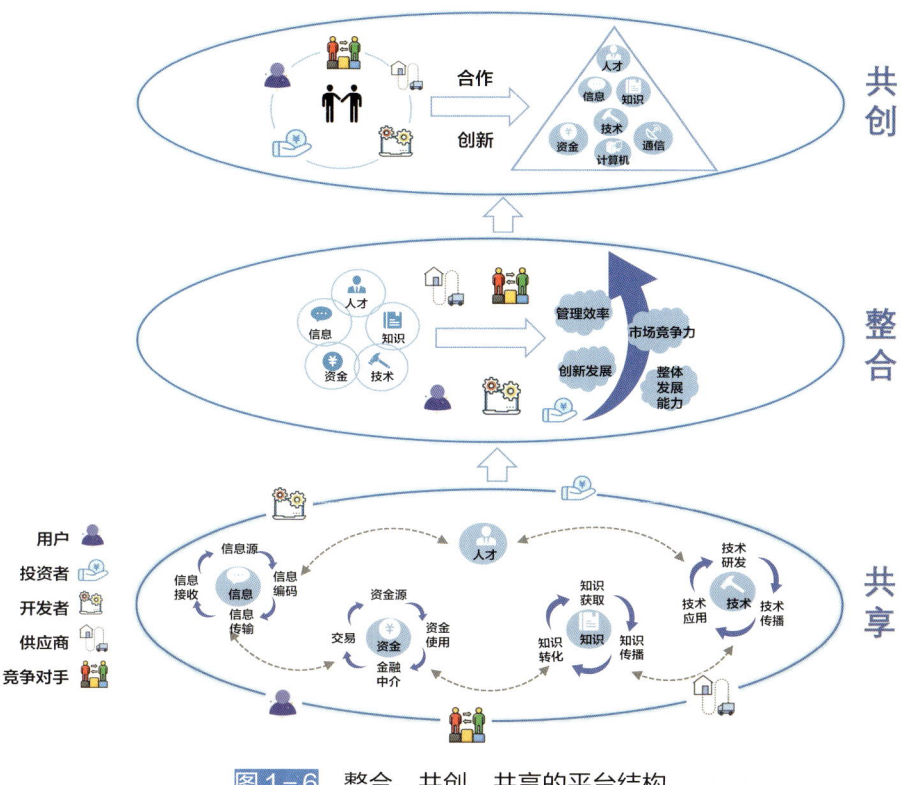

图1-6 整合、共创、共享的平台结构

传统的价值创造逻辑是线性逻辑,而平台逻辑是一种非线性的逻辑,平台枢纽加速驱动创新主体多重循环的复杂互动学习。"平台"具有网络外部性,使得平台的发展更多依赖于多元创新主体的参与程度,从外向内地倒逼主体增强其开放性,形成与平台双边参与者协同发展的体系[1]。平台组织实质上是利用信息技术低成本地链接知识、资本等创新要素,与多方一起进行价值共创的载体[2]。尤其是在数字技术中介进行知识

---

[1] 胡国栋,王晓杰.平台型企业的演化逻辑及自组织机制:基于海尔集团的案例研究[J].中国软科学,2019(3):143-152.
[2] 宋立丰,宋远方,冯绍雯.平台-社群商业模式构建及其动态演变路径:基于海尔、小米和猪八戒网平台组织的案例研究[J].经济管理,2020,42(3):117-132.

共享互动过程中,平台组织的学习效果受不同主体在互动中知识获取、知识转化、知识传播效率的影响,并取决于"知识网络效应"的存在[①]。平台模式将成为智能时代占主导地位的组织形态,是更具分散性的网络形态。未来的竞争是更系统、更深层的模式竞争,无边界竞争成为常态,甚至是跨领域联合体之间的竞争,制度也将更具开放性。

线性思维和理念的治理模式和政策模式已经难以为继,甚至是当前用线性思路,越调控,波动越大。复杂网络的创新主体之间的互动过程联系非常复杂。平台模式催化强大的创新要素和资源整合能力,形成跨领域、跨学科、跨地域甚至全球范围内的新生态。这种模式平衡知识创造与知识应用之间、内部创造与外部创造之间、内部应用与外部应用之间的关系,并随着创新战略、内外创新环境的转型或变革,维系它们之间的动态平衡,促进知识的高效流动。

人是创新要素中最具能动性的核心要素,是经济科技和社会发展最具根本性的战略资源。人的全面发展是人类存在的根本追求指向,更是构筑科技文明时代引领能力的基础。正如马克思在《关于费尔巴哈的提纲》中指出的,"人的本质不是单个人所固有的抽象物,在其现实性上,它是一切社会关系的总和",人民群众是历史的主体,是历史的创造者。一个国家现代化历史进程的演化就是人的价值观、心理素质、行为特征的转变与培育的过程,它特别强调人的参与意识、开放意识、进取精神、创新精神、独立性与自主性。帕森斯(Talcott Parsons)[②]被誉为马克斯·韦伯之后西方最重要的社会学家。他认为社会进化过程就是社会的结构分化和整合的过程,以及社会适应外部环境的能力和包容各种人群组织程度提高的过程。他运用该理论,从组成社会的单位——行动者的

---

① 宋锴业,徐雅倩.平台与新组织思想兴起[J].科学学研究,2024,42(11):2275-2285.

② 帕森斯(Talcott Parsons,1902—1979),社会学者,现代社会学的奠基人,美国第二次世界大战后统整社会学理论的重要思想家,结构功能论典范之代表人物。他早期的主要理论倾向是建构宏大的社会理论,后期开始探讨从宏观转向较微观层面的理论方向,对社会学的发展做出了极大的贡献。其主要著作有《社会行动的结构》《社会系统》《关于行动的一般理论》。

行动取向出发，具体说明了现代社会与传统社会的区别。帕森斯认为，现代社会的行动者，其行动的标准是普遍主义的，其承担的任务或义务是特定的①。美国著名社会学家英格尔斯（Alex Inkeles）②对现代化过程中人的现代化问题做了专门研究。他认为，乐于采用新经验、欢迎革新与变迁是现代人成为现代人的首要标志③。

有学者认为马克思主义哲学是科学知识社会学主要的思想来源之一，也是其主要的方法论来源之一④。库恩（Kuhn）⑤在关于科学范式论证中讲到，"在理论选择上没有中立的规则算法，没有系统的决策程序，后者在经适当运用时必定会导致群体中每一位个体做出同样的决定"⑥。什么能被看作是"真实的"，不仅仅取决于"存在"的是什么，而且取决于某一时候科学社会的政治气候。科学中的理性，由通过一组普遍接受的规则而达到的对客观世界的准确反思组成。相对主义进路的学者甚至认为，理论的建立应被视为对认识世界有意义和有用的事物"不断流动"的一种贡献⑦。布鲁尔（David Bloor）⑧提出，处于不同时代、不同

---

① 帕森斯，斯梅尔塞. 经济与社会 [M]. 刘进，林午，李新，等译. 北京：华夏出版社，1989：32-35.
② 英格尔斯（Alex Inkeles，1920—），美国社会学家，毕业于康奈尔大学，1949年获哥伦比亚大学博士学位，其后在斯坦福大学及哈佛大学任教，主要从事社会心理学、比较社会学及社会变迁研究，尤其关注现代化的研究。
③ 英格尔斯. 人的现代化素质探索 [M]. 曹中德，等译. 天津：天津社会科学出版社，1995：47-50.
④ 马来平. 试论当代科学社会学的马克思主义倾向 [J]. 东岳论丛，2004（6）：111.
⑤ 库恩（Thomas Samuel Kuhn，1922—1996），世界著名科学史家、科学哲学家，代表作有《哥白尼革命》和《科学革命的结构》。范式（paradigm）的概念和理论是由他提出并在《科学革命的结构》（The Structure of Scientific Revolutions）（1962）中系统阐述的。
⑥ KUHN T S. The structure of scientific revolutions[M]. 2nd ed. Chicago，IL：University of Chicago Press，1962.
⑦ 丹尼斯. 组织中的传播和权力：话语、意识形态和统治 [M]. 陈德民，陶庆，薛梅，译. 北京：中国社会科学出版社，2000.
⑧ 大卫·布鲁尔（David Bloor，1942—），英国当代著名社会学家、科学知识社会学的创始人之一和最主要的理论代表，其主要著述有《知识和社会意象》《维特根斯坦：一种关于知识的社会理论》《维特根斯坦：规则和制度》。

社会群体、不同民族之中的人们,会基于不同的"社会意象"而形成不同的信念因而拥有各种不同的知识[1],强调了在科学知识生产过程中不可避免地受到人类社会文化因素的影响。柯林斯(Harry Collins)[2]进行了这样的描述:"林间小道呼唤探索,它有许多条道路,对于观赏风景它比普通大道能提供更丰富的选择[3]。"行动主义取向的研究得到了发展,使马克思主义的传统在西方科学社会学中得到了某种程度的延续。

以拉图尔(Bruno Latour)[4]、卡隆(Michel Callon)[5]、劳(John Law)[6]等提出科学实践及其社会背景是同一过程的两个方面,它们相互建构、共生演进,而非因果关系,所有的社会结果都是异质性行动者在关系链接上的书写[7]。卡隆从法国哲学家塞尔(Serres)那里引入"转译"(translation)的概念,并尝试用"行动者网络""行动者

---

[1] 布鲁尔.知识和社会意象[M].艾彦,译.北京:东方出版社,2001:7-8.
[2] 哈里·柯林斯(Harry Colins,1943—),威尔士卡迪夫大学社会科学学院的英国科学社会学家,知识、专业知识与科学研究中心主任,世界著名的科学知识社会学家,2012年当选为英国科学院院士。作为科学知识社会学(SSK)中科学争论研究进路的代表人物,柯林斯在《改变秩序:科学实践中的复制与归纳》(1985)一书中剖析了科学家在复制科学实验时潜在的"实验者回归"现象,从而构建出科学知识社会学的相对主义经验纲领。
[3] 刘华杰.科学元勘中SSK学派的历史与方法论评述[J].哲学研究,2000(1):38-44.
[4] 布鲁诺·拉图尔(Bruno Latour,1947—2022),哲学家、社会学家、人类学家。国际知名的当代学术界大师,STS(科学、技术与社会)巴黎学派的创立者。曾任巴黎政治学院(Sciences Po Paris)社会学研究中心教授、副院长,2013年获得霍尔堡国际纪念奖。
[5] 卡隆米歇尔·卡隆(Michel Callon,1945—),巴黎矿业学院社会学教授,1982—1994年担任创新社会学中心主任,1998—1999年担任科学社会研究学会主席,与布鲁诺·拉图尔和约翰·劳共同创立了行动者网络理论或翻译社会学。
[6] 约翰·劳(John Law,1946—),社会学家和科学技术研究学者,STS(科学、技术与社会)社会学的巴黎学派的核心人物之一,提出了行动者网络理论(actor network theory,ANT),该理论最初产生于知识社会学领域,之后发展成一种重新看待"社会"的认知方法,即"把社会看成是联结的科学"。后来,ANT作为一个分析框架,被应用到地理学、经济学、教育学、人类学和哲学等学科领域。
[7] 刘鹏.行动者网络理论:理论、方法与实践[M].北京:中国社会科学出版社,2020:201.

世界""转译"3个新概念解释行动者网络理论[1]。劳则确定了异质性网络的概念[2]，他们为拉图尔的行动者网络理论（actor-network theory, ANT）奠定了基础。

拉图尔最初以实验室为场域，把认识论意义上的实验与话语磋商过程置于同一情境加以观察，后来又走出实验室"小社会"，把内部视点扩展到外部视点，将社会转变为一个巨大的实验室[3]，通过"行动者网络"思考具有异质性的人类与非人类之间如何聚合。他以关系主义重新组织社会，强调在动态考察中实现人与非人的能动作用，认为物质力量与人类力量总是相互影响并相互缠绕，转译机制（一种作用方式）可以联结人类行动者与非人类行动者，并建立行动者网络。

行动者网络中的行动者是指参与实践过程的一切因素，包括依附特定网络联系而存在的人类元素及物体、仪器、程序、观念、技术、生物等非人类元素。行动者网络理论主张把握科学的整体图像[4]。"转译"就是把个体行动者的意向通过协商变成集体的意向和实际行动[5]。行动者网络的理论旨趣是要说明，集体行动者是如何从个体行动者之中生成的。当所有环节都认定了自己的角色时，那就意味着原来个体行动者的观念、设想，变成了所有涉及这件事情的行动者们集体的诉求。行动者网络实际上是worknet而不是network，worknet帮助我们看到在逐渐沉

---

[1] LAW J.On the methods of long distance control：vessels, navigation and the Portuguese route to India[J].The sociological review, 1984 (32)：234-263.
[2] CALLON M.Struggles and Negotiations to define what is Problematic and what is not：the sociology of translation[J]. the social process of scientific investigation：sociology of the sciences yearbook, 1980 (4)：197-219.
[3] LATOUR B. Give me a laboratory and I will raise the world[M]//KNORR-CETINA, MULKAY. Science observed：perspectives on the social study of science. London：SAGE Publications Ltd., 1983：141-170.
[4] 王佃利，付冷冷.行动者网络理论视角下的公共政策过程分析[J].东岳论丛，2021 (3)：146-156.
[5] CALLON. Some elements of a sociology of translation：domestication of the scallops and the fishermen of St Brieuc Bay[M]//LAW. Power, action and belief. London：Routledge：196-233.

淀下来的 network 中正在出现的工作[1]，诸多行动者依附在 worknet 关系场域中推进演化，形成异质纷呈的联合形式[2]。网络中的枢纽和节点就是资源集中的地方，资源联结在一起便形成网络，并扩展到各个角落。动态的行动者网络不断变化更新，表明行动者相互之间的时空关系及主客体在复杂的关系中如何无缝链接，是对复杂性世界的回应和驾驭。

中国科技馆体系在国家创新体系中扮演着多重角色，起到了桥梁和纽带的作用，连接了教育、科研、产业和社会公众，是推动国家创新发展不可或缺的一部分。中国科技馆体系在科普教育与人才培养、科技创新与知识传播、文化建设和创新生态系统构建、促进区域和全球创新网络发展、支持政策制定和战略规划等方面发挥重要支撑作用，为多元主体交互学习和社会创新发展搭建了资源汇集和互动的载体，为科技创新知识共享和构建知识网络提供了支撑。多元创新要素在博物馆平台上相互碰撞、交融，激发科技创新实现有主体的互相联系和有组织的实践加速产生与再现，激发公众及创新主体等社会行为者投入到（并潜在改变）有组织、有意义的创新创造实践中，这个互动网络包含了几乎无限多的行为可能性。

中国科技馆体系作为资源集中之地，创造着一种组织实践解释同组织旨趣结构之间的密切"吻合"，激发行为者利用在相互作用过程中构成结构的规则和资源。通过建立快速反应、重建和提高效率的协同系统，将万千个人实践排列为有序的蓬勃创新创造现实。科技馆作为创新孵化器、创新前沿引领区和创新成果转化区，汇聚了来自各个领域的创意，吸引不同背景和领域的专家、学者、学生和公众持续学习和探索。科技馆向公众传递科学知识和技术成果，展示科学发展的历程和未来趋势，帮助公众了解科学原理、技术发展和应用领域，催生出新的想法、产品或服务，促进了跨学科的交流、创新思维的培育和多元创新要素的融合。对不同的知识进行重新归类、补充、剔除与整

---

[1] LATOUR B.Reassembling the social: an introduction to actor-network-theory[M].Oxford: Oxford University Press, 2005: 132.
[2] 刘珩.行动者网络理论[J].外国文学, 2021（11）: 64-76.

合，优化组织知识库的结构，促进知识的跨组织整合与分散平衡。同时，对现有的知识能力体系予以重构，保持知识能力与创新流程类型的一致性，促进知识能力之间及跨组织知识能力（如知识释放方的解析能力与知识获取方的吸收能力）之间的有效衔接与协同增效。科技博物馆如何作用以构成"场域"或社会行为者所处的文化意义体系？倘若科技博物馆作为平台将政策执行网络视为包括执行机构、执行者、目标群体在内的人类执行者与包括技术、价值、关系、自然等在内的非人类执行者的集合，政策执行将会呈现出一种协同演进的图景，人与创新主体也将在共同的执行行动中和谐共生。

3 馆窥科学之美，名馆与科产浪潮同频共振

人类好奇而感性的天性使之追求美、探索未知并探寻暗藏其中的联系。博物馆以其独特的物质收藏和丰富的文化底蕴，逐渐成为人类沉浸式体验的最佳载体[①]。博物馆作为历史文化中心的概念最早出现在古希腊[②]，最早的官方博物馆之一——亚历山大博物馆由托勒密·索特[③]在亚历山大附近创建[④]，其巩固并传播了希腊文化。文艺复兴时期，博物馆与知识联系起来，开始展示含有历史意义的艺术品，文物的价值得到社会认可[⑤]，被视为"文化权威"的维护者和真理的

---

① WEBER K. The role of museums in educational pedagogy and community engagement[D]. Chicago：DePaul University，2022.
② GÜNAY B. Museum concept from past to present and importance of museums as centers of art education[J]. Procedia-social and behavioral sciences，2012，55：1250-1258.
③ 托勒密·索特（Ptolemy I. Soter，公元前367—公元前283），埃及托勒密王朝创建者和马其顿王国亚历山大大帝的继业者之一，建造了世界上第一个博物馆——亚历山大博物馆。
④ ELLIS W M. Ptolemy of Egypt[M]. London：Routledge，1994.
⑤ MURRAY D. Museums，their history and their use：with a bibliography and list of museums in the United Kingdom[M]. Glasgow：J. MacLehose and Sons，1904.

传播者①。

  纵观近五百年来人类文明的发展历程，创新的积累聚合成科技革命，似巨大引擎驱动着经济社会不断向新的文明演进。16—17世纪，牛顿站在哥白尼、伽利略、开普勒等巨人的肩膀上，成为第一次科学革命的集大成者。18世纪后，以动力变革为核心的工业革命，推动人类社会由农耕文明进入工业文明，从而开辟了一个崭新的时代。18世纪的英国已完成农业革命，工场手工业也取得显著发展。1733年，机械师约翰·凯伊②发明了飞梭，极大提高了织布速度。1765年，织工詹姆斯·哈格里夫斯③发明了"珍妮纺纱机"，大幅增加了棉纱产量。为解决矿井排水问题，1712年托马斯·纽科门④建造了世界上第一台蒸汽机。后来，工程师詹姆斯·瓦特⑤改良了他的设计，于1769年在英国伦敦获得了蒸汽机核心技术的专利。这项"一种减少蒸汽机蒸汽和燃油消耗的新发明方法"专利的出现，标志着世界历史进入蒸汽时代。1807年，美国人罗伯特·富尔顿⑥发明了世界第一艘蒸汽机轮船；1814年，英国人乔治·史蒂芬孙⑦发明了蒸汽机车，改变了人类的交通运输方式。1830年，英国在利物浦和曼彻斯特之间开通了世界第一条客运铁路；1838年，蒸汽船"大西方号"第一次完成了横渡大西洋的航程。蒸汽机的发明和使用（图1-7、图1-8）使机器取代了原始的人力、畜力，解决了工业发展中的动力问题，迅速

---

① HARRISON J D. Ideas of museums in the 1990s[J]. Museum management and curatorship，1994，13（2）：160-176.
② 约翰·凯伊（John Kay，1704—1780），生于英格兰兰开夏郡，原是钟表匠。1733年，发明了飞梭，实现织布的半自动化，为之后工业革命的兴起奠定了基础。
③ 詹姆斯·哈格里夫斯（James Hargreaves，1721—1778），是一个纺织工、木工，发明了"珍妮纺纱机"，这被视为真正意义上的机器。
④ 托马斯·纽科门（Thomas Newcomen，1663—1729），英国工程师，蒸汽机发明人。他发明的常压蒸汽机（纽科门机）是瓦特蒸汽机的前身。
⑤ 詹姆斯·瓦特（James Watt，1736—1819），英国发明家、企业家，第一次工业革命的重要人物，与著名制造商马修·博尔顿合作生产蒸汽机。
⑥ 罗伯特·富尔顿（Robert Fulton，1765—1815），美国著名工程师。1807年，他利用英国机器成功制造了世界第一艘蒸汽机轮船"克莱蒙特号"。
⑦ 乔治·斯蒂芬孙（George Stephenson，1781—1848），英国工程师，第一次工业革命期间发明火车机车，被誉为"铁路机车之父"。

图 1-7　普芬比利号铁路蒸汽机车

扩散至采矿、纺织、交通等多个行业，创造了巨大的生产力，改变了当时人类的生产、生活方式，促进了世界各地的联系、交流，实现了传统农业社会向现代工业社会的重要变革。18世纪末，工业革命逐渐向欧洲其他国家及北美传播，它引发的巨大变化让人们看到了技术创新对社会发展的巨大推动作用，激发了公众进一步了解这些科技成果的兴趣。同时，工业化进程促进了农村人口向城镇转移，使农民变成了工人，通过多种机会熟悉、掌握新兴的工业技术。

1794年，作为法国大革命时期最高权力机构国民公会议员、法国公共教育委员会重要成员及法兰西学会重要创办者的格雷古瓦神父（Abbé Grégoire）[①]提出为保存和提高民族工业应建立一座工艺收藏馆。

[①] 格雷古瓦（Abbé Grégoire，1750—1831），原名亨利·格雷古瓦（Henri Grégoire），法国天主教神父、政治家和学者，是法国大革命与思想启蒙运动的积极参与者，因而被称为"公民神父"。发表的《关于成立工艺收藏馆之报告》，推动了法国工艺收藏馆的建立。

图1-8 纳斯米斯蒸汽锤和固定式工业蒸汽机

他指出将技艺汇聚在所有的工具和机器中,传递最新技术发展,将激发民众和科研工作者强烈的兴趣和爱好,使他们能很快看到新的技术发展[①]。1798年,法国在巴黎战神广场举行了第一届法国工业产品博览会。博览会的参展商有110家,展品包括用于白内障手术的仪器、带有自由擒纵装置的时钟、能从河流中提取原木的机器,以及展示米、克和升的新公制系统的设备等。举办此次博览会的目的除了庆祝法兰西共和国成立,还包含了与当时科技创新领头羊英国的竞争之意,因此博览会在官方目录中指出,"能够提供与英国工业相媲美的产品"将会受到特别欢迎。博览会专门评选了最有可能与英国产品竞争的产品,甚至在报告最后宣布:"我们可以向我国政府宣布,法国摆脱被邻国工业奴役的时刻已经到来[②]。"工艺收藏馆的选址建造与博览会同期筹备,除了展示工艺、技术和器具,工艺收藏馆还将科学仪器纳入展品范畴,旨在向公众解释这些机器和工具的原理。工艺收藏馆经过更新改造,现已更名为

---

① 戴碧云."公民神父"与法国工艺收藏馆:论启蒙运动、法国大革命对科技博物馆发展的影响[J].自然科学博物馆研究,2019(6):84-90.

② Exposition publique des produits de l'industrie français: catalogue des produits industrielles[Z]. Paris: Imprimerie de la République,1799:24.

"巴黎工艺博物馆",公众在此可以看到法国过去几百年间的科技发展成就(图1-9、图1-10),并激发他们对科学的好奇及对创新的兴趣。正如格雷古瓦讲到的:"与人民复杂且巨大的关联,要求我们培养和传播所有的人类知识,尤其是那些可以应用到社会的技术。观察所有艺术、所有科学,从孢子到开普勒的宇宙定理,从天才牛顿的发现直到化学的最微妙之处[①]。"

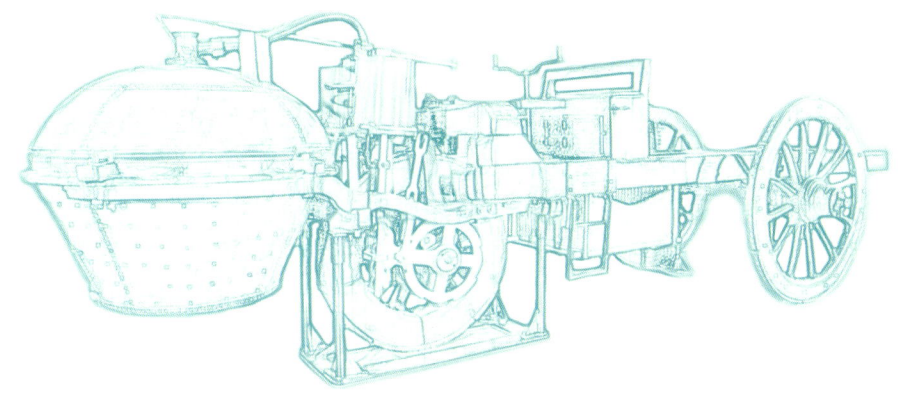

图1-9 巴黎工艺博物馆蒸汽平板车示意图

1798—1849年,法国先后举办了11届工业产品博览会,影响力越来越大,1849年博览会参展商达到5494家。英国维多利亚女王也萌生了在英国举办大型博览会的想法,于是她授权她的丈夫阿尔伯特亲王带领皇家艺术学会负责筹办。1850年,维多利亚女王以英国名义向世界发出万国博览会的参展邀请,请各国赴英展示自己最新研发的工业产品。英国筹办世界级工业产品博览会的底气在于当时其"世界工厂"的地位。它已完成工业革命,煤和生铁产量位居世界第一,生产的机器数量占全球40%,全球棉花产量的一半亦供应了英国纺织工业。英国国内铁路运输网络发达,所造轮船支撑了世界航运。博览会

---

① 戴碧云."公民神父"与法国工艺收藏馆:论启蒙运动、法国大革命对科技博物馆发展的影响[J]. 自然科学博物馆研究,2019(6):84-90.

图 1-10 巴黎工艺博物馆专为电镀和金属还原设计的发电机

正是英国向全球展示自己工业实力的最好机会。1851 年 5 月 1 日，万国博览会面向公众开幕，共吸引了全球 18 000 个参展商、10 万余件展品，接待公众超 600 万人，是世界上第一次聚集众多国家、为和平目的交流全球科技成果的盛会。参观者面对这些来自世界各国的精妙发明时，惊得目瞪口呆，其中美国参展商在展会上大放异彩。马克思在博览会闭幕前（10 月 13 日）写给恩格斯的一封信中提到，"英国人承认，美国人在工业博览会上得了头奖，并且在各方面战胜了他们"[1]。

英国通过举办万国博览会，展现了其强大工业实力，也催生了南肯辛顿博物馆的建立。1857 年 6 月，南肯辛顿博物馆建成，成为世界首家采用煤气照明的博物馆。1909 年，南肯辛顿博物馆的艺术藏品部和科学收藏部正式分开为两家博物馆，分别命名为"维多利亚与阿尔伯特博物馆"和"科学博物馆"，使英国科学界拥有

---

[1] 牛俊伟. 马克思恩格斯眼中的世博会 [J]. 中国远洋海运，2010（6）：82-83.

一家国家级科技博物馆的愿望得以实现。英国科学博物馆（Science Museum），作为一家展示自然科学、技术、农业、工业和医学发展历史及成就的综合性博物馆，在世界范围内获得广泛认可，其展览反映、记录和评论科技领域日新月异的变化。它不仅向公众展示实体文物，还通过高质量的展览和服务激发参观者对科学的兴趣和创造力。蒸汽时代，科技博物馆成为连接科学与公众的桥梁，帮助广大民众理解、欣赏并最终接纳科学及其成果。

20世纪初，经典物理大厦已经落成并日臻完美之时，爱因斯坦提出的相对论，普朗克[①]、玻尔[②]、海森堡[③]、薛定谔[④]等共同构建的量子力学拨开了物理学上空的两朵乌云，造就了第二次科学革命的全面兴起。以欧美为中心，第二次工业革命几乎同时发生在几个先进的资本主义国家，微电子、计算机、航天、核能、新材料、生物等高技术群百花齐放[⑤]，浪潮波涌世界。19世纪末至20世纪初的电气时代，是人类历史上科技进步的一个高峰，不仅带来了生产力的巨大飞跃，也深刻地改变了全球经济和社会结构[⑤]。电力的广泛应用、内燃机的发明及新交通工具的发明和应用，极大地推动了社会生产力的发展，自然科学与工业生产的结合更加紧密，也进一步激发了科技对社会发展重要

---

① 马克斯·普朗克（Max Planck，1858—1947），德国物理学家。1874年进入慕尼黑大学攻读数学专业，后改读物理学专业。1900年提出了量子理论，奠定了量子力学的基础，获得1918年诺贝尔物理学奖。

② 尼尔斯·玻尔（Niels Bohr，1885—1962），丹麦物理学家。1911年提出了玻尔模型，成功解释了氢原子光谱，并提出了互补原理和哥本哈根诠释。1922年获得诺贝尔物理学奖。

③ 沃纳·海森堡（Werner Heisenberg，1901—1976），德国物理学家。1925年提出了矩阵力学，奠定了量子力学的基础，并提出了著名的不确定性原理，因此获得1932年诺贝尔物理学奖。

④ 埃尔温·薛定谔（Erwin Schrödinger，1887—1961），奥地利物理学家。1926年提出了著名的薛定谔方程，奠定了波动力学的基础，并与保罗·狄拉克共同获得1933年诺贝尔物理学奖。

⑤ 人民教育出版社历史室. 世界近代现代史[M]. 2版. 北京：人民教育出版社，2002：107.

作用的广泛关注。电气时代科技博物馆推动科学教育①改革，成为科技强国的国家符号。

电气工程师奥斯卡·冯·米勒②曾于1882年组织了德国首届电气博览会，亲自设计了柏林第一座中央发电站，负责安装了德国第一个电力系统。米勒在完成各个工程项目时萌生了成立"德意志博物馆"的想法，1903年他实现了这个梦想，建立了一座完全以科学技术为主题的博物馆——德意志博物馆（Deutsches Museum）（图1-11），其全称为"德意志科学技术成就博物馆"（Deutsches Museum von Meisterwerken der Naturwissenschaft und Technik）。在博物馆建立过程中，马克斯·普朗克③、雨果·容克斯④、威廉·康拉德·伦琴⑤和埃

---

① 科学教育是关注科学技术时代的现代人所必需的科学素养的一种养成教育，是将科学知识、科学思想、科学方法、科学精神作为体系，使其内化成为受教育者的信念和行为的教育过程，从而使科学态度与每个公民的日常生活息息相关，让科学精神和人文精神在现代文明中交融贯通。参考：中国科学院. 2001科学发展报告[M]. 北京：科学出版社，2001：187.

② 奥斯卡·冯·米勒（Oscarvon Miller，1855—1934），世界上最大的科技博物馆，也是世界最早的科技博物馆之一——德意志博物馆的创始人。出生于巴伐利亚上流世家的青年贵族，在慕尼黑工业大学就读期间，首先学习的是土木工程技术专业，后随着电力技术的发展，转学电力技术。1883年，米勒担任德国爱迪生公司（German Edison Company for Applied Electricity，AEG）的技术指导，并与爱迪生建立了联系。他面对当时发电和输电的两大难题，证明了大规模电网方案的可行性。1903年，米勒时任德国工程师学会巴伐利亚分会会长，提议建立了"德意志科学技术成就博物馆"（Deutsches Museum von Meisterwerken der Naturwissenschaft und Technik）。米勒从解决问题的工程师成长为推动创新的创业者，随后通过德意志博物馆转变为社会的启蒙者、教育者。

③ 马克斯·普朗克（Max Karl Ernst Ludwig Planck，1858—1947），物理学家、量子力学重要创始人之一，普鲁士科学院院士，美国艺术与科学院院士，美国国家科学院外籍院士，1918年诺贝尔物理学奖获得者。

④ 雨果·容克斯（德语：HugoJunkers，1859—1935），德国工程师、发明家，容克斯飞机与发动机制造厂的创办者。

⑤ 威廉·康拉德·伦琴（德语：Wilhelm Conrad Röntgen，1845—1923），出生于德国莱茵州莱耐普城，物理学家，第一届诺贝尔物理学奖获得者。

图1-11 德意志博物馆

米尔·拉特瑙[①]等著名科学家、工程师、企业家都曾向他提出过建议。1906年德皇威廉二世[②]为博物馆奠基,1925年5月德意志博物馆面向公众开放,当年观众达787 523人次[③]。今天,德意志博物馆拥有3个分馆,总展览面积达66 000平方米,是世界上最大的科技博物馆[④],每年接待参观者约500万人次(图1-12)。

19世纪末,美国工业生产总值已近95亿美元,超过欧洲各国,取代英国成为世界工业霸主。美国在电气时代的科技创新竞争中开始处

---

① 埃米尔·拉特瑙(Emil Rathenau,1838—1915),德国企业家和工业家,德国通用电气公司的创始人之一。19世纪末至20世纪初,其对德国乃至欧洲的电气工业产生了深远影响,在1891年的国际电力技术展览会上,他展示了由电动机驱动的人造瀑布和远程三相交流电发电机等重要发明创新,这些技术和设备使AEG公司在展览上成为受到全世界瞩目的企业。
② 威廉二世(德语:Wilhelm Ⅱ von Deutschland,1859—1941),德意志帝国末代皇帝和普鲁士王国末代国王(1888年6月15日—1918年11月9日在位)。
③ 数据来自德意志博物馆官网。
④ 国际博物馆观察(十)德意志科学技术成就博物馆[EB/OL]. [2024-11-16]. https://www.thepaper.cn/newsDetail_forward_15366498.

图 1-12　德意志博物馆潜艇展品

于领先地位,他们更加关注公众科学基础的重要性。随着电气时代的蓬勃发展,众多国家也纷纷将科学教育置于重要位置,视其为推动国家发展和提升竞争力的核心要素。科技博物馆作为一种新型的教育和文化传播机构应运而生,它们不仅是展示科学和技术革新辉煌成果的殿堂,更是科学教育和普及的核心阵地,成为科技强国的国家符号,并逐渐转化为国家形象与软实力的重要标志。

芝加哥科学与工业博物馆(Museum of Science and Industry, Chicago,现名为 Griffin Museum of Science and Industry)(图1-13)是西半球最大的科技博物馆,也是世界最大的科技博物馆之一。它诞生于电气革命的浪潮中,成为电气时代的重要象征之一。其创始人企业家朱利叶斯·罗森沃尔德[①]因在欧洲度假时参观了德意志博物馆,深受触动而创建了该博物馆。1893年,芝加哥举办哥伦布纪念博览会

---

① 朱利叶斯·罗森沃尔德(Julius Rosenwald,1862—1932),德国犹太移民后裔,美国企业家和慈善家。他将西尔斯·罗巴克公司(Sears, Roebuck and Company)转型成零售巨头,他坚持公司的首要目标是对顾客负责,并确立了"满意保证或退款"的承诺。

图1-13 芝加哥科学与工业博物馆外景

(World's Columbian Exposition，又名芝加哥世博会 Chicago World's Fair)。这次博览会成功向世人展示了交流电系统，是交流电作为主要能源推动世界发展的重要里程碑。博览会展出了65 000余件代表各国工业创新技术的展品，半年会期参观人数达到2700万人。朱利叶斯·罗森沃尔德对这次博览会留下的展示场馆进行改造，命名为"芝加哥科学与工业博物馆"，并于1933年6月面向公众开放[①]。被誉为"世界上最受欢迎的博物馆"的芝加哥科学与工业博物馆，也是世界上规模最大的互动展示型科技博物馆之一。

位于美国费城的富兰克林研究所成立于1824年，由实业家塞缪尔·沃恩·梅里克[②]和地质学家威廉·H.基廷[③]为纪念本杰明·富兰克林而建，是美国历史最悠久、最重要的科学教育和发展中心之一。成立后，它通过举办公开讲座、开设科学工程课程、开办中学、建立图书

---

① The Griffin Museum of Science and Industry，Chicago[EB/OL]. [2024-11-16]. https://www.msichicago.org/explore/about-us.
② 塞缪尔·沃恩·梅里克（Samuel Vaughan Merrick，1801—1870），美国工程师和企业家，是富兰克林研究所的创始人之一，也是宾夕法尼亚铁路的第一任总裁。
③ 威廉·H.基廷（William H. Keating，1799—1840），地质学家，主要贡献体现在对圣彼得砂岩的研究上，通过组织出版《富兰克林学院学报》、举办科技展览等方式促进科学研究，其对当时地质学发展有着重要的影响。

馆、举办公开展览和出版研究期刊等方式在美国科学教育领域发挥核心作用。1934年1月，富兰克林研究所科学博物馆（The Franklin Institute Science Museum）面向公众开放，是美国最早以动手方式学习物理知识的博物馆之一。秉承本杰明·富兰克林[①]的探索和发现精神，持续助力公众教育，激发人们学习科学和技术的热情，被人们称为"科学仙境"[②]。

1926年，诺贝尔物理学奖得主让·佩兰[③]坚信科学研究的成果必须面向公众开放，让普通人也能看懂最前沿科研工作。1937年，法国举办了以"现代生活中的艺术与技术"为主题的世界博览会，让·佩兰改造了自己实验室的一些装置组成临时展览参加了这次博览会，法国政府同意将他的展品在此地永久保留。让·佩兰在临时展览基础上，完善扩展了展示内容，创建了法国发现宫（Palais de la Découverte），于1938年7月正式面向公众开放，向公众展示数学、天文学、物理、化学、生物学和医学等学科的知识。公众可以在现场目睹近400个科学实验的演示[④]。让·佩兰这种面向公众现场演示、分享科学研究过程的理念，使法国发现宫在世界科技博物馆界获得独特地位。

新世纪交替的50多年中，以互联网为核心的信息革命席卷全球，信息化惠及世界大多数民众，使人类社会跨入了信息社会。无论是电气革命还是信息技术革命，美国都牢牢把握住了机遇。"曼哈顿计划"开启了大科学模式，奔赴科学无尽的前沿。以微电子、半导体和集成电路为代表的电子技术革命加速了科技发展的步伐。同时，生物技术领域的突破特别是DNA重组技术的诞生，引发了基因工程的工业化热潮，现代生物工程由此应运而生。新技术迅速扩散，社会结构、人

---

① 本杰明·富兰克林（Benjamin Franklin，1706—1790），美国政治家、科学家、印刷商和出版商、作家、发明家，以及外交官，美国开国元勋之一。
② Mission & History[EB/OL]. [2024-07-23]. https://fi.edu/en/about-us/mission-history.
③ 让·佩兰（Jean Baptiste Perrin，1870—1942），法国物理学家，1926年诺贝尔物理学奖获得者。
④ Création du Palais de la découverte[EB/OL]. [2024-07-23]. https://www.palais-decouverte.fr/fr/qui-sommes-nous/le-palais-toute-une-histoire/de-son-origine-a-nos-jours.

类的生活方式发生巨大变化，社会产业结构从劳动密集型转向知识密集型，对人类再生产与再创造提出新的挑战，教育领域也因此迎来重大变革。美苏之间的太空竞赛激发了美国对科学教育的重视，拉开了美国第一次科学教育改革的序幕[1]。为确保美国在科技领域的绝对领先，在不遗余力引进全世界优秀人才的同时，美国也高度重视并投入国家资源加强对本国公民的教育。其教育改革主要针对数学和自然科学领域，倡导使用"发现法"和"探究法"教学，提高公众对科学的理解[2]。科学教育日益成为美国培养未来科技人才、提高全民科学素养、造就高素质劳动大军的政策着力点。

美国旧金山探索馆的创始人弗兰克·奥本海默[3]以"多感官实践激发探究和批判性思维"的建馆理念支持了教育改革理论的实际应用，使探索馆成为世界范围内校外科学教育的引领者。旧金山是20世纪60年代社会实验和变革之地，环境有利于公众以新的方式思考教育、参与科学。1968年，旧金山市政府整修了"1915年巴拿马-泛太平洋万国博览会"旧址，将其作为探索馆馆址，并于1969年对公众开放探索馆。以建立一座公众参与的、弥补传统博物馆教育不足的科技博物馆为目标[4]，奥本海默由此完成了"实验科学家→科学教师→科学中心创建人"和"科学研究中的实验装置→课堂的教学仪器→可供公众操作体验的科学展品"的转化过程[5]。探索馆延续着"发明创造与认知学习巧

---

[1] 范娇.论争与危机中的崛起：美国学习结构运动述评[J].教书育人，2006（1）：14.
[2] 刘玉花，赵洋，龙金晶.世界科技馆展教功能发展研究[M]//程东红.中国现代科技馆体系研究.北京：中国科学技术出版社，2014：171-184.
[3] 弗兰克·奥本海默（Frank Oppenheimer，1912—1985），著名物理学家，在核物理领域贡献突出，在"曼哈顿计划"中参与了铀浓缩方面的工作，在旧金山创立了探索馆。
[4] OPPENHEIMER F. A rationale for a science museum[J]. The museum journal，1968，11：206-209.
[5] 陈荣，杨遍，戈永鑫.教育改革视野下美国探索馆兴起的历史动因新解读[J].自然科学博物馆研究，2020（1）：87-92，98.

妙结合"的理念，被誉为全美最棒的博物馆①。作为一位物理学家，同时也是"曼哈顿计划"的参与者之一，奥本海默创建探索馆的初衷是认为科学事务必须由人民集体智能来理解和掌舵②。2023年，探索馆接待参观者约57.3万人次。据不完全统计③，43个国家/地区效仿探索馆建立了400多个科技馆。20世纪60年代涌现出的太平洋科学中心（1962年）、纽约科学馆（1966年）、劳伦斯科学馆（1968年）、安大略科学中心（1969年）成为新一代科学中心的典范④。信息时代的科技博物馆致力于推进公众认知科学、理解科学、探索科学。同时，科学中心作为科学教育的新型载体开始涌现。

维莱特科学工业城位于巴黎维莱特公园内，1980年法国政府决定将此地改造成一个大型的科学教育和科学传播的公共场所，并于1986年正式建成并对外开放⑤。其内容涵盖物理学、生物学、信息技术、天文学、数学、脑科学等广泛的科学领域⑥。收藏型科技博物馆和展示型科技博物馆两种不同的博物馆概念通过维莱特科学工业城以创新的方式结合在一起⑦。2014年，新的常设展览——脑科学和神经科学展览"C3RV34U"对公众开放，使公众可以游戏的展示形式在超现实的氛围中测试自己的大脑能力，从生理角度深入探索大脑的奥秘⑦。2020年推出仿生学展览，汇聚机器人、电子实验室、大脑研究、人类和基

---

① 李林. 弗兰克·奥本海姆的博物馆观众体验研究理论与实践[J]. 东南文化，2014（5）：110-115.
② 张誉腾. 探索馆创始人的逆转胜人生：《众妙之门：弗兰克·奥本海默和他创造的世界》推介[J]. 自然科学博物馆研究，2023，8（4）：83-92.
③ Richard Danne shares his 1975 NASA design program[EB/OL]. [2024-11-16]. https://www.wearecollins.com/ideas/case-story-exploratorium/.
④ Looking back to look ahead[EB/OL]. [2024-11-16]. https://www.astc.org/astc-dimensions/looking-back-to-look-ahead/.
⑤ 吴国盛 | 巴黎科学工业城：真正的"城会玩"[EB/OL]. [2024-11-16]. https://www.163.com/dy/article/FUS15QIF0511C3KH.html .
⑥ LEVY M. 维莱特国家科学工业博物馆研究报告[R].1979.
⑦ Permanent exhibition guide [EB/OL]. [2024-11-16]. https://www.sortiraparis.com/en/articles/tag/permanent-exhibition-guide.

因探索，将阿尔戈号及阳光动力1号等元素融入其中①。这里定期举办临时展览、研讨会、辩论会，并组织科学节和欧洲博物馆之夜等全球性活动，旨在鼓励人们认识并思考当代科学和技术，探讨科学进步对社会的深远影响。它已成为公众了解科学、技术与工业发展的超级综合体②。

1985年，澳大利亚国家科技中心"科学马戏团"项目启动，主要通过车载运输方式将小型展品和科普器材运到澳大利亚各地，尤其是偏远的原住民社区。该项目在促进澳大利亚全民科学素养提升方面取得了巨大成功，并成为目前世界上运行时间最长的流动科普项目③。1988年，澳大利亚国家科技中心搬入首都堪培拉正式落成开放。进入20世纪90年代，澳大利亚国家科技中心扩大了展览和教育项目范围，专注于提供互动和实践学习体验。2013年，澳大利亚国家科学馆技术学习中心（QTLC）面向公众开放，为技术、工程和设计方面的创新学习和实验提供空间。2014年，澳大利亚国家科技中心与伊恩-波特基金会技术学习中心（IPTLC）合作，致力于培养有创新能力的劳动力，从就业技能培训的角度开展活动。2016年，创客项目启动，鼓励观众利用日常材料进行设计、发明制作。2020年以后，该馆将虚拟现实和增强现实体验融入其展品中，提供在线资源和虚拟游览，同时通过职业体验的方式，鼓励下一代参与太空科学研究和技术创新。

1984年10月，中国科技馆举办第一个主题展览："新技术革命——信息技术展览"，首次以展览的形式传播新技术革命观念，是国内第一

---

① Bio-inspired, the new permanent exhibition at the Cité des Sciences et de l'Industrie[EB/OL]. [2024-11-16]. https://www.sortiraparis.com/en/what-to-visit-in-paris/exhibit-museum/articles/224910-bio-inspired-the-new-permanent-exhibition-at-the-cite-des-sciences-et-de-l-industrie.
② Cité des sciences et de l'industrie: Where the heart of science beats[EB/OL]. [2024-11-16]. https://www.discoverfranceandspain.com/cite-des-sciences-et-de-lindustrie-where-the-heart-of-science-beats/.
③ 格拉汉姆·杜兰特.科技博物馆的"科普外交"：澳大利亚国立大学和国家科技馆的"科学马戏团"项目[J].自然科学博物馆研究，2018，3（1）：65-70.

次主题明确，技术性、知识性、系统性较强的信息技术展览，主要面向领导干部、高级管理人员和科技工作者（图1-14）。

图1-14　20世纪80年代中国科技馆展厅

新一轮科技革命和产业变革蓬勃兴起，科技创新持续向广度、深度、速度、精度进军，人工智能技术的迅速发展正在深刻改变人类生活，并引发产业和社会巨大变革。20世纪70年代，人工智能与空间技术、能源技术并列称为世界三大尖端技术。进入21世纪的十多年里，人工智能借助信息化迅猛发展的快车道，与其他领域相关技术深度融合，实现集大成式创新，取得了群体突破和系统发展，迅速在争奇斗艳的各大学科中脱颖而出，独占鳌头。我们称为升级版的人工智能，是以仿人自主智能、群体智能、混合增强智能、多感知人机混合智能、大数据认知智能等为骨架，包罗并融合多学科领域近年相继突破的前沿发现发明成果，形成智能科技大系统，将带动多学科的融合创新和广领域应用。迎着新科技和产业革命浪潮，越来越多的科技博物馆将展品资源与信息技术相结合，将展品虚拟化，方便公众实验模拟和数据分析，引入互动体验、数字化和网络化及国际化合作等措施，并与众多合作伙伴共同展现科技革命和产业变革的生动体验，成为公众科学教育的重要场所。

2004年开放的巴塞罗那宇宙盒科技馆，被誉为"欧洲最好、科技水平最高，也是最真实的科技博物馆之一"。在这里观众可以穿越时空，从地球的起源开始，依次探索生命、智能和文明的开端。这种打通学科区隔的布展理念，不仅丰富了展览内容，还让观众在欣赏展览的同时，感受到科学知识的博大精深。2010年，波兰哥白尼科学中心建成，是波兰规模最大的科学中心。其标志性展品是外表酷似哥白尼的仿真机器人，可以识别观众的脸部和语言，发出声音、模仿呼吸动作及人类的表情。观众可以与机器人进行交谈和提问，从而深入了解科学知识。这种个性化的展示方式，不仅增强了观众的参与感，还激发了他们对科学的兴趣。

许多科技博物馆将展览、展品、教育活动学习单、游戏、视频、手机程序等放到平台上，开设创客空间和创新实验室，为公众提供实践科学、探索创新的平台，实现资源的公开化和共享，发挥科技创新孵化器的功能。史密森尼自然博物馆研发新数字化应用系统，通过虚拟现实（virtual reality，VR）、增强现实（augmented reality，AR）技术，在手机或平板电脑上为观众呈现虚拟的展品解说、动画演示或重建的历史场景，使观众获得沉浸式的参观体验。此外，2016年该馆推出了一个全新在线平台——史密森尼学习实验室，作为集成了历史、科学、艺术和文化的大型教育社交平台，其可促进所有年龄段学习者进行跨学科发现，帮助他们创造新想法[①]。2010年，北美科技中心协会、旧金山探索馆、劳伦斯科学馆、纽约科学馆、明尼苏达州科技馆和休斯敦儿童馆联合参与了SMILE网站建设项目，致力于让科学、技术、工程学、数学学习过程变得更加有趣，通过提供丰富的资源使各个年龄段和不同职业背景的人都能有所收获。

美国非正式科学教育促进中心（Center for Advancement of Informal

---

① 马玉静.大数据时代智慧博物馆建设路径及其对应策略[J].自然科学博物馆研究，2021，6（4）：41-47，89.

Science Education，CAISE）在2012年推出了校外科学网，汇聚了十几个专业的校外教育网站提供的9500多项资源，为公众提供学习资源。旧金山探索馆与麻省理工学院合作，共同开发以创客为主题的免费在线视频课程。利用网络环境进行教学，促进观众自主学习，同时访客可以在线观看多个实时摄像头拍摄的画面，远程进行科学研究和交流讨论。

2018年国际博物馆日的主题确定为"超级连接的博物馆：新方法、新公众"（Hyperconnected museums：New approaches，new publics），意味着当今社会存在多渠道的沟通媒介，全球联络网变得日渐复杂、多元和融合。科技博物馆通过创造多种形式的联系和发挥重要作用，日益成为科学文化的中心，更为科学文化发展注入了新的活力。数字化、网络化作为一种新的手段，为科技博物馆吸引新的观众并增强彼此的联系提供了一种新的可能[1]。

德国实验科学中心于2019年建成开馆，将科学与艺术相结合，设置了275个互动展项。其科学球幕影院可以在舞台模式和球幕影院模式间灵活切换，不仅增强了观众的沉浸感，还为科学中心提供了更多创意的活动形式和内容。2022年，迪拜未来博物馆正式开放，它不仅是一座博物馆，也是一个科技创新和文化交流的平台。它由3D打印技术建造而成，展览内容涵盖了人工智能、生物技术、可持续发展、太空探索、社会变革等多个领域和主题，不仅展示了最新的科技和艺术作品，也提供了互动和体验的机会。博物馆设有"希望号"大电梯，模拟未来人类前往太空空间站和星球移民基地的场景。通过数字技术将博物馆的展品转化为数字形式及数字化展览，使观众可以在网上或移动设备上浏览和学习。2023年5月，新加坡科学中心推出"智能国家游乐场"展览[2]，由智能国家与数字政府工作组和新加坡科学中心共同推出，包含"传感器""地理空间""生物识别和网络安全""区块链""人

---

[1] "美国探索馆建馆理念与设计实践研究"结题报告。
[2] Launch of Smart Nation Play Scape-demystifying technology through play[EB/OL].[2024-11-16]. https://www.smartnation.gov.sg/media-hub/press-releases/29052023/.

工智能和数据分析""机器人技术""用户体验和服务""增强现实和虚拟现实",通过多人互动体验,公众能够更直观地了解建设智能国家所需的各种技术及其在现实生活中的应用。

广东科学中心(图1-15、图1-16)坐落于广州大学城,于2008年9月建成开放,共有700余件(套)展品,通过吉尼斯世界纪录认证,被授予世界"最大的科技馆/科学中心"。"数理万象"展馆是广东科学中心聚力打造的基础科学馆。展馆聚焦数学、物理等基础学科,设置123件(套)展项,让观众在与展项互动中学习声、光、电磁等科学内容。广东科学中心成功举办亚太科技中心协会(Asia-Pacific Network of Science and Technology Centers,ASPAC)年会、全国青少年科技创新大赛、全国科普讲解大赛等多项大型活动,先后加入了亚太科技中心协会、世界科学中心协会和国际博物馆协会等国际行业组织。上海科技馆(图1-17、图1-18)与上海自然博物馆、上海天文馆共同形成"三馆合一"的格局。2001年12月,上海科技馆一期展览正式对外开放,二期展览于2005年5月开放。值得一提的是,2001年10月21日,亚太经合组织(Asia-Pacific Economic Cooperation,APEC)第九次领导人非正式会议在此举行。

根据《2023全球主题公园和博物馆报告》,中国共有7家博物馆跻身全球前20名,其中,中国科技馆(图1-19、图1-20)位列全球第七、中国第二。中国科技馆新馆建筑整体是一个巨大的单体正方形,利用若干个积木般的块体相互咬合,使整个建筑呈现为一个巨大的"鲁班锁",又像一个"魔方",蕴含着"解锁""探秘"之意。新一轮科技革命和产业变革为科技博物馆带来了前所未有的机遇,通过与智能技术的深度融合,科技馆体系亟待转变为一个更加开放、互动和创新的平台,继续发挥其在科学教育、科技创新和科学文化中的重要作用,成为连接过去、现在与未来的桥梁。

图 1-15　广东科学中心外景

图 1-16　广东科学中心展厅

图 1-17　上海科技馆外景

图 1-18　上海科技馆展厅

图1-19 中国科技馆外景

图1-20 中国科技馆展厅

第二章
新赛道的启示者

技术的内在性，决定了产业的弯道。科技创新的重大突破和加快应用不断重塑全球经济结构，使产业和经济竞争的赛场发生转换。正如习近平总书记指出的，要在新赛场建设之初就加入其中，甚至主导一些赛场建设，从而使我们成为新的竞赛规则的重要制定者、新的竞赛场地的重要主导者。

　　技术发明本身带不来规模化和网络效应，创新从来不是单一事件，而是其所处的国家、企业、产业或社会群体形成的范式或生态，孕育技术发明并推动社会其他方面变革的过程。人才、资金、技术可以流动，环境却不可以流动。不同国家在科技和产业革命中绩效差异的关键，在于拥抱新技术的意愿、能力和速度上的差别，在于全社会破除变革阻力方面的系统差距。组织方式柔性而多样的科技博物馆桥接科学界、产业界、社会公众，是营造适应变革、引领变革的社会文化的"培养皿"。当颠覆式技术的突破及应用引发价值链出现分解、融合和创新之时，科技博物馆不仅是科技强国崛起的重要标识，也始终扮演着科技革命和产业变革进程中公众理解科学和感悟变革的前哨站。通过融通并展示技术发展交互的生产力和生产关系演变，科技博物馆能够激发公众创造力和打破原有生产模式，不断实现赛道的转换和迭代升级，活跃在文明演进的浪潮中。

1 科技强国之路与科技博物馆文化功能

"科学对人类事物的影响有两种方式。第一种方式是大家都熟悉的：科学直接地，并且在更大程度上间接地生产出完全改变了人类生活的工具。第二种方式是具有教育性质的——它作用于心灵。尽管草率看来，这种方式好像不大明显，但至少同第一种方式一样锐利。"爱因斯坦强调："科学的不朽的荣誉，在于它通过对人类心灵的作用，克服了人类在自然界面前的不安全感。在创造初等数学时，希腊人最早做出了一种思想体系。它的结论是谁也回避不了的。然后，文艺复兴时代的科学家把系统的实验同数学方法结合起来，这种结合，使得人们有可能如此精密地表述自然规律，结果自然科学中不再有意见的根本分歧的余地。从那个时代起，每一代都增加了知识和理解的遗产，而丝毫没有碰到过危及整个结构的危险。"

创新起始于新知识，而新知识的产生总是从个人开始，然后才逐步转化为群体的知识。知识又可分为两类：一类是所谓的编码知识（codified knowledge），不一定是纯理论的知识，但是却必须足够系统，以致可被书写和存储，无论是存储在计算机的数据库、大学图书馆中，还是存储在一份研究报告中，对于每一个知道其存放处的人来说，编码知识都是可以获取的。另一类则是不能用文字和数字表达的知识，称为"意会知识"，也叫作默会知识（tacit knowledge）。默会知识不像一个文本那样容易获得，它可能存在于从事某种转化的人的头脑之中，或者内嵌于特定的组织环境中。编码知识和默会知识之间的区别可以用另外一对相关概念——迁移的知识（migratory knowledge）和嵌入的知识（embedded knowledge）之间的区别来补充。迁移的知识是流动的，可以迅速地在组织边界之间转移，而嵌入的知识的流动则被限制在一个特定的网络或社会关系之中。虽然一些技术知识是编码的、迁移的知识，但大多数技术知识是默会的、嵌入的，也正因如此，这些知识不容易获得。技术知识随着人，从一个问题转移到另一个问题、从一种组织环境转移到另一种组织环境。对于技术知识而言，其默会的成分可能比编码的成分更大，尽管在某个特定环境中难以判断二者相对的重要性[①]。

从0到1创造的知识大多是默会的、嵌入的知识。这类知识对创新非常关键，但它们"只可意会，不可言传"，与个体密切相关而深深地扎根于个人的行动和经验之中，扎根于他们所拥有的思想、价值观、信念乃至情感之中。默会知识的主观性和直觉性特点，决定了必须充分发挥创新主体的主动性和积极性，具备活跃的思维、顽强的毅力和坚韧不拔的精神。为使个人的意会知识转化为群体共享的知识，必须在互相信任的基础上交流互动；而实现有效的交流互动，特别需要良好的制度和文化环境。

世界历史发展表明，有利于创新的文化环境对国家和民族的创新能力提升发挥着关键的作用，越是创新活跃的地方，越容易形成工业化的广阔舞台，越有可能成为科学和经济中心。18世纪以来，世界科学中心和工业中心从英国转到德国，再到美国（图2-1），表面上是地理位置的更替，实质上是创新系统能力由弱向强的转移，是有利于创新的体制、机制和文化相互作用的结果。

近代以来，西方的科学技术之所以得到快速发展，与西方思想文化领域所发生的解放运动密不可分。文艺复兴使得意大利涌现了伽利略、布鲁诺等科学巨匠，也为欧洲乃至世界科学的发展提供了最初的精神动力。英国之所以能在科学技术上做出那样众多的发现、发明与创造，用科学史家和科学社会学家默顿的话说，是因为"17世纪英格兰的文化土壤对科学的成长与传播是特别肥沃的"。而在18世纪后期到19世纪，法国启蒙运动所倡导的理性和科学精神则打破了旧的世界观上的桎梏，理工学院的创立"为人民中被埋没的各种人才敞开了大门，铺下了自由发展的道路"。由此，法国出现了创新的高潮。就文化对于创新的作用而言，文化是一个自变量，文化氛围的好坏直接影响

[①] 吉本斯，利摩日，诺沃提尼，等.知识生产的新模式[M].陈洪捷，沈文钦，等译.北京：北京大学出版社，2011：8.

到创新的绩效；但文化又受制于政治体制、经济社会等多重因素。就此而论，文化又不是一个独立的变量，而是一个因变量，它需要通过与之相关的环境条件的改变加以营造。人在创新的文化环境中，才能发挥潜能，完成重大成果，开创卓越的事业①。

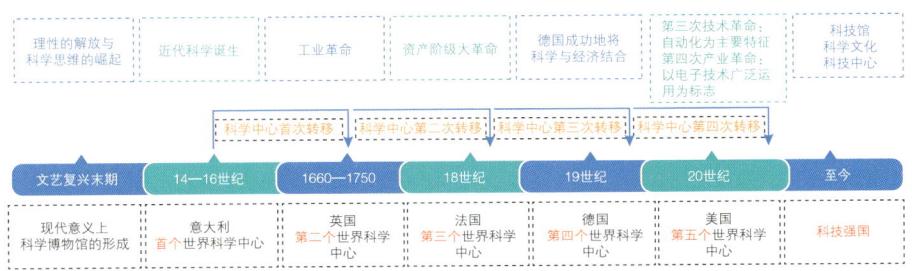

图2-1 世界科学中心转移时间示意

英国是工业革命的发源地。17—18世纪，英国较为宽松的宗教环境为牛顿等科学家在科学探索中提出富有创见的理论提供了合适的气候和土壤。同时，先进的市场意识、商贸手段也为蒸汽机等技术发明和产业化创造了有利条件。17世纪末，以前只为王公贵族和博学之士服务的收藏，开始以博物馆的形式向公众开放。到了18世纪，那些对宇宙运行的自然法则孜孜以求并希冀人类遵从这些法则的人，尽力收集自然规律的证据作为藏品，既有自然标本，也有人造设备，将博物馆展示、收藏与教育功能结合在一起，并将具有启发意义的收藏品展示给公众。1671年，世界第一所大学博物馆在巴塞尔创立；1683年，牛津大学阿什莫林博物馆建立；1753年，英国国会通过从私人收藏家汉斯·斯隆爵士②（Sir Hans Sloane）那里购买自然科学藏品成立了大

---

① 徐冠华. 大力构建有利于创新的文化环境[J]. 中国软科学，2001（3）：1.
② 汉斯·斯隆（Hans Sloane，1660—1753），是一名内科医生，更是一名大收藏家，其收藏品来自世界各地。1753年他去世后遗留下来的个人藏品达79 575件，还有大批植物标本及书籍、手稿。根据他的遗嘱，所有藏品都捐赠给国家。这些藏品最后被交给了英国国会。在通过公众募款筹集建设博物馆的资金后，大英博物馆最终于1759年1月15日在伦敦市区附近的蒙塔古大楼（Montague Building）成立并对公众开放。

英博物馆。在相当长一段时间内,英国是世界科学中心和产业发展中心,是19世纪世界最强的工业国。

德国能够在短时间快速崛起,很大程度上得益于科技创新和人力资本因素的长期积累。自查理曼大帝时代起,德国就非常重视教育和文化发展。1818—1846年,普鲁士国民学校学生增加近一倍,适龄儿童入学率达82%,到19世纪60年代提高到97.5%,国民素质空前提高,1810年德国创立的柏林大学(现洪堡大学)成为现代大学的鼻祖[①]。对教育和科研的重视与大量投入很快使德国站在了世界科学技术发展的前沿,它将大学专业教学与专业研究室结合起来,促使大批的青年人才直接参与科学前沿的探索活动。这种新型模式催生了现代大学和研究开发机构,为科研和创新营造了良好的文化环境,开辟了培养创新人才的先河。从德意志博物馆重视交互的特点可以窥见整个德国科学教育的缩影,科学与技术并非位于庙堂之上,只有深入大众及其生活,才能真正发挥作用。德意志博物馆是世界最大的科技博物馆,其天文馆是世界最早的天文馆,每年要接待近500万人次的游客,构造1∶1的展品让人身临其境,面对大量的交互类装置,即使是处于科学启蒙阶段的孩子也容易感受到背后直观的科学原理与科学精神,公众教育已成为其主要功能。博物馆像一个交流者,鼓励公众、鼓励每一个人不仅要阅读和倾听,还要伸出双手与之互动,从而对科技世界有更加深入的了解和体会。通过学校教育与社会教育培养出的大批人才成为德国科技创新的生力军,使德国在钢铁生产技术上领先于世界,并在有机化学和煤化学研究上实现技术超越。到1895年前后,德国的经济总量超过了英国。

美国科技和经济发展也是通过创新而崛起的。尤为突出地表现在以市场机制为基础,不断营造和优化有利于创新的良好文化氛围。竞争意识、冒险精神、创业胆识和宽容失败的传统是其文化的积极方向。美国较早地实现了规模化生产和科学管理,将研究开发机构纳入

[①] 王昌林,姜江,盛朝讯,等. 大国崛起与科技创新:英国、德国、美国和日本的经验与启示 [J]. 全球化,2015(9):39-49,133,177.

企业的核心部门，把"专利制度是给天才之火浇上利益之油"的理念，用法律形式固定下来，建立了较为完善的知识产权法制。美国大科学和开放式研究机构使科技与经济、政治、社会发展密切联系。美国是当今世界博物馆数量最多、发展水平最高的国家，科学中心的分布大体与美国人口的分布一致，人口密度越大的地区，科学中心数量越多。美国国家自然博物馆以激发公众学习自然和文化的兴趣，支撑可持续的未来为使命。加州科学中心期望通过建立有趣、令人难忘的实验，激发所有人的好奇心，促进科学学习，他们深信科学是理解世界的关键工具，同时倡导科学的可接近性和包容性，并将其视为改善生活必不可少的手段。旧金山探索馆鼓励公众顺着好奇心提出问题，走向发现、学习和知觉的奇妙时刻，自信并有能力理解世界如何运作。圣何塞技术创新博物馆以激发每个人身上的创造力为己任[①]。美国科技博物馆的科学教育与美国确保其全球科技领先地位的"科学、技术、工程、数学"（STEM）计划及"美国下一代科学标准"等科技战略计划紧密结合在一起，是其中的重要环节，并在整个国家的科技及教育战略格局中扮演着重要角色。在长期发展过程中，很多美国科技博物馆已成为社区科技文化交流中心，深刻融入大众文化和社会文化之中。美国作为移民国家，其文化的包容性反过来也成为促进创新的重要条件。第二次世界大战后至今，尽管不断受到来自工业化国家的挑战，但美国仍在主要高技术领域保持领先地位[②]。

科技博物馆作为一种文化制度，在世界科技经济强国的崛起过程中，发挥着公众科学教育的窗口作用。历史表明，近代以来强国的崛起与科学文化的兴起和发展相生相伴，要成为世界科技强国、屹立于世界民族之林，离不开科学文化的肥沃土壤，世界科学中心转移与科技博物馆作为文化地标如图 2-2 所示。文化对创新具有重要作用，任何一个科技创新活跃、经济繁荣的国家，都离不开重大的文化创新引领，

---

① 欧亚戈. 浅谈美国科技博物馆的发展态势与运营管理 [M]// 中国科学技术馆. 科技馆研究文选（2006—2015）. 北京：中国科学技术出版社，2016.
② 徐冠华. 大力构建有利于创新的文化环境 [J]. 中国软科学：2001（3）：1.

以及现代化乃至发达的科学文化基础设施的支撑。

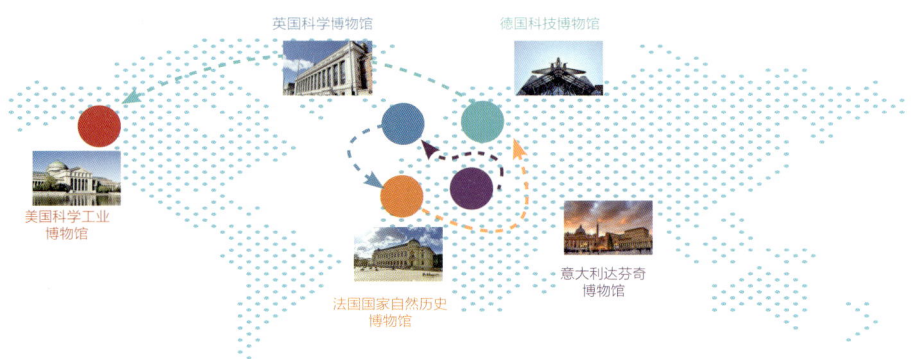

图 2-2 世界科学中心转移与科技博物馆作为文化地标

文化环境是强国崛起和科学中心形成的真正底层逻辑。科学文化作为人类科技实践的精神化结晶，贯通古今中外博大精深的思想源泉，连接不同价值体系、思维方式和行为准则，是推动人类文明发展进步的强大动力。培根[①]的实验科学方法、笛卡尔[②]的理性主义文化哲学、洪堡[③]的现代大学理念等，形塑了科学文化并在当时社会文化的博物馆中广泛扎根、开枝散叶，深刻改变了许多国家的历史命运，成就了英国、法国、德国、美国的现代化强国之路。全世界唯一五千年未曾间断的中华文明，早在16世纪前的千余年间就创造出引领世界的先进科学技术，并在中国传统文化的滋养下绵延不绝，成为人类文明宝

---

① 弗朗西斯·培根（Francis Bacon，1561—1626），第一代圣阿尔本子爵（1st Viscount St Alban），英国文艺复兴时期散文家、哲学家，英国唯物主义哲学家、实验科学的创始人，被誉为近代归纳法的创始人，并且是将科学研究程序进行逻辑组织化的先驱。主要著作有《新工具》《论科学的增进》《学术的伟大复兴》等。
② 勒内·笛卡尔（René Descartes，1596—1650），法国哲学家、数学家、物理学家。他对现代数学的发展做出了重要的贡献，由于几何坐标系的公式化而被认为是"解析几何之父"。他还是西方现代哲学思想的奠基人之一，为欧洲的"理性主义"哲学奠定了基础。
③ 威廉·冯·洪堡（Wilhelm von Humboldt，1767—1835），生于德国波茨坦（Potsdam），是柏林洪堡大学的创始者，也是著名的教育改革者、语言学者及外交官。

库中的璀璨明珠。

新思想需要新的组织形式和新的制度安排才得以展现，并且在社会当中得到认可。科技博物馆这种新的组织形式有利于科学的发展，能够让人们更多体会到科学对于社会经济发展的贡献。科技博物馆发挥实地场景体验等独特优势，构建科学知识、科学方法和科学思想层层外扩的科学文化结构，帮助公众叩开科学的"大门"，真实地参与进来，走进科学的世界[①]。这种新的组织形式，能够以比较具体的方式作为新的科学文化所需要的价值观或者思想理念的载体。在这种情况下，这种组织形式就会成为价值观、行为规范、制度设计相互关联的一种文化的形态，并且最终会产生非常重要的示范效应[②]。

2 科技博物馆开放性与时代见证者

现代化取得成功的国家，往往有一个共同的特点，即科学文化和其他的社会文化之间存在着协同进化，这种协同进化不是相互替代，而是在内在的精神上形成相互支撑的关系。我们理解现代化的进程及其制度变革，需要把握人类文明进化这种现代精神，以及这种现代精神在科学、政治和经济等不同社会领域的制度变革中的具体体现，从这种现代精神出发，推进科学文化、经济文化和社会文化的协同进化[②]。

科技博物馆是现代性的必然呈现，是现代性生成和维系的场所，也是现代社会合法性的生产场所。博物馆（museum）是现代特有的文化机构，词源是希腊语的 mouseion，原意是供奉智慧女神缪斯[③]的

---

① 刘萱，任鹏.弘扬科学精神传播科学思想：现代科技馆体系实现科学文化价值引领的思考[J].自然科学博物馆研究，2022，7（1）：18-24，109.
② 李正风，武晨箫.关于科学文化建设相关问题的思考[J].科学与社会，2017（7）：3.
③ 缪斯（希腊语：Mousai；拉丁语：Musae；英语：Muses），希腊神话中主司艺术与科学的9位古老文艺女神的总称。她们代表了通过传统的音乐和舞蹈及流传下来的诗歌所表达的神话传说。她们原本是守护赫利孔山（Elikon）泉水的水仙，属于宁芙的范畴。后来人们将奥林匹斯神系中的阿波罗设立为她们的首领。

神庙。托勒密王朝统治下的埃及亚历山大城曾经建有一个被命名为Mouseion的文化机构。它包含图书馆、动物园、植物园和研究所，收留学者在这里开展科学研究，大体相当于今天的科学院，并不是现代意义上的博物馆。科学史界通常将之音译为"缪塞昂"或"缪斯宫"，而不译成"博物馆"。现代意义上的博物馆是现代性的必然产物。何谓现代性？现代性是现代社会发展所遵循的基本原则，它至少包含人类中心主义的原则和征服自然的原则。从现代性的角度看，博物馆是干什么的呢？博物馆是现代性自我生成、自我确认的场所，作为征服自然的革命性成果，各种动物、植物和矿物标本被采集和收藏，成为博物馆的第一批藏品。

随着世界工业的增长，科学的"大众化"趋势也在同步发展，变革中的社会组织也为公民权利均等化做出了贡献，在国家层面上的全民教育进一步实现了发展。科技博物馆诞生的关键在于全面教育及科学建立了向"公众开放"的观念。1682 年，英国贵族阿什莫尔（Elias Asmole）[①]将其收藏的钱币、徽章、武器、服饰、美术品、出土文物、民俗文物、动植物标本捐献给牛津大学，创立了世界上第一座博物馆——阿什莫尔博物馆（Asmolean Museum）。那时，绝大多数的博物馆仅对少数精英人士开放。然而，启蒙主义运动和法国大革命改变了这一观念，社会对公共教育的重视推动了博物馆的蓬勃发展，先后诞生了爱尔兰国家博物馆（1731 年）、维也纳自然博物馆（1748 年）、伦敦大英博物馆（1753 年）、威尼斯艺术学院美术馆（1755 年）、哥本哈根国立美术馆（1760 年）、俄国爱尔米塔什艺术馆（1764 年）、西班牙国立博物馆（1771 年）、美国南卡罗莱纳查尔斯顿博物馆（1773 年）

---

① 埃利亚斯·阿什莫尔（Elias Ashmole，1617—1692），英国的政治家、收藏家、占星和炼金术士。1682 年，他将全部藏品捐赠给牛津大学，创建了阿什莫尔博物馆，这种由私人收藏捐助形成非营利性机构的博物馆形式，对于 17—18 世纪西方博物馆的形成有着极大的示范效应。阿什莫尔博物馆不仅是英国第一座公共博物馆和世界第一座大学博物馆，也是世界上规模最大、藏品最丰富的大学博物馆之一。

等博物馆。博物馆逐渐成为向公众开放的机构。

1845年，英国议会制定了第一条允许市议会建立和维护博物馆的法令。在19世纪，大型博物馆出现了加速发展的趋势，这是工业革命迅速发展的结果。国家和国际展览会在欧洲和美国为大型科技博物馆铺平了道路，其中包括成立于1857年的南肯辛顿博物馆、成立于1903年的德意志博物馆（Deutsches Museum）、成立于1933年的芝加哥科学与工业博物馆（Museum of Science and Industry）和成立于1937年的巴黎发现宫（Palais de la Découverte）[①]。

18—19世纪是博物馆大发展特别是自然博物馆大发展的时期。1793年，罗浮宫改建为共和国艺术博物馆。启蒙运动造就自我认同，一个民族和国家如何实现自我认同和体现民族自豪感？通过博物馆。18世纪以后的博物馆，越来越多开始体现教育功能。这一时期，动物、植物、矿物等博物学科（Natural History，自然志）大发展，现代性要求对自然界进行盘点，自然博物馆通常是博物学的研究基地。

18世纪的工业革命一定时期内定义了"谁掌握一流工业，谁就是世界领头羊"的规则，科学工业博物馆因此在19世纪迎来了迅速发展。首个世界博览会——万国博览会于1851年在伦敦举办，回顾与展示了工业革命成果。各国在此展示工业发展的风采，展示艺术与科学如何为工业制造做出贡献、机器的使用如何使人的力量得以延伸和加强，为形态多样、领域各异的工业技术博物馆崭露头角提供平台。法国巴黎工艺博物馆（1794年）、维多利亚和阿尔伯特博物馆（1852年）、伦敦科学博物馆（1857年）、洛杉矶科学工业博物馆（1880年）、日本国立科学博物馆（1871年）、莫斯科科技博物馆（1872年）、德意志博物馆（1903年）、维也纳技术博物馆（1918年）、亨利·福特博物馆（1929年）等都起源于对工业革命成果的回顾与展示，并不断实时展示新的技术和产业发展方向。

博物馆作为展示一个国家、一个民族历史文化艺术成果的重要

---

① 格布哈特. 未来的科学博物馆人[J]. 国际博物馆（中文版），2016（Z1）：27-31.

窗口，在保护和传承人类文明上发挥着重要作用。如果说罗浮宫展示了文化艺术的源远流长，那么巴黎工艺博物馆则彰显了科学技术的日新月异，它不仅满足于让我们追溯科技进步和演变的历程，还致力于努力解释这些物品的起源和功能，然后建立它们与社会演变的联系。

法国巴黎工艺博物馆①汇聚了2400多项发明，展品总数超过9万件，跨越了科学仪器、材料、能源、机械、通信、建筑、交通七大领域。博物馆共三层，分别珍藏着人类从蒸汽时代到电气时代，再到信息时代的科学与技术发展的宝贵遗产，为参观者开启了一扇通往发明创造者世界的大门。

博物馆里的帕斯卡计算器，作为古董机械计算器的鼻祖，不仅是法国人的骄傲，也是技术史上的一个里程碑。这台计算器外观精美、设计精巧，是世界第一台能够自动进位的机械式计算器。它的出现向世人展示了机械装置替代人脑进行思维和记忆的可能性，从而在欧洲掀起了一股"制造思维工具"的创新浪潮。

著名的科塔计算器由犹太人库特·赫兹斯塔克于1943年设计，被誉为世界第一台可单手操作的机械计算器。它不仅能够执行加减乘除四则运算，还具备开方功能，计算精度达11位有效数字以上。科塔计算器代表了西方机械技术的巅峰，被称为"人类文明的瑰宝"和"技术奇迹"。

在第一次工业革命的浪潮中，蒸汽机的发明与应用无疑是最为耀眼的技术突破。1698年，萨弗里成功发明了世界上第一台付诸实用的蒸汽提水机，专利名为"矿工之友"。这台提水机包含两个蛋状容器，通过喷水使容器内蒸汽冷凝形成真空，利用大气压力将矿井底部的积水吸入容器，随后蒸汽压力又将水推出容器，通过这种循环往复的过程，实现了连续排水。虽然"矿工之友"在汲水深度、蒸汽压

---

① 走进巴黎工艺博物馆：发现科技与艺术之美[EB/OL]. [2024-11-16]. http://articles.e-works.net.cn/erpoverview/article153753.htm.

力方面存在局限性,但为后来的蒸汽机改良和工业革命的推进奠定了基础。

当人类不再依赖人力和畜力从事生产活动,并且变得越来越"力大无穷"时,人们征服自然的雄心和激情便与日俱增了。1769年,法国工程师居纽①开创性地将蒸汽引擎应用于车辆,发明了世界第一辆自我驱动的蒸汽动力三轮汽车,这辆车被命名为"卡布奥雷"。博物馆中收藏的是居纽制造的第二辆蒸汽汽车,它的造型同第一辆车一样,类似于没有马匹的欧洲中世纪马车,其车长7.32米,宽2.2米,前轮直径1.28米,后轮直径1.5米。车架前端装有一个梨形的大锅炉,行驶时依靠前轮来控制方向,每行驶12~15分钟需停车加热5分钟,时速为3.5~3.9千米,最大负载为5吨。尽管这辆车从未正式使用,但它不仅是技术革新的见证,也是人类探索机械动力无限可能的象征。

法国工程师克雷蒙特·阿格涅·阿德尔②于1897年发明了"飞行Ⅲ"号飞行器。它净重258千克,拥有酷似蝙蝠翅膀的机翼、类似收纳箱的机身和形似鹅毛的螺旋桨。机身内装有2台独立的20马力蒸汽发动机,各自驱动2具4叶螺旋桨,以相反方向旋转。蒸汽锅炉为发动机运转提供所需的蒸汽,并将压缩后的热蒸汽通过2根蒸汽导管输送到螺旋桨的驱动轴。机身上方的水冷式冷凝器,利用飞行时的冷空气将热蒸汽快速冷却形成水,然后回流到蒸汽锅炉内循环使用。

由于蒸汽发动机无法提供足够的动力来支持自身飞行,这只"大蝙蝠"最终因强风和地心引力的作用而未能成功飞行。然而,法国人并未回避这段历史,反而将其置于博物馆最显眼的位置,记录着人类航空史上的曲折之路。这种做法或许正体现了对创新失败的宽容和尊重的态度,以及对探索未知的坚持和肯定。

---

① 居纽(Nicolas-Joseph Cugnot,1725—1804),法国工程师,于1769年发明了蒸汽机车。这是陆地上第一辆依靠自身动力前进的交通工具,标志着蒸汽汽车时代的开始,对交通运输方式产生了深远的影响。
② 克雷蒙特·阿格涅·阿德尔(Clément Agnès Ader,1841—1925),17世纪著名的法国工程师、发明家,发明了历史上第一架飞机。

拉瓦锡实验仪器的展台陈列着量热计、气压计、凹面镜、气量计、天平和巴本锅，以及众多精美的瓶瓶罐罐。这些纯手工打造的实验装置和仪器，不仅展现了惊人的工艺之美，更是化学科学早期探索的见证，它们使得各种化学反应过程得以被揭示和理解。

从探索宇宙奥秘的天文仪器，到精密复杂的机械计算器；从服务于矿井的"矿工之友"，到开创汽车时代的汽车先驱；从现代化学元素的发现，到创新的"蝙蝠飞机"，博物馆里的每一件展品都令人目不转睛、赞叹不已，使参观者深刻感受到无数先贤毕生致力于大量勇敢的探索与实践。它们所代表的文化和孕育的科学知识，展现的前辈大胆创新的精神，不仅启发人们深思，更激励着人们持续创新。

20世纪科技博物馆迅速成长，与人类进入科学时代相生相伴。公众开始喜欢科学、追逐科学在20世纪表现得最为充分。20世纪50年代以来，科技博物馆数量成倍增长，远远超过其他类型博物馆的增长速度。其中，科学中心的崛起，是科技博物馆整体数目上升、影响力增大的主要因素。现在经常提到的旧金山探索馆、安大略科学中心和维莱特科学与工业城，均是近50年来的产物[①]。

一直以来，美国都把博物馆看作是公共教育的主要场所。南肯辛顿博物馆（South Kensington Museum）的亨利·科尔爵士在1874年说道："如果你们希望你们的科学和艺术学校能发挥实效，你们的卫生、空气，以及食物能有益健康，你们的生命能够长久，你们的制造业能有所改进，你们的贸易能有所增长，还有你们的人民能更加文明的话，那么就必须要用科学和艺术博物馆去阐释生命、卫生、自然、科学、艺术和美的原理[②]。"

博物馆展览有一种特殊的情感价值和巨大的说服力。博物馆不仅丰富了获取教育信息的形式，还为感知这一信息创造了特殊条件。博物馆积极影响普及教育的另一个客观先决条件是其丰富性，及其与多

---

① 吴国盛. 走向科学博物馆 [EB/OL]. (2017–01–13) [2024–08–26]. https://mp.weixin.qq.com/s/laJe2BfcUZYhBjZmX02VqA.
② 格布哈特. 未来的科学博物馆人 [J]. 国际博物馆（中文版），2016（Z1）：27–31.

种科学、生产部门和文化领域的直接联系。博物馆与学校的联系源自一大传统。早在1917年11月，苏俄人民教育部在《致工人、农民、士兵、水手和所有俄罗斯公民》一文中便呼吁保护"充满罕见、美丽、有教育意义、洗涤灵魂的藏品的"博物馆，并指出"这一切能帮助贫困人民和他们的孩子在教育上迅速赶超前统治阶级"。列宁向人民教育部负责人强调"筹划小型综合技术教育博物馆"的重要性。人民教育部部长阿纳托利·瓦西里耶维奇·卢纳查尔斯基[①]在1919年第一届全国博物馆工作会议上讲话时，将博物馆比作"一本伟大的人类纪念册"，并指出博物馆应该成为"人民教育这一伟大事业的大本营"。综合技术教育在科技革命时代尤为重要，技术博物馆尤其要承担此类教育的责任。来自苏联、德意志民主共和国、波兰、捷克斯洛伐克的综合技术博物馆参加了1970年在莫斯科举办的"博物馆和综合技术化"特别国际论坛，并展示了技术博物馆应用于教育领域的可能性[②]。

在西方国家，广义的科技博物馆（science museum）包括自然博物馆（natural history museum，NHM）、科学工业博物馆（museum of science and industry，MSI）、科学中心（science center，SC）等。不管是收藏和展示动植矿标本及活体生物等自然物，还是科学实验仪器、技术发明、工业设备等，抑或观众主动参与、动手体验科学原理和技术过程，现代科技博物馆越来越注重自身的教育功能。博物馆理念逐渐从以"物"为中心（收藏、展览、研究等）转变为以"人"为中心（体

---

① 阿纳托利·瓦西里耶维奇·卢纳查尔斯基（Anatoly Vasilyerich Lunacharsky，1875—1933），苏联教育家、文学理论家、政论家、美学家、剧作家、艺术理论家。他创作了《国王的理发师》《浮士德与城》《奥利佛·克伦威尔》《解放了的堂吉诃德》和"帕内拉三部曲"等历史剧，借历史人物或古典名著中的主人公表现当代的社会冲突和思想矛盾。
② 拉兹贡．苏联博物馆与跨学科普及教育[J]. 国际博物馆（中文版），2016 (1-2)：61-64.

验、学习等）①，新兴的后现代博物馆不再无限制专注于文物，而是收集了各种形式的文化表现。艺术博物馆、历史博物馆、人类学博物馆、自然博物馆、工业博物馆、商业博物馆、国家博物馆、学院博物馆及满足人们求知欲的科技博物馆等新一代博物馆进入社会视野中，扎根于多个领域②③，以丰富多样的形式，展示科学技术发展深刻影响社会生产、生活的方方面面，昭示着各国抓住全球产业转移、技术迭代的产业立国的时代机缘及与产业自身发展的内在逻辑和规律。引导公众理解"To live well, a nation must produce well"，不断提高认识、适应被科技前沿发展引领和重塑的生产与生活的未来。

美国Chabot航天与科学中心（简称"Chabot"）同美国宇航局艾姆斯研究中心合作，创建了"美国宇航局艾姆斯观众中心"。通过与学校、图书馆和其他社区团体的合作，为公众提供了一个沉浸式的STEAM环境，将科学教育从博物馆扩展到社区。不仅让公众能够体验NASA的尖端研究和技术，还可通过教育活动和展览将NASA的学习和研究机会带给当地社区。

Chabot和NASA通过3种方式进行合作：第一种方式是NASA体验，让Chabot的观众扮演NASA研究人员；第二种方式是两家组织通过与奥克兰市的学校、图书馆和其他团体建立联系，在奥克兰各地打造STEAM教育体验；第三种方式是Chabot把NASA的职业机会与Chabot的青年发展计划联系起来。

随着科学与社会的不断互构，科学中心不仅反映了这种关系的

---

① CROWLEY K, PIERROUX P, KNUTSON K. Informal learning in museums[M]// The Cambridge handbook of the learning sciences. 2nd ed. New York：Cambridge University Press，2014：461-478.
② GOODE G B. On the classification of museums[J]. Science，1896，3 (57)：154-161.
③ MEYER J, THOMA G B, KAMPSCHVLTE L, et al. Openness to experience and museum visits：Intellectual curiosity, aesthetic sensitivity, and creative imagination predict the frequency of visits to different types of museums[J]. Journal of research in personality，2023，103：104-352.

变化，而且促进和传播这种关系的重构。知识生产也越来越涉及不同的生产和传播方式及更多来自不同学科、具有不同背景的参与者，更重要的是涉及不同的知识生产场所。美国优利系统公司（Unisys Corporation）的科学学习网（Science Learning Network，SLN），将科学中心与学校联系起来，让它们互相成为对方的数据库和资源中心。中国科技馆体系成为交融社会各界力量，搭建科学界、产业界和社会公众沟通的桥梁，构建与产业密切协作的网络。通过推动企业、公众、公共教育机构之间的紧密互动，促进稳定而密集的创新思想和创新成果的形成。在推进知识和技能发展的过程中，逐渐形成大众认识世界的一种方法，也是适应现代生产生活的一种需要。

3 科技博物馆引领文化，孵化创新思维

国家创新系统由许多原本独立的机构要素构成，为实现总体价值各要素间必须达成一种共同的价值观和文化取向，以充分的合作与协调为共同目标而奋斗，否则创新系统就难以发挥整体效能。从科学建制化的过程看，不论是科学的先行国家，还是科学的后发国家，科学的建制化都表现为思想文化、科学界与经济政治制度体系的"汇流"。思想引导和价值塑造、科学家推动知识进步的具体实践、制度设计与运用治理力量对合理制度的强力推动，都对科学文化从观念形态走向行为规范和制度范式发挥重要的作用，这些行动者都是科学文化建设的重要主体[1]。

马塞尔·普鲁斯特（Marcel Proust）[2]讲过一句话："真正的发现之旅不是寻找新的风景，而是拥有新的视角。"现代博物馆源自两个古老的传统，一个是以缪斯的名义出现的对知识和哲学的冥思；另一个是

---

[1] 李正风，武晨箫. 关于科学文化建设相关问题的思考[J]. 科学与社会，2017（7）：3.
[2] 马塞尔·普鲁斯特（Marcel Proust，1871—1922），法国犹太裔小说家、评论家，意识流文学的先驱与大师。他的作品对20世纪法国文学产生了深远的影响，被认为是20世纪最重要的法国作家之一。

以收藏柜为表征的对器物的收藏。直到 16 世纪中叶基格伯格（Samuel Quiccheberg）最早做出尝试，二者的结合成为博物馆史的重要内容，经过几代人的努力，逐渐走向融合，朝着两位一体的方向发展。当人们的观念突破展品精美的外壳，关注物质深处的精神内涵，并试图以知识和信息的形式将其提炼和揭示出来时，物与思想结缘的通路就打开了。优秀的博物馆，不仅能让公众感受到人类创造物的魅力，满足欣赏和崇拜的心情，也能让公众在阐释的帮助下深入理解展品内部的知识、思想与情感的内涵，在智性方面有所收益[1]。

在现代社会，学习的方式已不再局限于传统的课堂教学，博物馆情境学习逐渐崭露头角，越来越成为人们获取知识和技能的重要渠道。以其开放、自主、互动和实践等特点，激发公众特别是青少年的学习兴趣和积极参与性，对于培养其终身学习能力至关重要。科学教育同样可以在博物馆情境学习中得到有效实施。公众可以在博物馆、天文馆、科学中心、动物园、植物园和植物标本馆、营地、国家公园、水族馆和工业场所等多样化的环境中学习科技领域的相关主题，通过参与展览互动、观看电影和与策展人交谈，深入且广泛地了解具体内容，这样的博物馆情境学习环境不仅有利于激发公众对科学的兴趣，还能提高他们的实践参与度，使他们形成独特且难忘的学习经历。在博物馆、动物园、水族馆和植物园等场所进行的科学学习，效果尤为显著[2]。

科技博物馆通过形式多样的展陈，记录科技文明的印迹，蕴含着历史发展的逻辑，讲述人类在认识规律、认识自然中的探索故事，把科学作用于人的心灵。主要表现在两个方面：一方面是科学精神、科学态度。科学精神就是在好奇心驱动下的锲而不舍、自由探索的精

---

[1] 约翰·H. 福克. 博物馆观众：身份与博物馆体验[M]. 郑霞，林如诗，译. 杭州：浙江大学出版社，2022.
[2] ALEXANDRE S, XU Y, WASHINGTON-NORTEY M, et al. Informal STEM learning for young children: a systematic literature review[J]. Int J Environ Res Public Health, 2022, 19 (14): 8299.

神；科学态度就是不迷信权威、不弄虚作假的求真务实的公正态度；科学精神和科学态度是科学的内在本质，是在长期的科学实践中逐渐养成的，并成为一种相对稳定的行为规范。另一方面是它帮助人们形成科学的世界观和方法论。通过展陈、互动解释科学向我们展示宇宙本原、世界结构的探索过程和成果，丰富人们对真实世界的认知和感悟。牛顿科学引导出了机械的世界观和方法论，达尔文科学引导出了进化论的世界观和有机论的方法论；相对论和量子力学又给我们带来了关于我们这个世界的全新观念，增进着我们对世界的理解，使人们放弃了机械论和决定论的世界观，不断推动人的思想发展和价值的革命。科技博物馆驱动科学影响人，为新思想开辟道路。

怀特海对科学方法给予了特别崇高的地位。他说："19世纪最大的发明就是找到了发明的方法。一种新方法进入人类生活中来了。如果要理解我们这个时代，有许多变化的细节，如铁路、电报、无线电、纺织机、综合染料等，都可以不必谈，我们的注意力必须集中在方法的本身。这才是震撼古老文明的真正新鲜事物。"怀特海进一步指出，"人类对自然界所起的社会角色的变化是在新的科学知识基础上产生的。如果有人认为科学概念的本质就是人们所需要的发明，因而只要拿起来就可以用，那就大错特错了，科学的思想、理智的力量是伟大的，它对人类的生活具有决定性的影响。伟大的征服者从亚历山大到恺撒，从恺撒到拿破仑，对后世的生活都有深刻的影响。但是从泰勒斯[①]到现代一系列的思想家则能够移风易俗，改革思想原则。前者比起后者的影响来，又显得微不足道了。这些思想家个别地说来是没有力量的，但最后都是世界的主宰[②]。"

情境学习模式已经成为共识，现在是博物馆公众学习的标准。

---

① 泰勒斯（Thales，公元前 624—公元前 547），是古希腊时期的思想家、科学家、哲学家，也是米利都学派的创始人，被尊称为"科学和哲学之祖"。泰勒斯后来从事政治和工程活动，并研究数学和天文学，晚年转向哲学，几乎涉猎了当时人类的全部思想和活动领域，因此获得崇高的声誉，被尊为"希腊七贤之首"。
② 金吾伦. 创新文化的内涵及其作用 [J]. 现代企业教育，2005（2）：10-11.

通过将公众体验描述为一组相互作用、与情境相关的因素,提供了一种独特、不可替代的博物馆情境学习的框架和描述工具。再者,知识时代的休闲越来越集中在更重要、更令人充实的事情上。每个人都在运用其不断增加却更加宝贵的休闲时间建立自己的个人认同和集体认同。在适应知识时代、智能时代的过程中,公众也在不断地努力试图了解在历史或科学界有什么样的新趋势会影响未来的生活[1]。

作为博物馆学习领域最具理论代表性的学者之一,约翰·福克（John Falk）[2]因其终身学习和自由选择学习（free-choice learning）研究,特别是博物馆体验与学习的理论模式构建等,获得了很高的国际学术地位。1992 年福克在《博物馆体验》（*The Museum Experience*）一书中提出了"互动体验模式"（interactive experience model）,并基于此模式论述了博物馆体验。相较之下,《学自博物馆:观众体验与意义生成》（Learning from Museums：Visitor Experiences and the Making of Meaning）进一步延伸和修正了之前的模式,并正式提出了"情境学习模式"（contextual model of learning）,从较为宽泛的博物馆体验聚焦至博物馆学习。他从进化生物学的视角来认知学习,认为学习是数亿年以来以生存为导向进化而成的产物,是人类和其他动物在不断变化的社会、文化和物理世界中日益完善智识发展的能力[3]。

科技博物馆蕴含的丰富资源,支持科学研究人员探索未知现象和潜在技术应用,推动科学社会化、公众化,尤其是激发青少年的好奇心和探索欲。这种与创新紧密融合的文化制度为科学知识的普及、科学精神的培养和科学思想方法的塑造搭建了丰厚的科教土壤和平台。

---

[1] 约翰·H. 福克. 博物馆观众:身份与博物馆体验[M]. 郑霞,林如诗,译. 杭州:浙江大学出版社,2022:14-21.
[2] 约翰·福克（John Falk,1953— ）,美国生物学家和教育家,加州大学伯克利分校生物学与教育学双料博士,俄勒冈州立大学终身科学技术工程与数学学习研究中心主任,撰写生物学、心理学和教育学领域学术论文超过 100 篇。在神经科学领域的研究贡献突出,尤其是在神经发育和突触可塑性方面。
[3] 邱文佳. 建构博物馆情境学习模式[J]. 自然科学博物馆研究,2024（4）:13-20.

例如，日本科学未来馆与当地科研机构密切合作，专门开辟"研究区"，低成本为科研人员提供工作场所，同时提供展厅空间，以便科研工作者面向公众进行科学演示和学术交流。

"科学"与"未来"是日本科学未来馆构成的最重要元素，其理念是将为公众提供一个场所来共同思考和探讨科学作为一种文化。日本科学未来馆共有3个常设展区，分别为"探索世界""创造未来""与地球相连"，均是在一流科学家和科技人员的指导下设计完成的，从宇宙、生命、信息等视野来解析前沿科技。其中，在"与地球相连"展区，公众可以通过最尖端的技术和数据，感受并理解连接地球上所有生命与环境的纽带（图2-3）。这既是地球生态系统中各种各样生命之间的纽带，也是在地球46亿年的漫长岁月中诞生的人类与地球之间的纽带[①]。

日本科学未来馆具有独特、鲜明的展览特色，同时日本科学未来馆亦为公众提供了形式多样的互动探究活动，公众可以通过小型研讨会、动手实验、富含科技元素的表演，在兼具趣味性与知识性的活动中思考、探索、分享科学与未来。

过去几十年里，在大脑研究方面最令人吃惊的一项发现就是大脑边缘系统在所有记忆中都发挥了关键作用。大脑边缘系统是大脑在进化过程中较为古老的区域，位于大脑中心位置，由杏仁核、海马体、下丘脑等多个结构组合，主要负责情感处理和记忆形成，尤其是空间记忆。大脑中的各种不同结构之间高度整合、相互联系，越来越受到重视。已经发现，边缘系统结构在环形回路中广泛地连接到大脑的所有部分，以及身体的所有器官和系统，从而可以对不同的身体功能和周期的需求做出响应，它也已成为调节记忆的焦点。任何感知永久存

---

① 李晓彤. 日本科学未来馆：连接世界，探索未来[N]. 科普时报，2019-02-01.

图2-3 日本科学未来馆"与地球相连"展区 Geo-Cosmos 展项

储在记忆中之前,必须要先在边缘系统里至少通过两个评估阶段。我们的大脑会对我们体内外的感知进行分离、分类、组合和判断。边缘系统在这个过程中的最核心作用就是让认知科学家更充分地了解到情感在整个意义建构过程中的重要性。当前的神经科学研究已经指出,学习不能在笛卡尔意义上进行理性思维和感性思维的分离,抑或简单地分为认知的(事实和概念)、情感的(感受、态度和情绪),以及心理运动的(技巧和行为)功能,就像许多心理学家和教育学家近半个世纪以来试图做到的那样。所有的意义建构,甚至是最有逻辑性的话题,都涉及了情感,就像情感几乎总是涉及认知一样。由于在边缘系统中的这一旅程,每一段记忆看起来好像都伴随着一个情感的"印记"。情感"价值"越高,感官信息就越有可能通过这次初步检查并进入记忆中;而且,有趣的是,愉悦的经历相比于不愉悦的经历总是更受欢迎。因此,进化确保了学习、记忆和生存之间的依存关系,使获取和存储信息的过程变得非常彻底,并且由于其与边缘系统的关系,成为一种内在愉悦和有益的体验。就像心理学家理查德·拉扎勒斯(Richard Lazarus)讲到的:情感本质上是认知的,尽管思考可能或多或少是快速和无意识的[①]。

科技博物馆交织过去、现代与未来,传递对自然法则的探索与尊重,激发探索真理、理解宇宙、求索未来的精神力量,滋养不懈探索的勇气和智慧,从器物层面至制度文化、规范文化及科学价值观,紧跟时代步伐不断拓展科学精神、科学文化辐射范围。科技博物馆作为知识生产和流动的中介,培育了一种多元的氛围和交流环境[②],为公众提供"我思考,我参与;我体验,我分享;我创造,我的思路就此打开;我创新,世界之门向我打开"的科学精神与信念给养[③]。一手创新,一手科学精神,科技博物馆成功积累下科技工作者在长期科学实践中的宝贵精神财富,推动现代科学、现代科学方法长入社会,助力形成热爱科学、崇尚创新的创新生态和社会氛围(图2-4)。

观念文化是影响创新活动的内在动力,表现为人们对创新活动的态度。一种适宜创新的观念文化其自身也必定是一种创新,它使人有一种广博的思维视角、有一种海纳百川的宽广胸怀,从而使人具有博采众长的技艺和能力。创新的本质是根据特定的理想和前景重新创造世界,创造关于世界的新知识。创新具有巨大的随机性、不确定性和风险性。所谓创造性思维,即人作为认识主体,在科技实践中由于发现合适问题的导引而以该问题的解决为目标的前提下,基于其意识与无意识两种心理能力的交替作用,当暂时放弃意识心理主导而由无意识心理驱动时,突然出现认知飞跃而产生出新观念,并通过逻辑与非

---

① 约翰·H. 福克. 博物馆观众:身份与博物馆体验[M]. 郑霞,林如诗,译. 杭州:浙江大学出版社,2022:100-102.
② 伯纳德·希尔,高秋芳. 科学博物馆与科学中心:发展历史及其根源[J]. 自然科学博物馆研究,2018,3(1):84-92.
③ 埃里克·雅克敏,刘怡. 变化世界中的科学素养:科技博物馆和科学中心能发挥什么作用?[J]. 自然科学博物馆研究,2020,5(4):62-68,96-97.

图 2-4　中国科技馆国家最高科学技术奖获奖科学家手模墙

逻辑两种思维形式协作互补以完成其过程的思维[1]。所以创新需要锐意进取、专注执着、敢冒风险、不怕失败的人。人始终是最积极、最活跃的因素。

---

[1]　傅世侠，罗玲玲. 科学创造方法论 [M]. 北京：中国经济出版社，2000.

第三章

中国道路：我国科技馆的创新发展与战略转型

劳动者是创造美好世界的首要力量，人民是先进科学文化创造的主体。历史和实践不断证明，先进科学技术一旦为广大人民所掌握，就可以释放出无比强大的活力。科技创新有赖于公众科学文化素质的提升，厚植沃土才能百花齐放。尤其是要在青少年心中埋下科学的种子，为他们插上科学的翅膀，国家的创新发展才能获得源源不断的动力。

　　未来十年，新一轮科技革命和产业变革推动经济科技新赛场加速形成，世界主要创新板块在激烈震荡中深度重构，为我国实现科技发展的赶超和跨越提供了新机遇。必须牢牢把握时代发展的历史主动，发挥中国科技馆体系动员链接创新主体、公众等行动者的无边界组织和枢纽作用，推进科学生产与知识传播转化的实时交互，在信息化、智能化深入发展的今天，利用更加便捷的手段和有利的条件，推进科学技术的广泛传播，使公众无论身处繁华都市还是偏僻乡村，都可以随时随地得到科学思想和科学精神的滋养，通过掌握更加有效的科学知识和科学方法，平等地参与到现代化发展中，共同创造美好生活。

1　党领导下推动大众科学

实现现代化是近代以来中华民族孜孜以求的梦想。在无数仁人志士为之奋斗的磅礴进程中，自从中国共产党走上中国社会发展的舞台，人民这个历史的创造者、群众这个真正的英雄，才真正得以被广泛团结起来，形成改造中国、改变世界的强大力量。也正是在中国共产党的领导下，革命、建设和改革的历史才成为一部真正的人民所创造的历史。

在革命战争年代，毛泽东在陕甘宁边区自然科学研究会成立大会上的讲话中指出，"自然科学是人们争取自由的一种武装。""人们为着在自然界里得到自由，就要用自然科学来了解自然，克服自然和改造自然，从自然里得到自由①。"这一时期，我们成立了延安自然科学研究院，提出要建设一支为革命战争而服务的科技队伍②。延安时期我们党也明确主张科学走大众化发展道路，推动科普工作③。1940年2月，陕甘宁边区自然科学研究会通过的《陕甘宁边区自然科学研究会宣言》明确提出了"开展自然科学大众化运动，进行自然科学教育，推广自然科学知识，使自然科学能广泛地深入群众，使民众的思想意识和风俗习惯都向着科学的进步的道路上发展。从自然科学运动方面推进中华民族新文化运动的工作④。"1941年，中央机关报《解放日报》发表社论，提出"应该多组织一些通俗的科学演讲、编写一些初级的中级的自然科学读物"，要"把最基础的知识普及到人民中间去"⑤，进一步推动了自然科学大众化运动的发展。

---

① 中共中央文献研究室. 毛泽东年谱（1893—1949）（修订本）中卷[M]. 北京：中央文献出版社，2013：168.
② 陈元志，陈劲. 社会主义现代化强国视域下的科技创新：历史演进、内涵特征和实现路径[J]. 上海大学学报（社会科学版），2023，40（3）：1-18.
③ 王海军. 延安时期中国化马克思主义科技思想及其实践探析[J]. 马克思主义研究，2009（6）：42-46.
④ 樊春良. 改革开放40年来中国科技体制改革与发展研讨会会议综述[J]. 科学学与科学技术管理，2018，39（6）：5-8.
⑤ 提倡自然科学[N]. 解放日报，1941-06-12.

新中国成立以来,从"向科学进军"①到"科学的春天",从"科学技术是第一生产力"到"创新是引领发展的第一动力",我国科技创新发展不断跨越雄关漫道、道路越走越宽广的根本在于党始终坚持以人民为中心的逻辑原点。1958年,在中华全国自然科学专门学会联合会的倡议下,中国科技馆开始筹建。

1958年,山东省科学技术宣传馆正式开馆,建筑面积2537 m^2,主要举办流动展览、科普报告、各类培训班等活动,虽然不是"科学中心"的科技馆,但"科技馆"的概念已经出现。

1978年,步入改革开放和社会主义现代化建设的新时期,我国决定在有条件的大中城市扩建或新建科技馆,开启了中国科技馆事业发展的大门。1982年,由中国科技馆具体筹展的"中国古代传统技术展览",以四大发明为主题,配以陶瓷、纺织刺绣、青铜冶铸、建筑、机械、天文、中医药及传统手工艺等内容,先后赴美国、瑞士等国巡展,所到之处观众如潮,成为世界了解中国古代文明的窗口(图3-1)。截至2018年底,该展览足迹遍布13个国家和地区的24个城市,累计服务公众671.8万人次。

图3-1 1982年"中国古代传统技术展览"

---

① 周恩来. 关于知识分子问题的报告(一九五六年一月十四日)[M] // 周恩来. 周恩来选集(下卷). 北京:人民出版社,1981:158-189.

1983年秋天，根据交换展览协议，"加拿大安大略科学中心展览"在北京展览馆展出，轰动了整个北京城。之后在内蒙古自治区呼和浩特市、青海省西宁市、上海市等地进行巡回展出，使"科学中心"新型科学教育理念传向祖国四面八方（图3-2）。

 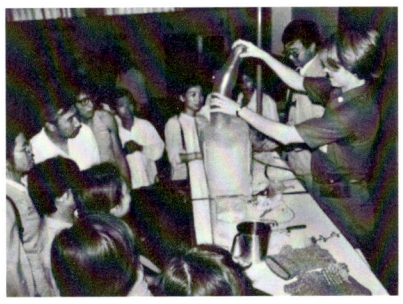

图3-2　1983年"加拿大安大略科学中心展览"

以茅以升为团长的考察团赴美国、瑞士、日本考察科技博物馆后，决定在中国建设"科学中心"类型的科技馆。1988年，中国科技馆完成建设，建筑面积20 000平方米、展厅面积4000平方米。展示内容侧重物理学等基础科学，大多数展品从世界科技馆经典展项中优选产生，由中国科技馆首次自主设计了20余件创新展品，高压放电、直线电机列车等成为抢眼的支柱性展品，活灵活现的高压放电表演，以及液氮和静电发生器试验表演，激发广大观众极大的兴趣。同一时期，福建省科技馆（1993年）、天津科技馆（1995年）等科技馆陆续建成开放。1995年，中国科技馆建成直径27米的穹幕影厅正式向公众开放，拓展了科普教育功能。

　　1984年，蚌埠市科技馆建成，包含科技启蒙厅、科技实验厅、天象厅、天文观察堡、声像厅、微机房、科普教育厅、大屏幕投影电视厅、露天飞机展坪、报告厅，为社会特别是青少年提供了学习科技知识的场所，深受欢迎。蚌埠市科技馆已经基本具备了"科学中心"类型科技馆的雏形[①]。

---

① 蚌埠市科技馆加速建馆工作注意社会效益 [J]. 科技馆，1987（1）：5.

20世纪90年代中后期,《科学技术馆建设标准》引导规范各地科技馆发展。2000年中国科协《科学技术馆建设标准》正式发布,对于规范科技馆的建设和运营行为,端正建馆和办馆方向具有重要意义,标志着我国科技馆事业进入新的发展阶段。2002年6月《中华人民共和国科学技术普及法》颁布[①],旨在加强科学技术普及工作,提高公民科学文化素质,推动经济发展和社会进步。2006年2月,国务院印发《全民科学素质行动计划纲要(2006—2010—2020年)》,提出全民科学素质行动计划的方针,即"政府推动、全民参与、提升素质、促进和谐"。

2007年7月,建设部、国家发展改革委正式颁布了《科学技术馆建设标准》(建标101—2007),该标准比中国科协《科学技术馆建设标准》的内容更丰富、要求更具体,对各地科技馆的指导作用更强。一批具有一定规模和水平、真正意义上的科技馆相继建成开放,如上海科技馆(2001年)、沈阳科学宫(2001年)、合肥市科技馆(2002年)、江西省科技馆(2002年)、黑龙江省科技馆(2002年)、四川省科技馆(2006年)、贵州省科技馆(2006年)、南京市青少年科技馆(2006年)、广东科学中心(2008年)、辽宁省科学技术馆(2015)等。一大批原先科普展教功能不强的科技馆经过改建或扩建后也相继开放,如山东省科技馆(2004年)、河北省科技馆(2006年)、武汉科技馆(2006年)、宁夏回族自治区科技馆(2008年)、新疆维吾尔自治区科技馆(2008年)、广西壮族自治区科技馆(2008年)、浙江省科技馆(2009年)等。

科技馆常设展览展品创新度高、互动体验强、富有视觉冲击力,并设置专门的儿童科学展厅,向各年龄段的公众传递科学思想和方法,与时俱进、常展常新。及时配合国家重大任务和聚焦社会关注的科技热点,形成主题鲜明、形式灵活、反应迅速的短期展览,成为一种最具生命力的科学传播形式,如"载人航天科普展""虚拟显示技术

---

① 2002年6月29日,第九届全国人民代表大会常务委员会第二十八次会议通过《中华人民共和国科学技术普及法》;2024年12月25日,第十四届全国人民代表大会常务委员会第十三次会议通过新修订的《中华人民共和国科学技术普及法》。

博览会""脑中乾坤：心智的生物学"等逐步形成科技馆短期展览的品牌，深受公众欢迎。特效影片利用现代电影的科技手段，调动观众的视听嗅触动等多种感官体验，成为科技馆重要的科普设施和手段，在我国科技馆常见的特效影院有球幕、巨幕、动感、4D影院等，让观众有身临其境之感，如2009年中国科技馆新馆建成当时世界上最大的球幕影院，球幕直径长达30米，配有世界先进的光学天象仪和数字辅助投影系统，为观众营造身临其境仰望苍穹的舒适环境和震撼的视觉效果。以"展教并重"为重要理念，科学教育活动为科学传播与科普活动提供持续动能。各地科技馆对科学教育活动愈发重视，逐渐形成合理规划、有效实施、科学评价、充分保障的运行机制。

习近平同志曾经多次参加全国科普日活动，2009年参加全国科普日活动时就指出，"科技创新和科学普及是实现科技腾飞的两翼"[①]。免费开放为科技馆发展注入新动能，作为公共基础设施，科技馆是提供科普服务、开展科学教育的重要阵地，对提高全民科学文化素质、营造全社会崇尚科学的良好氛围具有重要作用。2015年中国科协、中宣部、财政部发布《关于全国科技馆免费开放的通知》。科技馆免费开放补助资金从2015年的3.5亿元增加到2024年的9.16亿元，享受免费开放资金补贴的科技馆数量从最初的92座增加到2024年的409座，极大改善了我国基层科技馆经费困难的状况，促进了公共科普服务的公平普惠。科技馆免费开放补助资金已覆盖30个省、自治区、直辖市及新疆生产建设兵团科协。国家设定的科技馆免费开放的目标已基本实现，政策效果持续释放，社会群众反应热烈，科技馆在科普中的作用得到明显激发。在这一时期，科技馆更加注重常设展览的策划和设计，展览以主题展开式、故事线、知识链、学科分类式等多种形式并存。新能源、新材料、航空航天、生物技术、信息技术等前沿科技展示内容和虚拟现实等新技术展示方式不断涌现，展品的启发性、创新

---

① 李悦.习近平为新时代创新发展打造"科普之翼"[EB/OL].(2019-05-21)[2024-07-23]. http://www.qstheory.cn/zdwz/2019/05/21/c_1124521127.htm.

性、特色化不断增强。同时，科技馆更加重视常设展览的更新改造，保持常展常新。各地科技馆加大短期展览的开发和引进力度，内容与形式不断丰富。教育活动的数量、类型明显增多，并注重馆内和馆外相结合，线上与线下相结合，教育活动资源也由传统教育资源不断融入新媒体教育资源，教育活动主动创新求变，强调互动性、针对性、系列性，有效融合各类社会科普阵地资源，将科技馆打造为科普资源汇集平台。

党的十八大提出了普及科学知识、弘扬科学精神、提高全民科学素养，以及完善公共文化服务体系、提高服务效能、完善促进基本公共服务均等化的要求，并将其作为全面建成小康社会的重要任务。2012年11月底，中国科协提出建设中国特色现代科技馆体系，在有条件的地方建实体科技馆；在尚不具备条件的地方如县域主要组织开展流动科技馆巡展，在乡镇及边远地区开展科普大篷车活动、配置农村中学科技馆。开发基于互联网的数字科技馆网站，一方面为网民提供体验式的科技馆服务；另一方面集成科普资源，服务于基层科普机构和科普组织，初步搭建起一套覆盖全国、世界独有的科普基础设施体系。

实体科技馆作为科普领域的龙头和依托，通过增强和整合科普资源开发、集散、服务能力，统筹流动科技馆、科普大篷车、数字科技馆、农村中学科技馆的建设与发展，并通过提供资源和技术服务，辐射带动其他基层公共科普服务设施和社会机构科普工作的开展，使公共科普服务覆盖全国各地区、各阶层人群。根据《科学技术馆建设标准》（建标101—2007），科技馆是以展示教育为主要功能的公益性科普教育机构，主要通过常设和短期展览，以参与、体验、互动性的展品及辅助性展示手段，以激发科学兴趣、启迪科学观念为目的，对公众进行科普教育；也可举办其他科普教育、科技传播和科学文化交流活动。截至2023年底，全国建成并对外开放科技馆477座，场馆总建筑面积509.5万平方米。

2000年，针对基层科普基础设施普遍短缺的问题，中国科协启动

科普大篷车项目。科普大篷车具备小型科技馆所具备的多项功能，通过对运输车进行特殊改装，运载小型化、模块化的车载科普资源，旨在为基层地区（特别是欠发达地区和边远地区）学校、社区、农村提供科普服务的流动科普设施，普及科学知识、传播科学思想和科学方法。2011年，中国科协启动"中国流动科技馆项目"，由中国科技馆负责实施。流动科技馆是以小型化、可移动的互动展品为主要内容的科普展览项目，在全国尚未建设科技馆的县级行政区域开展巡展服务。

2006年，中国科协与教育部、中国科学院共建"中国数字科技馆"，利用互联网平台集成国内外优质科普资源，促进全社会参与科学普及。数字科技馆采用网络技术、多媒体技术、虚拟现实技术等现代信息技术，对包括实体科技馆资源在内的科普资源进行开发、集成和数字化改造，开展由中国数字科技馆子站、数字科技馆矩阵和H5移动资源建设3部分组成的共建共享工程，打造PC端网站、手机APP、微博、微信及短视频平台等多终端、多渠道、多平台的科学传播公众服务综合体系，定向精准地将科普资源送达目标人群（图3-3）。中国数

图3-3　中国数字科技馆

字科技馆网站资源总量年均增速超过100%，用户数达1700余万人，增长了70倍，内容入驻中宣部"学习强国"和教育部"智慧教育"等平台，已逐步成为国内最大的数字化公益性科普基础设施，成为科技馆体系融合发展的新引擎。

在中国科协的支持下，2012年中国科技发展基金会（原中国科技馆发展基金会，简称基金会）发起建设农村中学科技馆，通过募集社会资金，采用"政府支持＋社会捐款＋基金运作"的方式，利用农村中学现有场地，配置科普展品，建设校内科技馆，旨在提升中西部特别是经济欠发达地区、少数民族地区农村青少年科学文化素质（表3-1、图3-4）。

表3-1 农村中学科技馆情况统计表（2012—2023年）[①]

年度	建馆数量合计（座）	中国科技馆发起（座）	基金会发起（座）	地方自建（座）	服务公众人数合计（万人次）	培训教师数（人次）
2012	13		10	3	100.0	
2013	38		23	15		
2014	49		24	25		
2015	75	26	20	29		190
2016	123	100	5	18	72.0	180
2017	236	220	2	14	128.6	300
2018	170	145	25	0	202.8	300
2019	150	150	0	0	240.8	447
2020	258	164	34	60	222.8	1023
2021	0	0	0	0	130.0	2334
2022	12	12	0	0	168.0	2460
2023	48	0	0	48	200.0	2628

① 数据来自中国科技发展基金会办公室。

图 3-4 科普领域范围广泛（能源、医疗等）

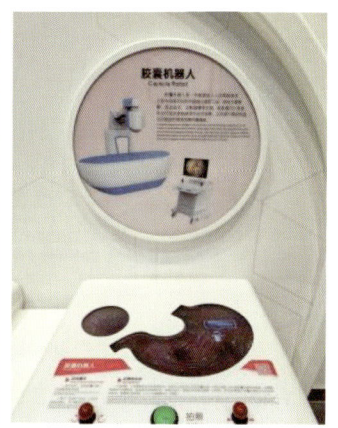

科技馆建制及体系是党领导下推进大众科学的制度性基础，是"以人民为中心"的发展思想在科技事业中的生动体现。科技馆体系建设全面推进，"国家—省—市—县"协同发展、社会科普资源互通共享的新局面形成，有效促进科学教育资源的均衡普惠，实现科普服务从城镇到农村的全覆盖。推进标准化建设，成立科普行业首个标准化技术委员会，为全行业发展模式转变、管理模式创新，以及水平能力提升提供抓手。据不完全统计，科技馆体系线下服务公众超过10亿人次，服务国家发展大局作用不断彰显。

自延安时期传承至今的大众化科普思路，蕴含着"公众作为主体的知识生产方式"，科技馆在其中扮演着至关重要的角色（图3-5）。其展览创新不仅是对科学知识的普及，更是对科学精神、思想、方法

铺设通往科学之路 面向变革时代的中国科技馆体系

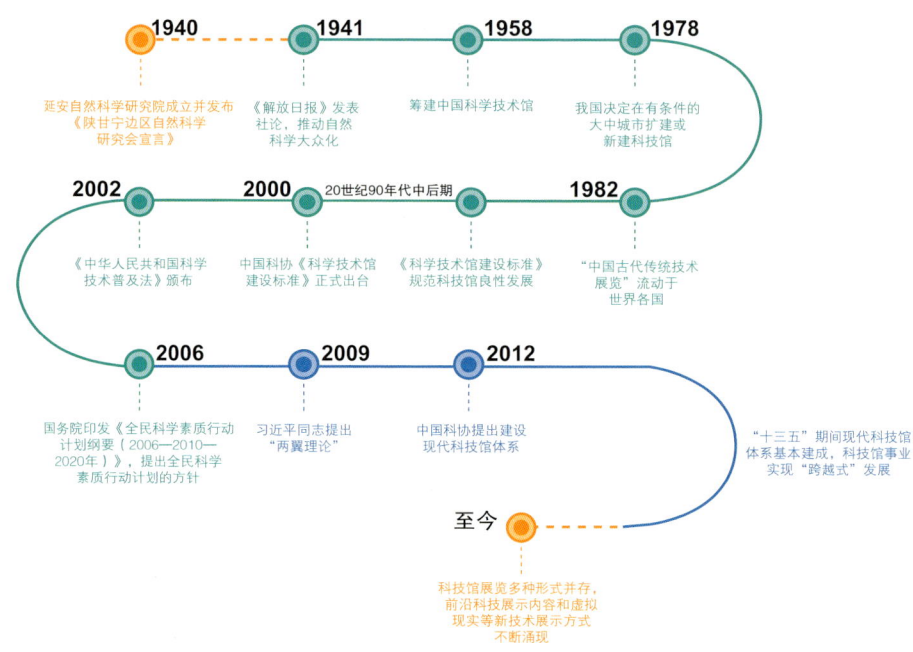

图3-5 党领导下我国科技馆发展历程

的传播与引导。自20世纪80年代中国科技馆建设起步至今，展览内容和形式经历了从单一到多元、从简单到复杂的演变，以适应不断变化的科技演进和社会需求。以科学教育为主要功能，通过科学性、知识性、互动性相结合的展览展品与互动体验式的教育活动，反映科学原理及技术应用，通过体验式、探究式、启发式的呈现方式为公众提供全方位的科学体验。中国科技馆体系正成为当代科学知识和科技成果的集中展示地，通过主题展览和展品直观展示各种科学原理和技术应用，展示行业最新的科技成果和发展趋势，成为不同行业领域的成果展示推介阵地；是科学家精神教育基地，大力弘扬爱国、创新、求实、奉献、协同、育人的科学家精神；更为全国科学教育工作搭建了平台，依托科技馆体系，汇聚优质的科学教育资源，包括展览展品库、教育活动资源包，以及线上平台等，正在紧跟时代步伐，突破传统学科界限，从更高的维度、更广阔的视角推进跨学科融合，为公众提供优质高水平内容供给和服务体验，不断为与公众交互的界面注入新活力、探索新路径、开辟新领域。

中国科技馆坚持践行大众化理念，为满足新时代人民群众日益增长的文化需求，积极推动中国科技馆体系建设，广泛协同各创新主体和社会各界，深化馆校合作、馆企合作，构建优势互补、协同攻关的优质科普资源供给机制，推动科技资源科普化，开辟科普供给新赛道，为推动科普公共服务公平普惠、全民科学素质提升、经济社会发展发挥了重要作用[①]（图3-6）。

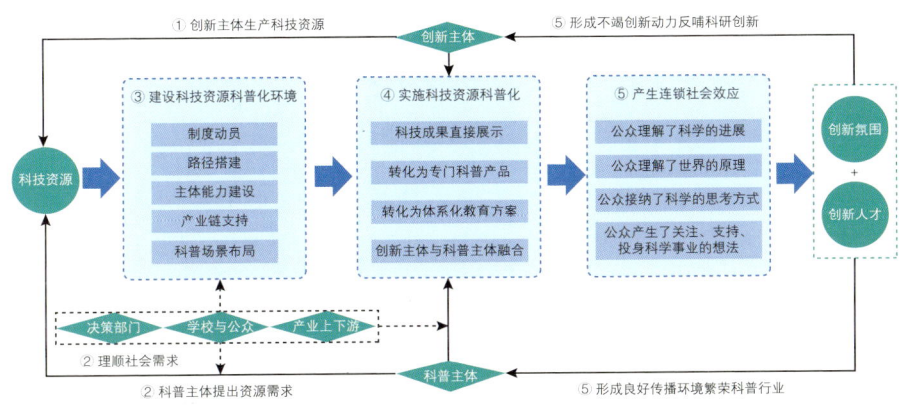

图3-6 科技资源科普化全流程[②]

2 以人民为中心推动大众科学事业

科学并不是天才受到"神迹"的指引产生的，而是在无数普通人的努力下、在无数偶然情况下共同构成的不断变化的产物，正如其他人类活动一样。

个人英雄主义并不能诠释科学发展的全貌，科学家的工作离大众并不遥远。科学家在讲述自己的故事时通常倾向于着重描述研究中的

---

① 钱岩. 现代科技馆体系：让科普与人民群众"零距离"[EB/OL].（2023-12-31）[2024-07-23]. https://news.gmw.cn/2023-12/31/content_37062858.htm.
② 宋娴，朱雯文. 创新链视角下科技资源科普化的现实逻辑与实现路径[J]. 中国科学院院刊，2022，37（10）：1471-1481.

突破，这些突破打破了思维定式、颠覆了已有的知识，并且重塑了大家对世界的认知，而故事的主角常常是理想高远、才华非凡的人，如爱因斯坦和达尔文，或是其他纯粹的天才。

仔细研究一下化学和物理学的历史就会发现，尽管天才推动了这些研究领域的发展，甚至可以说他们不可取代，但其实过分夸大了天才的作用。例如，在原子结构发现的过程中有太多的科学家参与其中，我们没听说过他们的名字，因为他们在为原子结构领域做贡献的时候大多数人甚至自己也不清楚自己在做什么。他们发表的很多结果被证明是错误的。他们每个人在自己的科研生涯中提出了一两个关键的理论，之后被其他人选中，经过修正和检验后，最终形成了重大的突破。

在20世纪前十年，英国数学物理学家约翰·尼克尔森（John Nicholson）发表了一系列论文，提出地球上的元素都是由太空中几种"基本元素"产生的，他声称这些基本元素存在于很多天体上，并且已经成功帮助他计算出从猎户座星云和日冕发出到达地球的光线。刚开始他的发现还能站得住脚，但很快大家就发现，要么这个理论中存在计算错误，要么它只是纯粹从数学推导得出的不切实际的结论。然而，Nicholson的这一系列工作中提出的电子角动量量子化的观点，即电子围绕原子核运动的角动量只能取几个特定的值，促使丹麦物理学家、后来的诺贝尔奖得主尼尔斯·玻尔提出了他的氢原子结构理论。从此之后，量子力学和建立在此理论基础上的所有相关技术应用（包括激光和半导体在内）才开始蓬勃发展。在其他默默无闻的科学家身上也都发生过类似的事情。他们日常所做的看起来乏味而重复的工作，却在偶然的情况下促进了一个关键理论的提出，如范·登·布鲁克（Van den Broek）对周期表中化学元素排列顺序的贡献和阿贝格（Abegg）解释了多种化学键结合的八隅规则的贡献。可以清楚地发现，正是这些普通的科学家填补了理论缺少的环节，他们研究的细节，甚至是走过的死胡同都非常重要，他们的洞察力也并不亚于玻尔等科学名人。

科学是集体成果，离不开一点一滴的集体努力，而非少数天才的舞台。在现代社会，科学让人类生活发生了极大的改变，哪怕是对科学有所质疑的人，也几乎都会承认科学至少会带来实用性的好处。虽然几乎没有人因为怀疑科学就不去坐飞机，但是大部分普通人依然对科学充满了困惑。如果大众不能了解科学，他们就会对科学产生怀疑；如果普通人对科学迷惑不解，他们可能就会忽视科学的重要性。科学代表着我们对这个世界最深、最可靠的认识，不过这种认识永远是临时的，会一直被修订和检验。而将大多数人排除在这一过程乃至这一过程的实质之外，无疑不利于科学的发展。

科学不是非同寻常的。就像生命一样，科学也是在不断摸索和犯错误中成长起来的。科学的发展依赖人类一次又一次的尝试，即便有些开拓者并不想承认这件事情。

科学也是已知的所有人类能力中最伟大的一种。发现这些现象的过程并不费解，离大众也并不遥远，更不仅仅是精英群体所能做的事。哪怕是看起来高大上的原子理论，也是建立在多次错误和偶然发现上，靠着资质平平的人在黑暗中摸索得到的①。科学只有能够更好地与千万普通人交流，才能获得源源不竭的发展动力。

科学需要与其他知识形态去争夺公众的信任。大众对于科学或政府的信任，本身就是创新系统中的稀缺资源，这种信任就是直接目标本身，可以被"策略性"培养也可能被"危机"所削弱或被宗教、人文艺术、体育健身甚至慵懒消遣等"竞争对手"所抢夺。在一个充满互动的社会环境中，大众的观点是流动的，不是一种铁板一块的资源，而是在参与、了解、体验过程中会得以形塑（shaped）的，即是在社会互动中得以建构的。基于身份背景、价值观念、年龄阶层等因素的差异，不同个体的观点相互影响，并在讨论与质疑的过程中同科学家的意见、知识相碰撞，从而实现知识的增殖（proliferation），这正是宏观政策的优化导向结果所产生的基本前提。

大众更倾向于被视为被动的参与者（participants）而不是主动的行

---

① 环球科学. 科学不是少数几个天才推动的，而是千千万万普通人的工作积累而成的[EB/OL].（2022-11-29）[2024-08-03]. https://mp.weixin.qq.com/s/OQ_4_MIsvwrtz9ZsQ38fPA.

动者（actors），大众科学的发展并不能一蹴而就，其所存在与发展的前提是外部环境的不断进步与优化，是政府、企业、科学界、社会组织、大众协调互动的信息行动网络不断优化的过程①。

3 新时代科技馆体系驱动跨界融合演化

新一轮科技革命和产业变革的速度和广度全方位影响着传统科研范式、产业创新模式和科技组织发展方式。跨学科领域的交叉融合、集成创新的广度前所未有，原发性的科技创新、商业模式创新与社会创新深度互动，科学发现、技术创新和社会需求浑然一体，推动颠覆式浪潮涌现。

技术变得更复杂、创新的互动性非线性特征更明显。如今的技术正通过人工智能、量子计算和云计算等跨领域技术渗透到各行各业，跨领域技术成为新兴技术的竞争舞台②。多层次、多学科、多领域的协作创新使科技创新具有了明显的分布式特点③④。美国心理实验学家唐纳德·T.坎贝尔（Donald T. Campbell）在1969年提出有关科研合作益处的科学模型。通过该模型可以发现，当不同知识领域的专家在一个合作项目上表现出共同的兴趣时，科研成果效益可以达到最大。也就是说，各自专业领域的知识叠加，可以在更大范围内解决特定问题。美国普渡大学临床心理学学者乔尔·G.斯普兰格尔（Joel G.Sprunger）认为，随着世界越来越复杂，研究人员更愿意将他们的资源集中在一起。据相关研究统计，到2014年国际科学合作发表的论文数量占全球

---

① 杨正，肖遥. 为何要引入公众参与科学[J]. 科学与社会，2021，11（1）：115-135.

② Securing Europe's Competitiveness：Addressing its Technology Gap，麦肯锡全球研究院，2022年9月；Technology Trends Outlook 2023，麦肯锡数字化咨询业务，2023年7月.

③ 许为民，崔政，张立. 大科学计划与当代技术创新范式的转换[J]. 科学与社会，2012，2（1）：90-98.

④ 张玉明，张馨月，朱艳丽. 共享创新：面向未来的科技创新范式[J]. 科学研究管理，2020（10）：3-4.

论文总数的 86%。欧洲政策研究中心官网发表的《网络效应对研究合作至关重要》指出，激励研究人员跨界合作更有利于促进知识生产和经济增长。比利时国家银行经济学家丹尼斯·艾瑟斯（Dennis Essers）在文中提出，通过集中思想、技能、时间和资金，能够激发科研人员产生更大的协同效应。所有学科领域都存在由学者组成的多个网络集群，大多数人愿意在这个网络集群中加强彼此间的联系[①]。

我们正处于一个跨界竞争成为常态、各领域行业持续横纵整合与渗透、不遵循常理和经验迅速迭代的时代，"无定式"的探索和创新突破，快速的自我变革也比任何时候都更为关键。从 18 世纪末到 20 世纪初人类历经数次工业革命和生产力革命，工业经济下的组织以标准化运作为目标。自 20 世纪末，技术创新的力量、个性化的产品需求、多样化的全球市场越发倾向于构建灵活性和适应性的组织。传统的"集中式"垂直整合、科研人员为主体、大企业为主导的创新模式逐步向着协同创造、多元分散的共享生态模式转变。组织将进一步致力于推动内外部资源利用，用自治代替强制，激发个人和团体的"小宇宙"，资源共享，能力众包，形成创新的集群生态，时代在召唤那些敢于拥抱颠覆的组织[②]。

在新的时代坐标下，生产力及其生产关系也发生了较大的改变与进步，如何构建有效的组织模式与运行机制也一直是提高创新系统效能的关注重点。去尝试、探索、迎接组织的蜕变与进化，从垂直整合向协同创造、多元分散的模式转变，从稳健存续向快速迭代和跨界竞争转变。未来组织的定义将变得越来越模糊，范围也越来越灵活，边界性将不再明显，不拘泥于固定的形态，组织的层次和合作形态模式将打破以往的职能模式，向"前中后台"的平台式组织过渡，进而可能发展为更加灵活的形态（图 3-7）。

---

① 赵琪.跨界合作提升知识生产力[N].中国社会科学报，2020-09-19。
② 毕马威，阿里研究院.百年跃变：浮现中的智能化组织[R].北京：毕马威，阿里研究院，2019.

图 3-7 未来组织图示

科技博物馆是为了满足公众价值需求而成立的，旨在缩小大众日常生活与复杂性科学技术之间的鸿沟，弥合科学专家和科学门外汉之间的差距，缓解认为科学是不可理解之人的敌意，并结合科学技术的发展历史激发人们潜在的好奇心[①]。科技博物馆是为社会及其发展服务的非营利性的服务机构和场所，通过收藏、策划、设计开发、展示等方式对公众进行科学文化教育，以达到提高公众科学文化素质、促进人全面发展的目的[②]。科技博物馆是为了"让游客熟悉科学创造的基础研究，接触到广泛的思想"，由此激发和培养公众对科学文化的兴趣，赋予公众自由判断和批判的品质[③]。

追根究底，"人"是最重要的生产要素。科技馆体系面向公众，呈现人类伟大的探索征程和不朽成果，致敬人类伟大的探索者，激励无尽前沿的不懈求索热望和斗志。"宁愿把我的无知展现在公众面前，也

---

① OPPENHEIMER F. A rationale for a science museum[J]. Curator，1968，11（3）：206-209.
② 张勇. 科技博物馆科学传播模式研究[D]. 合肥：中国科学技术大学，2011.
③ SCHIELE B. Science museums and science centres[J]. Handbook of public communication of science and technology，2008：41-54.

图 3-8　看到地球以外的世界

要帮他们推开一扇窗,让他们看到地球以外的世界①。"(图3-8)启示公众在现代科技的帮助下,探索更为遥远的未来。

  美国天文学家、天体物理学家、宇宙学家、科幻作家卡尔·爱德华·萨根于1994年发表了一段著名的演说:

  "我们成功地拍摄了这张照片,当你看它时,会看到一个小点。那就是这里,那就是家园,那就是我们。你所爱的每个人,认识的每个人,听说过的每个人,历史上的每个人,都在它上面活过了一生。我们物种历史上的所有欢乐和痛苦,千万种言之凿凿的宗教、意识形态和经济思想,所有狩猎者和采集者,所有英雄和懦夫,所有文明的创造者和毁灭者,所有的皇帝和农夫,所有热恋中的年轻人,所有的父母、满怀希望的孩子、发明者和探索者,所有道德导师,所有腐败的政客,所有'超级明星',所有'最高领袖',所有圣徒和罪人——都发生在这颗悬浮在太阳光中的尘埃上。"

---

① 卡尔萨根:当之无愧的世界科普第一人 [EB/OL]. [2024-07-23]. https://www.163.com/dy/article/DBBVOSRI05149EVC.html.

科技博物馆的范畴已突破了有建筑物的室内性场馆，同时包括各种露天的、开放性的场所，广义上来讲，只要是具有科学教育功能的场所都可以称为科技博物馆，包括植物园、动物园和自然保护区等。随着网络技术的发展，数字科技馆、网络科技馆等以网络为载体的科技馆开始出现，科技博物馆也开始由有形的实地场所向无形的赛博空间转变。

科技馆体系愈来愈成为联结各类多元主体、在服务科技创新和经济社会发展中重要的跨界协同力量，是科学家、商界领袖、政治家、媒体、教师、学生和公众互动的天然纽带[1]。其展教活动的有效开展也丰富了跨界维度和协同渠道，推进不同学科和技术之间横向联合、交叉渗透，推动不同领域科技的创造性融合，使各领域尽可能地相互协同，产生共振现象和共鸣作用。以多种方式影响科研机构、高校、企业等科技创新主体，在数字信息技术的推动下重塑创新主体间的关系，借助优质科学内容、专业解读与传播、文化感染力和未来想象空间，促成合作网络的系统集成，推动社会创新和技术进步。由单打独斗向"结网"发展，让科技馆体系组织影响力或产出通过网络链接发生非线性的指数型增长[2]，"催化固有组织中的螺丝钉转化为小太阳"，"燃烧"催化固态组织到"流水"液态化、"细胞式"、"原子化"的灵活转变。

从知识生产和创新扩散的角度看，科技资源科普化的真正价值在于促进知识在更广范围内流动和共享，即通过对科技资源的整合和价值再开发[3]，使科技知识从同学科或共同体内部流转，转变为向全社会广泛外溢，形成更为泛在的知识网络。科技馆体系作为社会泛在知

---

[1] BELL L. Engaging the public in technology policy: A new role for science museums[J]. Science communication, 2008, 29 (3): 386-398.

[2] 吴家喜. 创新秩序重构：未来30年世界与中国大变局[M]. 北京：清华大学出版社, 2018：51-34.

[3] 刘玲利. 科技资源要素的内涵、分类及特征研究[J]. 情报杂志, 2008, 27 (8): 125-126.

识网络中连接公众和各创新主体的纽带,其展陈通常不局限于特定学科,涵盖了自然科学、前沿技术、工程科技、社会科学、人文科学等多个领域,以及交叉融合领域,展示、整合和传播跨学科、跨时代、跨地区的知识和技术。科技馆体系的知识网络结构同时具有动态性,随着科学技术的不断发展,强调互动式科学方法体验和知识传播,通过展览、实验、讲座等多种形式推进知识快速流动、融合创造,通过与科研机构、高校等合作,努力打通"科技创新—科学普及"转换路径,及时获取最新的科研成果,并将其转化为优质科普内容,推进创新发展"两翼"齐飞。再者,借助 AI 重新定义边界,促进知识在更广范围内流动和共享,优化资源在全社会的流动性,提升整个国家创新系统的创新效率[①]。

4 泛在科技馆助力高水平科技自立自强

新一轮科技革命和产业变革的高速率,冲击出巨大的不确定性。场景驱动的变革重塑政府市场关系,大力出奇迹不再奏效,狭隘的"目标导向"会错失发展机遇。新型举国体制的核心是产学混搭创新协同和跨界的社会动员力。工业化时代的精准思维方式不再有效。还原论让位于整体论,复杂创新、结构式创新催生科技创新参与者的新形态。科技馆等社会组织活力对创新体系效能的贡献更加突出。科技、教育与人才一体化改革,涉及"育选用"各个环节,核心是创新生态的先立后破。科学与公众的界面联系智能化、多元化引发传播的新变革。AGI 时代的到来几乎没有悬念,传统的学习普及宣传方式日渐式微,科学文化以终端产品形态进入教育文娱阵地,对传统业态形成颠覆式破坏,大众科学形成变革时代的一次启蒙浪潮。普及就是宣传,宣传就是普及,呼唤科技馆体系新的业务流程和工作架构。

党带领人民开创的中国特色社会主义现代化道路,使中华民族伟

---

① 宋娴,朱雯文. 创新链视角下科技资源科普化的现实逻辑与实现路径[J]. 中国科学院院刊,2022,37(10):1471-1481.

大复兴进入不可逆转的历史进程。重视科技的历史作用，是马克思主义的一个基本观点。科技是人们认识客观世界、改造主观世界的强大武器。国运系于科技，强国之路的动力在于科技的全面崛起，"必须充分认识科技的战略先导地位和根本支撑作用，锚定2035年建成科技强国的战略目标，加强顶层设计和统筹谋划，加快实现高水平科技自立自强"[1]，必须在精神、物质和制度保障上充分动员打牢基础。

坚持系统观念推进全面创新的社会动员，奋力在培育科学文化、改善科技创新生态上取得突破。科技强国从来就是科学文化繁盛之地，习近平总书记深刻指出，要"培育创新文化，弘扬科学家精神，涵养优良学风，营造创新氛围[2]。""在全社会营造尊重劳动、尊重知识、尊重人才、尊重创造的环境，形成崇尚科学的风尚，让更多的青少年心怀科学梦想、树立创新志向[3]。""在全社会营造鼓励创新、宽容失败的氛围[4]。""塑造科技向善的文化理念，让科技更好增进人类福祉。"这些重要论述，深刻把握科学文化作为人类科技实践的精神化结晶，是推动人类文明发展进步的强大动力，指引我们以新时代科学文化繁荣新时代新征程的文化创造，在全社会深刻融入崇尚科学、崇尚创新这一社会文明的重要标志和国家发展的重要文化基因，夯实科技自立自强的社会基础、人才塔座，当好促进文化繁荣发展的创造者和传播者。

科技强国的前提是人的现代化，大众科学的浪潮会伴随中国式现

---

[1] 习近平，《在全国科技大会、国家科学技术奖励大会、两院院士大会上的讲话》（2024年6月24日）。
[2] 习近平，《高举中国特色社会主义伟大旗帜 为全面建设社会主义现代化国家而团结奋斗——在中国共产党第二十次全国代表大会上的报告》（2022年10月16日）。
[3] 习近平：《加快建设科技强国 实现高水平科技自立自强——在中国科学院第二十次院士大会、中国工程院第十五次院士大会和中国科协第十次全国代表大会上的讲话》（2021年5月28日）。
[4] 习近平，《为建设世界科技强国而奋斗——在全国科技创新大会、两院院士大会、中国科协第九次全国代表大会上的讲话》（2016年5月30日）。

代化的整个进程。作为现代文明社会和现代化国家的标配，其高低也是衡量一个民族文明程度的基本标志。然而，目前我国公民的科学文化素质仍有待提高，社会中也时有反科学态度和缺乏科学精神的现象出现。科技馆是党和国家引领公众的重要宣传阵地。它不仅仅是一个简单科普知识的场所，更要让公众在参观体验中感受到科学的美丽与魅力，以及其中所蕴含的文化内涵、精神追求和价值观。

当前科技馆的功能、布局和形式，已不足以满足在科技、经济、社会快速融合背景下国家、社会及公众的多元需求。公众科普需求分众化，传统物理空间的中心式架构的科技馆模式已难以适应不同年龄、群体、知识背景、身份和阶层公众的多样化需求。越来越多的社会力量和社会资本正在进入科普领域，科技馆主体的多元化趋势显现。科普不再以科技馆的展陈形式为主，科技馆突破了原有展陈形式的束缚。科普工作已从单纯的器物展示层面提升至文化层面，这要求我们进行跨界整合。传统的中心式科技馆在实现跨界融合方面存在局限，因此，需要一种新型的科技馆形态——泛在科技馆（也称星火科技馆）。泛在科技馆将重新界定科技馆的未来发展方向，为科学教育带来全新的定义。

面向2035年实现科技强国的目标，从土壤和生态的角度看，博物馆强国是衡量一个国家是否实现科技强国、文化强国、教育强国的重要指标之一。在一个博物馆普及的国家，公民无论在居住地还是学习、工作场所，都能便捷地接触到博物馆服务，这正是泛在博物馆理念的具体体现。

人工智能技术的飞速发展赋予了所有行业前所未有的新能力，给科技馆这一教育和研究平台带来了巨大的挑战。我们不能再拘泥于传统的科普场所，应具备主动破壁的勇气和决心。在当前开放的社会环境中，科技馆有必要为社会搭建一个跨界的通道。作为科学教育的重要基础设施，科技馆应与国家的各个科研基地联通，以此在馆内构建一个科研成果原位转化的平台。让科学方法、科学思想，以及最前沿的科学理念，在科技馆与公众之间实现零距离接触，从而省去传统方式下所需耗费的漫长转化过程。

泛在科技馆的构建旨在应对社会新形势下的公众需求变化，推动高水平科技自立自强、建设科技强国，为中国科技馆体系未来转型与发展提供新思路。为应对当前公众需求所呈现出的分众化特征，泛在科技馆的构建应坚持需求导向，关注不同公众在学习、工作、生活各个场景中的实际需求，为其提供更加贴心的个性化科普服务，确立成为面向科技界和全社会提供科学文化服务产品的重要策源者。全面提升产学协同的有效性和科普泛在社会动员力，塑造全新的科学文化消费空间。这种科学化的消费模式不仅能创造一个全新的消费场景，同时有助于提升全民的科学文化素质，为中国式现代化奠定坚实基础。

泛在科技馆是中国科技馆体系未来转型和发展的新思路。它将打破传统实体科技馆的物理界限，让科普空间全面融入公众日常生活的各个场景中，充分扩大科普教育的覆盖面和影响力，让科学成为一种生活态度和文化自觉。社会各个层面应强化交流互鉴，探索长效合作机制，凝聚各方力量，共同推进泛在科技馆建设，在全社会形成开放、协同、多元的科普生态，促进全民科学文化素质提升。

从科普主体来看，越来越多的社会力量和社会资本正在进入科普领域。为应对当前科普主体呈现出的多元化样态，通过泛在科技馆的形式构建一个综合性的科普枢纽和平台，与科研机构、学校、企业、艺术文化机构、社会组织、社区等各个层面渗透联合，实现跨界融合、资源整合，从而让科学方法、科学思想，以及最前沿的科学理念与公众之间实现零距离接触。

从行业形态来看，传统的以科技馆展览为核心载体的科普模式正在经历变革，各行各业面向公众的体验项目都开始融入科学元素。面对多样化的科普业态，泛在科技馆的构建应坚持创新引领，充分利用人工智能、大数据、云计算等新兴技术手段，打造场景化、智能化的科普体验。将科技馆的资源和服务扩展到线上，方便公众随时随地访问，开发专门的移动应用程序和在线平台，使公众可以通过智能手机、平板电脑和可穿戴设备访问科技馆资源和服务，提供沉浸式的虚拟展览和互动体验,让公众无论身在何处都能感受到科技的魅力,为公众提供更具吸引力的科普服务。

从传播维度来看,当前科普工作已从单纯的对知识、技能的普及,转向更深层次的对精神、文化的培育。面对这种转型,泛在科技馆应从传统器物展示的层面全面升级,打造全新的科学文化消费空间,营造良好的科学文化培育情境,基于公众的兴趣和行为,提供个性化的内容推荐和定制化的学习路径,公众可以实时参与或按需观看,提高公众体验和参与度,让公众感受科学所蕴含的文化内涵、精神追求和价值观。

泛在科技馆是国家创新体系中创新主体多重循环复杂互动学习的系统性、分布式平台,推进前沿科技与科技馆展项深度融合,消融科学、经济和社会边界,促进科技成果和创新理念快速流动,实现公众与科学家、工程师和创新者间多重循环的复杂互动,让科学浸润到寰宇下的每一个普通人,推动他们在无数偶然情况下共同建构不断变化的科学产物[1],让科学这一本质上的社会性事业[2],以高度开放性、社会化和共享合作的大众科学模式助力我国科技强国征程。

中国科技馆通过跨界协同创新,联合企业、公共机构与政府部门,打造突破传统场馆边界的泛在科技馆,实现科普资源的多维渗透与场景化应用。在科技企业领域,中国科技馆与行业领军企业深度合作构建主题科普基地。依托百度自动驾驶展厅打造沉浸式科普体验区,通过现代化展示技术呈现全球最大自动驾驶测试基地的创新成果;携手金风科技以可再生能源智慧园区为载体,通过展示中心与叶片公园构建

---

[1] 环球科学. 科学不是少数几个天才推动的,而是千千万万普通人的工作积累而成的[EB/OL]. (2022-11-29)[2024-08-03]. https://mp.weixin.qq.com/s/OQ_4_MIsvwrtz9ZsQ38fPA.
[2] 缪成长. 默顿和齐曼的"科学共同体"比较[J]. 重庆理工大学学报(社会科学版),2010,24(12):95-101.

风能发展全产业链科普教育基地，系统展示全球清洁能源发展脉络。在公共文化机构层面，与中国图书馆学会联合发起"跨界流动·助力基层"巡展项目，利用全国图书馆网络实现科普资源下沉。公众既可在社区图书馆参与实体展品互动实验，又能通过数字资源平台延伸学习科学原理，形成O2O科普服务闭环。在政府合作维度，与北京经济技术开发区建立战略合作关系，推动科技企业科普资源开发与馆企联动机制建设，构建起科技成果向科普资源转化的创新通道。这种政企馆三方协作模式，有效提升了科普资源的供给质量与传播效能。

泛在科技馆将科普空间从固定场馆向企业园区、文化场所延伸，科普内容从基础科学向产业科技纵深拓展，拓宽了科普资源的获取渠道，更通过场景化体验使前沿科技真正融入公众生活。

2021年4月，中国科技馆组织"奇迹天宫，荣耀见证"等航天类青少年教育活动，利用球幕影院、现场讲解和实时连线等形式，以及开发空间站建设和天地通话等系列教育课程，满足青少年的科普需求，成功构建了一个多元化、互动和包容的科技学习与交流平台[①]。上海科技馆以科技馆、自然博物馆、天文馆"三馆合一"构成了我国唯一的综合性科学技术博物馆集群，与200余所中小学校、8家知名国际机构及高校、16家"一带一路"沿线国家科普场馆，以及20家世界一流场馆密切合作，力图打造多主体、资源共享、多场景应用服务、交互反馈的社区型服务体系（图3-9）。

---

① 刘枝灵.科普场馆航天主题教育活动的策划与实施：以中国科技馆"奇迹天宫，荣耀见证"教育活动为例[EB/OL].（2021-12-01）[2024-07-23]. https://mp.weixin.qq.com/s/N8Ho1nxSg0bwvEKKeLPbXw.

图 3-9　上海科技馆展陈

瑞士科学中心（Swiss Science Centre）位于瑞士东北部的温特图尔市，是瑞士第一个科学中心，也是欧洲的大型科学中心之一。常设展区包含数学、电磁、光学、机械、水、自然等多个主题。面向公众建设并发展公共实验室是瑞士科学中心的一项革新举措，目前每年约有7万名学生以研学的方式来此参观，使其成为瑞士最大的校外科学学习机构。该中心现有7个实验室，设置了生物、物理、化学等不同学科的主题。同学们可以一起揭示厨房化学的秘密，利用蜡烛展现光学现象，还可以使用放大镜和显微镜观察微观世界，学习犯罪现场的取证方法，了解人类的基因构成。丰富的实验主题和活动形式，为公众提供了多样选择，无论是短时间的体验参观还是深入的馆校合作课程，都可以在此找到适合的项目。2021年，户外区域建成开放，意味着瑞士科学中心的发展进入了新的阶段。精心打造的超大号自然空间，可沉浸式体验的大型展品，让观众在户外环境中，通过触摸、玩耍、实验等方式使用所有感官直接体验科学现象。观众可以在此体验5吨水的力量、用巨人的眼睛看世界，还可以体验在月球上行走的感觉等。

  美国亚利桑那州的Ak-Chin Him-Dak生态博物馆[①]是阿克钦印第安社群运营的一个独特文化项目，位于菲尼克斯外围的索诺兰沙漠中。这个生态博物馆在过去40年中帮助600人的社群实现了从贫穷和依赖到经济独立和富裕的转变，使其利用先进的农业技术在全球市场上有效竞争。生态博物馆建立的初衷是保护和传承阿克钦的传统生活方式，同时帮助社群适应不断变化的现代生活，通过增强内部管理能力来实现长期发展目标。生态博物馆模式不仅是自我认识的工具，也是学习和实践解决社群问题技能的场所。通过示范点和亲身体验，生态博物馆委员会向居民和参观者传授本地化的技能和知识。现如今Ak-Chin Him-Dak生态博物馆已成为一个典型的成功案例，阿克钦印第安社群建立了一个基于北美国家传统教义和知识的公平文化制度，这使得他们能够持续解决社会、文化、经济和环境的一系列问题，展现了生态博物馆在促进社区发展和文化保护中的重要作用。

---

① 格林·萨特，托比亚斯·斯伯里奇，道格拉斯·沃茨，等. 关注生态博物馆的历史与复兴[EB/OL]. (2020-07-01) [2024-07-23]. https://mp.weixin.qq.com/s/eIM_yu1_nY1cIC2aNxnKUQ.

第四章
智能技术：赋能、平权还是颠覆？

以人工智能为代表的智能技术是智能革命的龙头和主线，具有跨学科、跨界融合集大成的特点，将改变科研开发模式、创新科研开发手段及方式，大幅度提高科技创新效率。其广泛的渗透性、交融性和带动性，有如在其他科技领域植入的新基因，更容易与其他技术融合创新与聚合发展，引发链式反应，加速现有技术体系更新换代，促进和带动基础研究的新探索、新发现，加快形成一批重大的颠覆式创新成果。智能科技千万亿量级的参数迭代将加速引发产业变革，生产方式、商业模式的革命性改变，新业态的大量涌现，带来人们生产生活方式和社会结构的深刻变化，推动人类社会向人机物三元融合的万物智能互联社会跨越。智能革命将催化发展模式的深刻变革，实现竞争力的重新洗牌，融合发展开拓未来新的疆域，通过合作参与竞争成为基本形态，协同能力从根本上决定了创新的成效。

智能浪潮引发知识生产、知识传播的效能变革，掀起人类认知的革命。万物互联成为智能化的核心基础设施，使工业社会和信息社会的基础设施面临人机物一体化的全面升级和改造。智能技术如何为科技馆体系赋能？智能技术驱动的包括公众在内的各创新主体的"平权"如何影响科技馆对当代科技产业特征的解读和呈现？科技馆作为智能基础设施的一部分，如何成为参与者、引领者，在新一轮认知革命中为公众科学素养和科学能力的广泛提升发挥不可替代的作用？

1　赋能百业：作为人类创造力"外脑"，赋能科技馆在知识生产范式的重塑中发挥潜力

人类的每一次技术革命都伴随着对其自身存在价值的重构。工业革命将人类从繁重的体力劳动中解放，随后的电气革命、信息技术革命进一步将人类的单体价值创造释放到了人类历史上前所未有的高度，而目前所处的人工智能技术革命将带给我们更为光明的未来。推动人类从千百年来的重复劳动中解脱，开始追求更有创造力的自我价值实现。每一个个体比历史上任何时刻都更可能无限发挥自我价值[①]。

人工智能是引领这一轮科技革命和产业变革的战略性技术，具有溢出带动性很强的"头雁"效应，新一代人工智能成为技术融合的加速器和聚变能。在移动互联网、大数据、超级计算、物联网、脑科学等新理论新技术的驱动下，人工智能加速发展，呈现出深度学习、跨界融合、人机协同、群智开放、自主操控等新特征，不仅引发生命、材料、制造领域的创新跃迁，也将带动传统学科领域更新换代，更重要的是将引发风起云涌的产业变革，带来人们生产生活方式和社会结构的深刻变化，推动人类社会从工业化、信息化社会向智能社会跨越。

人工智能奇点时刻的到来，就是要突破计算机模仿人类思考、感知和学习的临界点，实现对人类智能的看齐和超越，理念和思维的革命性进步引发技术临界点的加速到来。算力有望替代物质消耗这一传统经济衡量单位，形成新的标准和技术基础。通过对数据进行统筹规划形成算法，成为信息化向智能化跃升的制度。数据成为算力和算法的不竭能源，人类社会将迎来万物互联的时代（图4-1）。

---

① 毕马威，阿里研究院. 百年跃变：浮现中的智能化组织[R]. 北京：阿里研究院，2019.

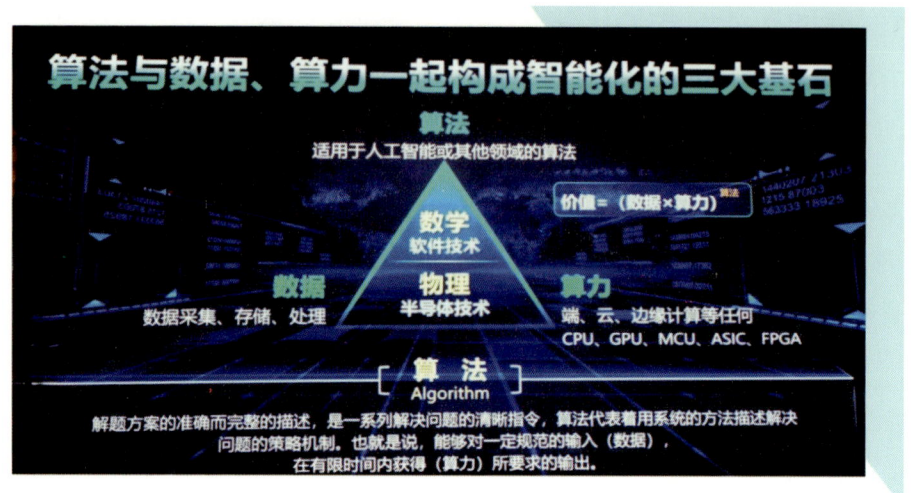

图 4-1　智能化三大基石①

拥有广泛的学习、推理等认知能力，具备类似人类的广泛适应性，能够灵活地解决问题的智能系统 AGI 自 2022 年 11 月 30 日发布至今，快速"出圈"。据报道，ChatGPT 发布仅两个月就拥有了 1 亿用户，是有史以来用户量增长最快的产品②。ChatGPT 对语言的理解达到了惊人的程度，模仿人类的其他通用智能系统也在兴起。扩散模型（diffusion model）和控制网（Control Net）实现了极高水平的、强可控的图像生成能力。新必应（New Bing）和谷歌的人工智能（LaMDA）则被认为具备了一定程度的情感认知的能力。这些智能系统的进一步发展，带来了知识图谱（符号主义）、神经网络大模型（连接主义）、强化学习（行为主义）三大智能范式融合的智能系统③。在强大算力及语料的支撑、资本和智力高密

---

① 改编自 2023 中国数字经济大会数据价值论坛发布内容。
② ChatGPT sets record for fastest-growing user base-analyst note[EB/OL]. [2024–11–16]. https://www.reuters.com/technology/chatgpt-sets-record-fastest-growing-userbase-analyst-note-2023-02-01/.
③ 王文广. 跨文化传播中的通用人工智能：变革、机遇与挑战[J]. 对外传播，2023（5）：48.

投入之下,或将很快迎来通用人工智能乃至强人工智能的奇点时刻(图4-2)。

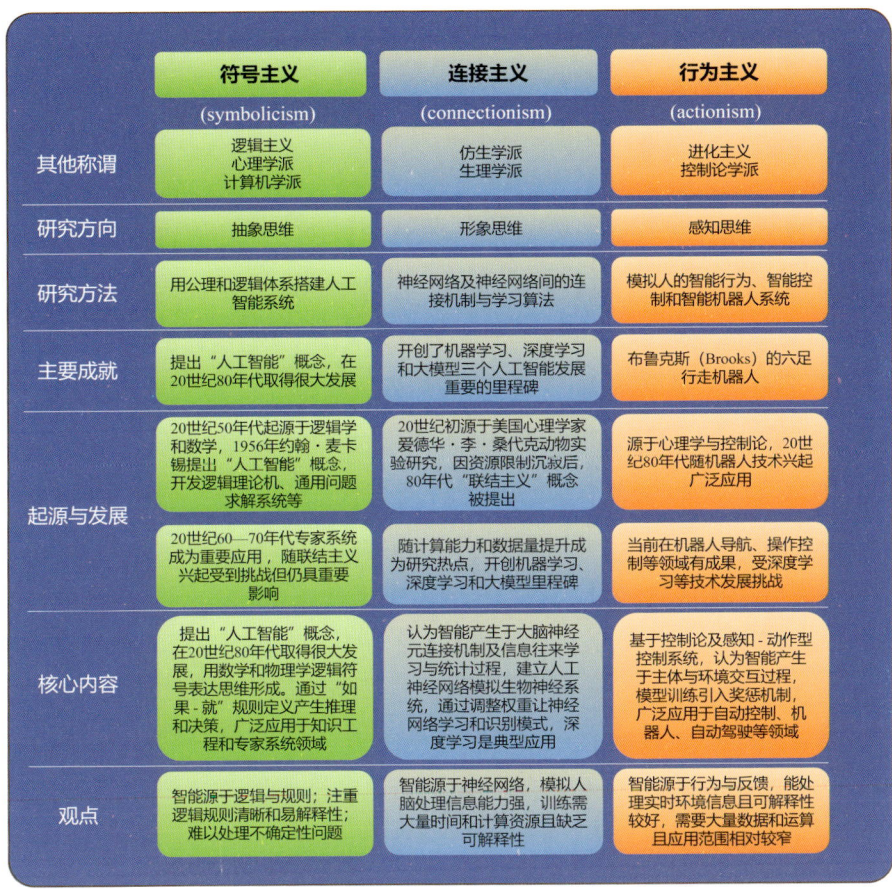

图4-2 三大智能范式对比分析

自2007年AGI的概念第一次被正式提出以来,AGI逐渐受到广泛关注,标志着人工智能研究的一个新阶段。AGI的目标是创建能够执行任何智能任务的机器,这种智能在能力上不仅与人类智能相当,甚至有可能超越。大型语言模型(large language models,LLMs),如ChatGPT在理解、学习和应用知识方面所展现的潜力,无疑为AGI的发展奠定了重要基础。LLMs通过分析大量文本数据学习语言结构和知识，展现出在特定情境下模仿人类理解和应用知识的能力。支持LLMs具有理解能力的观点，通常强调这些模型在理解语境、抽取信息，以及生成连贯文本等方面的能力①。

人工智能技术正以前所未有的速度推动经济增长，主要通过提高效率、创新产品和服务等方式实现。这些进步不仅优化了现有的工作流程，还开创了全新的商业模式和市场机会②。尽管人工智能在整体经济中的比重尚未对劳动力市场造成重大影响，但其对工人命运的潜在担忧不容忽视。凯恩斯曾经描述的技术性失业，即技术进步导致相同产能下劳动力需求减少的现象，在人工智能时代再次成为讨论焦点。扎里福纳瓦尔（Zarifhonarvar）③认为，像ChatGPT这样的人工智能服务可能会影响1/3的职业。虽然在高技能领域有可能创造新的就业机会，但人工智能替代非熟练工作的同时，可能导致非熟练工人工资的相对下降，进而影响技术岗位和服务业新岗位的数量。但由于均衡价格不同，尽管就业机会可能被保留，但这种变化可能加剧社会不平等现象④。

Wang等⑤的研究回顾了近十年来人工智能在科学发现领域中的应用，并指出了其在加速科学研究和推动创新方面的关键作用。研究揭示了人工智能如何在不同的科学研究阶段

---

① MITCHELL M, KRAKAUER D C. The debate over understanding in AI's large language models[J]. Proceedings of the national academy of sciences, 2023, 120 (13): 1-5.
② VERGANTI R, VENDRAMINELLI L, IANSITI M. Innovation and design in the age of artificial intelligence[J]. Journal of product innovation management, 2020, 37 (3): 212-227.
③ ZARIFHONARVAR A. Economics of ChatGPT: a labor market view on the occupational impact of artificial intelligence[J]. SSRN electronic journal, 2023.
④ FURMAN J, SEAMANS R. AI and the economy[J]. Innovation policy and the economy, 2019, 19: 161-191.
⑤ WANG H, FU T, DU Y, et al. Scientific discovery in the age of artificial intelligence[J]. Nature, 2023, 620 (7972): 47-60.

发挥作用，从数据收集和管理到科学假设的建立，乃至于优化科学实验方法。以下是他们研究中的几个关键发现。

① 人工智能在辅助科学研究数据收集和管理方面的作用最为明显。例如，典型的粒子碰撞实验每秒生成超过 100 TB 的数据，这意味着数据必须实时被筛选和丢弃。人工智能的介入能够及时有效地识别罕见事件，促进后续的科学探索。

② 人工智能能够从数据中提取有意义的表达。例如，在化学和生物的分子系统中识别特定的几何结构，这有助于捕捉结构与功能之间的关联特征，并进行结构预测。

③ 人工智能在帮助建立科学假设方面发挥着重要作用。例如，通过高通量筛选技术，人工智能系统可以从数千至数百万分子中评估哪些分子值需要进一步实验研究，这在蛋白质折叠和分子设计等领域已取得显著进展。通过预测氨基酸序列的 3D 原子坐标，设计出特定的分子来靶向这些位点，从而促进新药物的开发。

④ 人工智能还增强了传统的科学方法。通过优化资源使用和减少不必要的实验调查，人工智能系统可以帮助规划实验，减少了所需的实验数量并节省了资源。例如，在物理学实验设计（如核聚变、火箭发射）中，动态调整参数以优化策略会涉及高昂的成本和极大的实施难度。特别是强化学习方法能够在迭代反馈过程中拟合复杂系统的关键参数和微分方程，减少了对复杂底层机制理解的限制。

《自然》（*Nature*）杂志对 1600 多名研究人员进行的调查显示，大多数学者相信人工智能对未来研究至关重要，这反映了科学界对人工智能潜力的广泛认可[①]。特别是阿尔法折叠（Alpha Fold）的出现，能够以前所未有的精确度预测蛋白质

---

① VAN NOORDEN R, PERKEL J M. AI and science: what 1,600 researchers think[J]. Nature, 2023, 621 (7980): 672-675.

结构和相互作用，不仅加快了科学研究的速度，还被认为在生命科学领域引发了一场生物学范式的革命[①]。

这场变革的"桅杆"已然显现，起始于中心化的、中心控制式的变革，将使基于知识和知识逻辑化的工作被人工智能大量取代。人工智能正在模拟高维科学时空，以跨学科的知识穿透能力，通过对海量复杂知识点的链接带来基础科学新突破、颠覆性改变，乃至重构科学。我们看到的阿尔法（Alpha）化学、"阿尔法折叠"（Alpha Fold），对蛋白质生物结构的改变都是革命性的。在生成式人工智能这个浪潮中，人工智能已经能够模仿，甚至超越人的学习机制，能够通过建立各种算法将已有知识打散并进行再连接以实现知识增值。GPT读取再造了人的判断、情感能力，逐渐扩展到审美等更高层次的表达。通用人工智能的进一步发展将迎来更广泛的效率提升，最直接的例子是跨语言交流障碍的消除带来知识传播效率成千上万倍的提升。未来，在通用人工智能的支持下，任何语种的知识都可以通过母语的提示引导和对话交互来获得，语言将不再是获取知识的阻碍。

工业文明和信息文明形成的思维方式在新的不确定性环境中面临重大挑战。海量数据和泛在智能孕育着新的思维模式，大数据实现了对信息获取和处理的质变，对"变化规律可确定、规律可被公式化表达且放之四海皆准"的传统认识论提出挑战，驱动人类创造力觉醒。人工智能将可能带来第一个人类之外的智能体。有研究表明，当前最好的智能系统已经达到9岁孩子的心智水平[②]。通用人工智能的进一步发展，将为人类带来前所未有的思维革命，突破当前"人是唯一的智能体"的思维边界，在整个人类社会的方方面面产生变革。若生物经济的快速发展实现了对人类生物特征的重塑，则未来社会将不仅在人类内

---

① CALLAWAY E. What's next for AlphaFold and the AI protein-folding revolution[J]. Nature，2022，604（7905）：234-238.
② KOSINSKI M. Theory of mind may have spontaneously emerged in large language models [EB/OL]. [2023-02-04]. https://arxiv.org/abs/2302.02083.

部，更在人类、人工智能、可能的"赛博人"等群体之间展开，大量重复性的体力工作与低脑力工作都可能被机器和AI所替代。人机共存的现实将撼动千百年来形成的人类利益最大化的价值观。

当前，在高性能GPU和新一代大模型的加持下，人工智能在推理能力上有了实质性的飞跃，各行各业都将有机会拥有"机器之心"。AI将引领新的服务模式，即"智力即服务"（IQaaS），该模式的一个重要特征将是机器的推理能力以在云端的方式，通过大模型提供给用户，"AI数字员工"将成为人类的"智力外脑"。AI技术，尤其是AIGC，正迅速成为创意产业的一股颠覆性力量，为创意工作者提供了前所未有的生产力提升。AIGC技术通过文生文、文生图、文生视频等多种形式，使得创作、设计、分析等任务变得更加高效和易于实现，降低了专业技能训练的门槛，使得创意表达更加通用化。现在只要有创意想法，人们就可以利用AI这个强大的"创意外脑"，将灵感转化为现实。AI技术在满足人类情感需求方面展现出巨大潜力，扮演起了人们的"情感外脑"，为机器和数据赋予了新的温度和深度。

我们正在进入一个"机器外脑"时代，加速计算技术为大模型行业的发展提供了算力的保障。随着大模型与人机协作的深入，个体创作的门槛进一步降低，越来越多的个体借助大模型外脑成为"斜杠青年""超级生产者"，甚至开启自己的"一人企业"。开源模型的成熟，为技术共享与创新提供了强大的生态支持。人机对齐成为确保大模型安全与治理的核心议题，指引着我们走向一个更加智能、高效和安全的未来。在这个未知和无限可能的时代，我们正在目睹AI如何将创意转化为现实，如何让个性化服务触手可及，以及如何为传统行业注入新的活力。基于大模型的软件和平台不仅仅是技术的应用，也是个体追求个性化表达和自我价值实现的新场域，更是技术、社会和文化的聚合点，加速"超级生产者时代"的到来①。

---

① 腾讯研究院，上海交通大学，腾讯优图实验室等. 2024大模型十大趋势[R]. 上海：2024世界人工智能大会·腾讯论坛，2024.

2024年3月，欧洲博物馆组织网络（Network of European Museum Organisation，NEMO）向政策制定者提出了3项关于博物馆中AI技术发展的建议，建议包括认识到博物馆作为新兴技术相关伦理实践发展合作伙伴的潜力，为基础设施、设备和员工培训分配财政资源和长期资金，以及建立一个欧洲能力中心，汇集专家和从业者的专业知识和实践。此外，会议讨论了博物馆需要参与更广泛的关于AI的力量和影响，以及其对公众影响的对话，强调了博物馆掌握新技术并支持公众对AI了解的重要性。采用先进的AI技术，如机器学习、深度学习等优化服务流程、丰富教育内容、提升互动体验，博物馆不仅能够提供个性化的导览和解说服务，还能创造出沉浸式的科学体验环境，让观众在享受科技带来便利的同时，能深刻理解科学技术背后的人文精神和文化价值①。通过博物馆的数字工具增强文化的可及性，是保证参与性知识共享及更新和传播关于遗产的共同信仰体系的最有效途径之一②。

科技馆在知识生产链条中，有着十分重要的作用和巨大的潜力，包括知识的整合、发展、评估和转化。马雷克（Marek）等③认为研究人员热衷于采用能够加速研究并带来新发现的新想法和技术。Tsao等④提出了一个关于人工智能如何借鉴人类智能来推进和积累科学技术知识的高级架构。其核心在于知识的进步和积累是一种多主体合作，其中主体相互竞争以进步，并最终通过合作使社会能够积累技术科学知识。科技馆持续深化与科技的融合，不断创新展示形式和教育方法，为公众呈现一个更加多样化、互动性强的科学教育平台，为构建知识

---

① 王小明，张光斌. 人工智能时代科学博物馆应对策略的再认识[J]. 科学教育与博物馆，2024（2）：1-7.
② 莎拉·多米尼克·奥兰迪，詹弗兰科·卡兰德拉，文森扎·费拉拉等. 博物馆网络战略：一项意大利调查激发新视野[J]. 国际博物馆（中文版），2020（1-2）.
③ MAREK A，RAMPP M，REUTER K，et al. Beyond the fourth paradigm—the rise of AI [C] // 2023 IEEE 19th International Conference on E-Science（e-Science）. Limassol，Cyprus：IEEE，2023：1-4.
④ TSAO J，ABBOTT R，CROWDER D，et al. AI for technoscientific discovery：a human-inspired architecture[J]. Journal of creativity，2024，34（2）：100077.

共享和智慧交融的社会贡献自己的独特价值。依托人工智能技术的快速发展，特别是大模型技术正成为赋能各行各业的关键，尤其随着知识的专业化和跨学科发展，领域外专家和政策制定者可能存在无法准确理解和接纳知识的问题，搭建平台在此过程中可以提供跨越这种障碍的帮助[1][2]。人工智能赋能的科技馆，可以扮演一个代理的角色，从事个体与社会间的知识转移。通过累积知识、联结知识，并将其转化为可以传递的符号或具象的表达，以促进社会的知识生产和流动。

在长期的交互与迭代过程中，人类与机器的互动行为将对社会的整体运行机制和信任关系产生深远影响。在创设人机交互的场景和开展相关训练时，科技馆可随着人机合作、竞争和协调的关系日益复杂化，前瞻性展示和构筑人机共同行为的体验和演变，并引导公众一同影响这种演变对社会结构、规范和价值观的作用。胡萨尔（Huszár）等[3]认为算法更多地扮演了放大器的角色，加强了大众已有的声音和观点。人们对交互对象的共情反应，并不总是基于对象是否具有生命或思维[4]。机器作为一种新出现的社会行动者，科技馆可情境化地展示其在交往互动、秩序塑造及社会发展角度对于社会形态的改变，与公众共同构筑智能机器深刻影响社会整体的行动模式。在现有教学结构中广泛利用人工智能技术，有助于形成自主学习环境，并提升学生学习的热情。将人工智能及早纳入科学教育实践中，可以有效形成人机知识共建，使得学生可以

---

[1] GRIMES M, VON KROGH G, FEUERRIEGEL S, et al. From scarcity to abundance: scholars and scholarship in an age of generative artificial intelligence[J]. Academy of management journal, 2023, 66（6）: 1617-1624.
[2] TYLER C, AKERLOF K L, ALLEGRA A, et al. AI tools as science policy advisers？The potential and the pitfalls[J]. Nature, 2023, 622（7981）: 27-30.
[3] HUSZÁR F, KTENA S I, OBRIEN C, et al. Algorithmic amplification of politics on twitter[J]. Proceedings of the national academy of sciences, 2022, 119（1）: 1-6.
[4] 王亮. 社交机器人"单向度情感"伦理风险问题刍议[J]. 自然辩证法研究, 2020, 36（1）: 56-61.

快速地进入科研领域①。与搜索引擎不同，人工智能代理生成答案的质量受到用户问题和陈述质量的影响。人工智能和人类交互会形成动态的调整，这不仅仅是知识的共享，更重要的是通过不断调整修辞和理解提升内容，这种交互可以促进双方协同演化②。随着目前人工智能技术的深度开发，智能机器能够通过与人的互动不断更新自身系统，学习掌握人的思维习惯、语言习惯和行为习惯，了解人的操作偏好，使人机之间的交互更为顺畅，人们在使用新技术时的体验感也得到了极大提升。通过深入研究人机互动过程，人们可以更好地利用智能机器的潜力，同时确保这些技术的发展符合社会伦理和人类福祉的要求，为构建一个更加公正、包容和创新的社会贡献力量。

2021年5月，科大讯飞（青岛）人工智能科技馆正式开馆，按照"人类与智能·生活与社会"的主线布局人工智能技术原理及具体应用展示。人工智能科技馆由探索厅、创新厅、科普剧场、科学教室、报告厅、室外科普广场等组成。展厅按照"遇见AI新伙伴，成为AI新人类"的故事线索，设置"创想空间""讯飞视界""智汇生活""智引未来"4个展区，逐步展开对人工智能基础知识、感知智能与认知智能原理、人工智能核心技术、产业化应用及未来前景的介绍。该馆展品的一大特色是充分利用机器视觉、语音识别与合成技术实现交互性，如机器作诗、海底探险、眼动打靶、人脸识别、未来智慧城等。展品"猜猜我是谁"，通过识别人的声音和语义来呈现不同的色彩，增强了公众对人工智能的认识和兴趣（图4-3）。

---

① GEORGE B, WOODEN O. Managing the strategic transformation of higher education through artificial intelligence[J]. Administrative sciences, 2023, 13（9）：196.
② CRESS U, KIMMERLE J. Co-constructing knowledge with generative AI tools: reflections from a CSCL perspective[J]. International journal of computer-supported collaborative learning, 2023, 18（4）：607-614.

图4-3 科大讯飞（青岛）人工智能科技馆"猜猜我是谁"展品

AI以惊人的速度构建社会新链接，赋能展示、教育、社交以生动的场景、丰富的交互方式和简单的操作方法。在智能技术的加持下，科技馆的展示方法得到不断的发展和突破（图4-4），不同的技术手段使得科技的展示变得更加直观，使观众观展体验得到了极大的提升，同时自动化的信息技术系统，极大地提高了科技馆的工作效率。例如，通过智能数据分析系统，科技馆可以实时收集和分析观众的参观数据、展品的使用情况等信息，为科技馆的运营决策提供数据支持。该系统可以根据观众的参观轨迹和停留时间，分析展品的受欢迎程度和观众的兴趣点，从而优化展品的布局和展示方式。同时，系统还可以监测展品的运行状态和维护情况，及时发现并处理潜在问题，确保展品的正常运行和观众的参观安全。人工智能通过智能化的算法和

图 4-4　AI 重塑新世界

技术，可以帮助科技馆更快地发现问题、分析数据，提高研究效率。例如，科技馆中的智能导览系统可以通过语音识别和自然语言处理技术，理解观众的提问和需求，并提供相应的解答和建议。当观众询问某个展品的原理或历史背景时，系统可以迅速给出详细的解释和相关信息。此外，系统还可以根据观众的年龄、兴趣等因素，推荐合适的展览路线和互动体验，使观众在参观科技馆时更有针对性和趣味性。同时智能技术及其配套设施的应用和丰富，更是把科技馆连成了一个整体，使人们身处科技馆中无时无刻都能体验到科技带来的便利和震撼[①]。

多媒体技术是当代科技馆中重要的传递信息的载体，以其独有的集成性、实时性和交互性受到大众的广泛青睐，多媒体大多由硬件和软件两个部分组成，同时集影像技术、多媒体场景、触屏技术、音频技术等于一体，可以对图片、文字、影像资料进行综合处理，对展品进行多方面的展示，同时还可以通过留言、绘画等环节与公众进行互

---

① 黄敏捷. 信息技术在科技馆中的应用 [J]. 科技视界，2015（29）：321，329.

动，使大众能够更加直观地了解展品，加深对展品的印象，增加大众参观过程中的趣味性。在科技馆，多媒体技术广泛应用在展览展示当中。例如，通过声音、影像等多媒体技术来展示展品，给观众留下深刻印象，使得科普的效果事半功倍。同时在展示的过程中，多媒体技术的应用使展品的表现力度得到了增强，其传播性与传统媒介相比也更加广泛，其中科技馆中的展品全息成像就是很好的例子。展品通过全息成像技术可以全面展示其结构，包括其剖面结构和内部具体构造等，辅以画面声音相关的介绍，使大众可以直观地对展品进行全方面了解。

RFID即无线射频识别，是一种非接触式自动识别技术，这种技术现在已被应用在大多数科技馆中。作为一种先进的识别技术，它可以通过无线射频识别特定物体，利用无线射频传输技术对数据进行存储和检索。这种技术应用在科技馆的管理体系中，极大地提高了管理的质量，同时降低了公众游览的盲目性。在进入科技馆的时候，信息化的管理系统就开始发挥作用，带有RFID技术的门票，将记录观众的游览信息，包括在哪个展区游览时间最长和在哪件展品处停留时间最长，这些都将得到记录，成为科技馆调整展览内容和方式的参考依据，以减少观众游览的盲目性，同时对观众游览较少的项目进行调整，以避免不必要的资源浪费。同时，在全程的游览中，还可以进行特殊的互动，如为每个观众准备特定的欢迎词等。RFID技术具有不断扩展的功能，将在今后科技馆的现代化管理中发挥更大的作用。

虚拟现实技术的基础是计算机创造出的虚拟的环境或物体，人们可以对这种物体或环境进行观察，甚至可以进入这种环境与创造的物体进行接触，同时还可以对这种环境进行修改和重建。这种技术给人一种逼真感和临场感，可以给大众带来与真实物体场景接触的感觉。在科技馆的模拟驾驶、模拟航海和模拟飞行中，通过给观众构建一个虚拟的"真实"环境，虚拟现实技术能够把观众在操作汽车、舰艇、战斗机等真实设备时所看到的、听到的、触到的装备姿态、运动轨迹、仪表提示、环境变化等逼真地反映出来，使观众得到模拟训练体验，从而能更专注于实践研究；其操作的随意性使参与者感受到探究的自主感；虚拟现实技术可以作为良好的学习引导，将使参与者减少探索的盲目性，提高探究的成功率。例如，在科技馆的虚拟飞行中，当我们进入由虚拟现实技术创建的飞机场时，会看到一排排的飞机，也会看到有的飞机正准备起飞；当我们走向这些飞机时，飞机的形体将会变大，同时可以听到飞机起飞时的气流声，甚至可以看到驾驶员的面容。现在科技馆的特效影院，都利用了这种技术。在先进的科技馆4D影院中，除了常规的视觉3D影片，还有身处环境的互动：当观众观看一个场景的时候，可以感受到气味、空气流动等方面的变化，真正做到了寓教于乐。

智能化技术通过增加系统的智能模块使得展品具有一定的分析问题、解决问题的能力，从而使展品具有感知功能、正确的思维和判断能力及有效的执行能力。在科技馆的展示中，通过智能编程，使一些高科技产品包括机器人等具有与人互动的能力，如对话、跳舞、绘画等，激发了公众对高科技展品的兴趣和求知欲。

实时计算技术可通过改变一个相关参数，让观众直接看到相应现象的变化，这种技术的应用可以使大众更好地理解展品的科学原理，如一些科技馆中的展品"男女大变身"，其运作原理基于对特定参数的精准调控，以此直观呈现数据变动给人体带来的影响。观众操作时，界面以15个醒目的白点精准模拟人体关键关节部位，操作方式既灵活又多样，既可手动选择性别，又能随心调节人物的胖瘦程度、情绪状态，涵盖从紧张到轻松的转换，或是快乐与悲伤的切换。伴随着这些操作，代表关节的白点之间，或是连接它们的白线，其间距、运动幅度及频率，都会依据所设参数的改变，相应地进行动态调整，让观众得以清晰洞察人体内在的细微变化奥秘。再如科技馆的"虚拟实验室"就是利用虚拟现实技术创造一个可操作的教育平台，通过音频和视频在网络上的双向模拟和互动，实现与真实教学环境相差无几的教学体验，可以进行课上的演示和教学互动，帮助学生了解和熟悉实际操作过程，提高教学效率，这不仅增加了学习的趣味性，也减少了由环境因素导致的教学效果与教育目标的巨大差距。

　　智能导览机器人是人工智能在科技馆中的一种应用,可以通过视觉识别和语音交互等技术为观众提供个性化的展览导览和互动体验。这种机器人可以自主控制移动,识别观众的身份和需求,为其提供针对性的服务。智能导览机器人不仅提高了科技馆的展览效果和观众体验,还降低了人力成本和管理难度[①]。

　　人工智能虚拟助手是一种可以通过语音识别和自然语言处理等技术为观众提供实时问题解答和互动交流的服务。这种虚拟助手可以在观众需要的时候随时出现,解答观众的疑问,提供科学知识和教育资讯等内容,让观众更加深入地了解展品背后的科学原理。同时,这种虚拟助手还可以进行情感分析,根据观众的情绪状态和反馈信息调整自身的服务策略,提高观众的参与度和学习效果,推进科技与艺术、文学、哲学等领域的跨界融合,不仅让科技馆的展览"动"起来,也让科技以喜闻乐见的形式"热"起来[②](图4-5)。

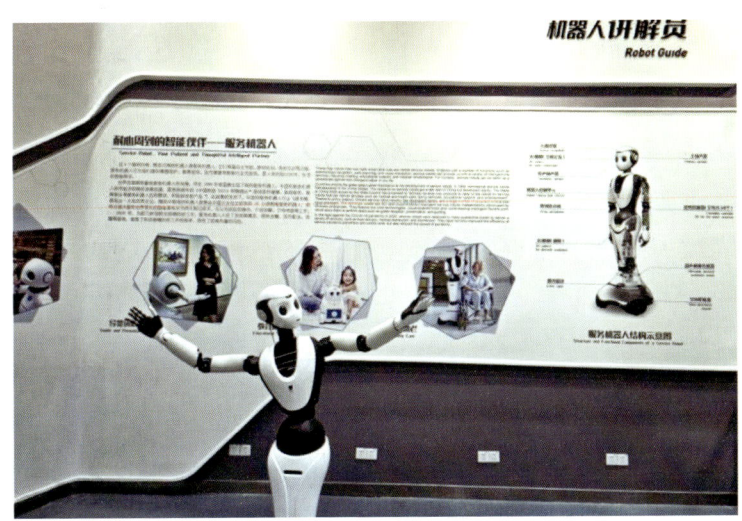

图4-5　中国科技馆智能展厅的机器人讲解员

---

① 黄敏捷. 信息技术在科技馆中的应用 [J]. 科技视界, 2015 (29): 321, 329.
② 任妍. 人形机器人进驻中科馆打造全新科技馆创新应用、新模式 [EB/OL]. [2024-7-23]. http://finance.people.com.cn/n1/2023/0328/c1004-32652772.html.

人工智能音频导览是一种可以通过智能语音识别和自然语言处理等技术为观众提供生动、直观的语音解说的服务。这种导览可以结合实物展品和图片，让观众更加深入地了解展品的相关知识和背后的科学原理。同时，这种导览还可以进行个性化设置，根据观众的兴趣和需求提供相应的讲解内容和方式，以提高观众的参与度和学习效果。

科技馆将展品资源与智能技术结合，虚拟化可便捷公众实验模拟和数据分析。VR与AR技术、全息投影技术、智能语音助手与触摸屏等技术与展品资源结合，打造出更加生动、有趣、富有深度和层次感的展览项目，提升了展品的吸引力和互动性。通过个性化内容展示提高内容转化率，打破地域时间限制，推动远程学习和在线教育普及优质资源，同时通过社交媒体平台增加链接与互动，促进科学文化多样性的理解和交流。公众通过模拟实验操作、云端观展、漫游场馆，获取科技知识的方式正变得更加多元化和身临其境[①]。

2023年11月7日，中国科技馆推出"音乐秘境——沉浸式音乐科技体验展"[②]，通过VR、全息投影等智能技术，将音乐与科技结合，为观众提供了全方位、多感官的沉浸式体验。中国科技馆"智能"展厅展示了多款机器人和人工智能技术，无论是高清影像的播放、复杂模型的体验，还是实时数据的分析，都为观众带来了丰富的、沉浸式的智能化学习体验（图4-6）。

在智能技术支持下，科技馆的公众服务能力进一步提升[③]。数字化赋能场馆库房藏品、数字资源，利用3D建模和大数据等技术对场馆展

---

① 刘进军，徐晓红，吉亚妮，等. 数字技术赋能科普场馆高质量发展[J]. 科技资讯，2023，21（18）：252-256.
② http://cstmtest.cdstm.cn/dqzl/dqzlzzrz/202311/t20231105_1078797.html。
③ 张鹏，汪旸，尚俊杰. 生成式人工智能与教育变革：价值、困难与策略[J]. 现代教育技术，2024，34（6）：14-24.

图 4-6　中国科技馆"智能"展厅

览、教育、藏品等资源进行数字化转换，构建数字资源数据库，支撑开发新的 VR 和 AR 数字文创产品。科技馆融合 Web3D 技术与虚拟现实技术，打造沉浸式智能平台[1]，通过展项 3D 模型+BIM 3D 建筑空间+虚拟数字人塑造元宇宙线上展厅，将现实展览以线上 3D 的方式呈现在移动端，为观众打造所见即所得的沉浸式观展体验[2]。智能导览为观众提供场馆、展厅分布、展项热度等信息，通过规划参观路线，提供室内精准定位，快速导航到场馆目的地。通过实时监测和分析观众参展时段人数、排队时长、高峰人数等数据，助力场馆陈列展览及安全防范等运营服务。

  2005 年 12 月，中国数字科技馆项目建设启动，通过集成数字化科普资源，建立多学科、多媒体、综合性的科普资源共享服务平台。2010 年 1 月，该项目由中国科技馆全面承担运行和管理；2011 年 11 月，成为国家认定挂牌的 23 个国家科技基础条件平台中唯一面向公众的科普平台。近年来，中国数字科技馆致力成为中国科技馆体系枢

---

[1] ZHANG B.A Study of construction and function of digitalized platform of museum[J].Advanced materials research，2014，971-973：1974-1977.
[2] 黄金铭. VR 技术在公共文化服务中的应用研究：以山东数字化博物馆为例 [D]. 济南：山东大学，2018.

纽和创新升级的引擎，资源内容和形式更加丰富，功能和服务持续升级，有效连接线上线下，建设了大量精品科普栏目（图4-7），举办了大量线上线下的科普活动，具有广泛的社会影响力。持续打造"两网一端N微"组成的新媒体矩阵（图4-8），覆盖官网、微信公众号、微博、抖音、百家号、头条号、央视频、人民号、哔哩哔哩等媒体的多渠道传播平台，总用户数达2502万人，其中微博粉丝数880万人、微信公众号粉丝数519.6万人，为中国科技馆的科普内容和品牌提供全方位立体的传播渠道，打造永不闭馆的科技馆。

与此同时，中国科技馆通过共享赋能各级场馆的智慧服务与管理，实现资源连接、活动连接、智慧连接。截至2024年8月，全国科技馆数据采集系统掌握555家科普场馆精准数据；"掌上科技馆"手机App为290家科普场馆的观众提供参观全流程服务；科技馆展品统筹管理系统为83家科技馆实现展品运维全生命周期管理（图4-9）；通过平台共享，为62家科技馆、120家流动科技馆提供VR展项体验；汇

图4-7 中国数字科技馆网站部分栏目

聚 133 家科技馆的虚拟漫游，方便公众"云端参观"，访问量达到 2.89 亿次。

图 4-8　中国数字科技馆新媒体矩阵

图 4-9　全国科技馆展品统筹管理系统

安徽省科学技术馆于 2023 年 11 月 23 日正式开馆，采用大量异形屏、融合多种技术的沉浸式展览形式，以多媒体互动的方式展示科技之美。作为全国首个数字孪生科技馆和量子展厅的诞生地，安徽省科学技术馆在场馆和展览展品建设的过程中同步数字孪生平台和智慧科技馆信息化建设，目前已经实现室内外整体建模及环境渲染、627 项展品的1∶1孪生还原、八大基础智能化系统集成和移动端轻量化数字孪生科技馆的建设（图4-10）。河南是教育人口大省，河南省科学技术馆谋划实施"数字科技馆建设发展"专项，全省科技馆向"线下＋线上"的模式迈进（图4-11），全省已有18家科技馆加入中国科技馆掌上科技馆矩阵，逐步形成联动性、互动性、服务性的科普工作模式。

2023年12月21日，"敦煌星空"在上海天文馆（上海科技馆分馆）开幕，聚焦天文与敦煌两大文化和科普IP，融合数字媒体技术，多维度、深层次地向公众展示敦煌天文遗珍，传播与弘扬中国古代优秀的天文成就与科学文化（图4-12）。这是从天文视角解读敦煌的专题展览，挖掘并讲述其中的星空与天文故事。大型原创多媒体秀《星河之间》首映敦煌星图呈现的天文内容，与中国古代星官体系、天文观象传统一脉相承，从流传故事、投影原理、星官体系、制图范式等角度全方位解读"世界上最早的科学星图"。

随着新一轮科技革命和产业变革的深入发展，持续不断的技术升级将强力反哺科学研究，反哺作用下的新范式于现实世界显现为新技术工具支持下的智慧组织。科技馆体系的知识展示管理及运营改变人机关系，推进机器思考成为可能，整合资源调节功能，全面提升组织动态能力，在跨界融合驱动下发挥其深度感知数据、高能处理和自主学习的独特优势，为科学教育创造出紧跟时代步伐的多元智能化环境。

2　平权：打造泛在、智能的中国科技馆体系公共基础设施

新技术与应用的突破固然可喜，但其发展方向与前景仍然取决于社会的选择。理论上，人工智能可以让智力资源平权化，意味着在技术上，每个人都有机会借助人工智能外脑实现自己的创意与梦想。正如梅希根（Mehigan）所说的，智能时代的到来令一部分人重新获得了分享、工作和学习的机会，智能设备持续帮助视力、听力、认知、学

图4-10 安徽省科学技术馆展示场景

图4-11 河南省科学技术馆全景漫游

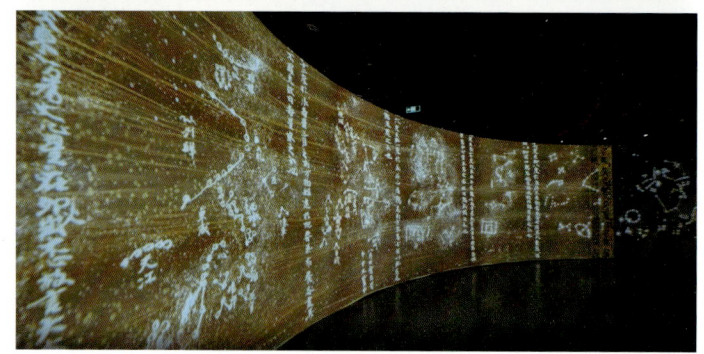

图 4-12　上海天文馆"敦煌星空"展

习、行动不便的人参与就业，打破障碍，融入社会[①]。AI 不仅降低了创新的门槛，也为社会各阶层带来了前所未有的机遇。只要你拥有创新的想法并善于利用人工智能这一强大的外脑，即使在资源有限的情况下，也有可能以低成本创造出令人瞩目的成就，见证能力的再次飞跃。

但智能不仅仅是信息，更重要的是信息的使用。从经济科技社会发展的长周期规律看，今天已经处在一个大洗牌的时代。麦肯锡全球研究院认为，人工智能正在促进社会发生转变，这种转变比工业革命"发生的速度快 10 倍，规模大 300 倍，影响几乎大 3000 倍"。属于上个时代的各种经验和认知框架，可能多半会失效，世界已经无法回到

---

① MEHIGAN T. Towards intelligent education：developments in artificial intelligence for accessibility and inclusion for all students[C]. ICERI2020 Proceedings，2020：539-547.

过去。在过去的农业经济时代，技术落后、生产效率低下、产品匮乏，95%的人生产，5%的人消费；到了今天的工业经济时代，生产效率极大提高，产品大为丰富，95%的人生产，95%的人消费。而未来随着人工智能的大规模使用，有可能变成5%的人生产，95%的人消费。这个场景正在应验，机器与自动化已经夺走数百万美国人的工作。据麦肯锡全球研究院的研究，到2030年，可能有1/3的美国人会因此失业。一种新的财富分配逻辑可能会出现——数据分红。实际上这种分红机制，今天已经在某种程度上可以看到了，如抖音的用户刷抖音足够长的时间，就可以获得抖音的分红。只不过，现在的分红行为还很局限，未来有可能扩展到更多的领域当中。一旦涉及分红问题，马上又会涉及数据的定价问题，以及数据交易过程当中的安全性问题等，这些都需要新的数字治理机制来应对。随着技术和经济的演化，真实的经济活动可能处在一种治理规范严重滞后的状态①。

智能以及它将带来的新结构，产生的影响没有上限。智能并不单指意识思维、演绎推理或理解。智能意味着建立适当联系的能力，或者在某一行动领域感知情况，并适当行动的能力，是自组织的、会对话的、不断调整的、动态的，很大程度上也是自主的。AI使智能不再局限于人类劳动者的大脑内部，而是向外进入虚拟经济，进入智能算法之间的对话，变成具有外部性的动因。一定程度上，智能技术创造了新的经济形态，能够为每个人生产足够的产品，但获得这些服务和产品的就业手段却在逐步收紧、发生巨大变化。技术性失业正在成为现实，不再是生产多少的问题，而是如何获取生产出来的东西，对生产的产品进行分配的问题②。

继摩尔定律后，吉尔德定律、梅特卡夫定律主导着信息网络的发展，即主干网带宽的增长速度至少是运算性能增长速度的3倍，网络的价值与网络使用者数量的平方成正比。遵循这一规律，越来越多的生

---

① 施展. 一种新的世界制度，正在到来……[EB/OL]. (2021-01-12) [2024-07-24]. https://news.ifeng.com/c/82yZYT4HPVN.
② BRIAN A W. 科技将经济引向何方？[J]. 麦肯锡季刊，2017.

活服务与商品的边际生产销售成本趋近于零，越来越多的商品服务生产销售通过互助方式共创共享，市场交易模式将被共享模式取代。到2050年，全球将有超过80%的企业依赖各类平台生存。以数据、用户为基础的平台型企业占据全球价值链高端，对下游垂直型企业形成强大的整合能力。从国家和区域发展看，智能经济体和传统经济体的分化会加快，赢者通吃的竞争规律以另一种方式呈现，前者将控制社会和经济系统运行的主导权，成为全球化的主导力量，对后者的追赶形成重大制约。

拥有数亿粉丝的社交平台，如脸书、推特、微信等，在社会治理中扮演着愈加重要的角色，虚拟社区向实体化发展。强大的小众群体产生，拥有了更多的话语权，对传统的阶层与权威形成挑战，网络空间成为主要战场。基于物联网的网络空间成为继领土、领空、领海、太空之后的第五空间。随着全球对网络空间的高度依赖和跨界运转的平台型公司的崛起，使数据安全成为首要隐患。新媒体的涌现广泛地影响着政治和社会心理，对国家安全、税收管理及社会治理的各方面均提出了严重挑战。

可以说，智能社会是人类社会历程中一次全方位、系统性的变革，将彻底改变人类社会的生产生活和社交方式，重构个人、企业、政府、社会之间的互动联系，引发国际竞争格局和社会治理形态的重大变化，其规模、影响范围和复杂性前所未见，蕴含的机遇和潜在挑战超过以往。新的社会形态构建过程，意味着传统秩序的消失和新秩序的重建，各种社会力量和利益格局也将得到重新调整。新的赛场和游戏规则使企业、国家的发展处在新的起跑线上。融合重塑中，每个行业都存在着成为新的游戏规则主导者的可能。

人工智能的发展速度已经超出许多人的预期。人工智能时代背景下的智能鸿沟问题，已成为无法回避、必须高度关注与审慎思考的问题。众所周知，数字鸿沟（digital divide）是指在全球数字化进程中，不同国家、地区、行业、企业、社区甚至人群之间，由于对信息、网络技术的拥有程度、应用程度及创新能力的差别，具体表现为"接入鸿沟""使用鸿沟""能力鸿沟"①，由此出现信息可及性层面的差异及不同群体在获取数字资源、处理数字资源、创造数字资源等方面的差异，并导致贫富进一步两极分化的趋势。所谓智能鸿沟就是在智能化发展过程中，不同主体对于智能技术掌握与应用能力上的差距，表现为各种人工智能赋能技术的接入、人工智能相关功能和服务的获取差距，人工智能素养、算法素养、算法意识等技能差距，"算法－数据"系统下社会知识生产能力差异等②。"智能鸿沟"本质上是一种"知识差""信息差""系统能力差"，弥补数字鸿沟仍被联合国视为实现发展与普惠的重要议题。

虽然 AI 时代还处在发展初期，但其所催生的智能鸿沟已现端倪，这同其技术演进内在逻辑与发展规律密切相关。当前生成式人工智能体现出快速更迭的发展态势，相较于前期智能系统，其在通用性方面的表现，使它可以打通搜索引擎、社交媒体、电子商务等数字领域的技术隔阂，更重要的是，社会各行各业，包括金融、法律、教育、医疗等接入新型智能系统的门槛大为降低，可以快速实现智能化。越重要就越依赖，这些可以实现全域支撑的新型智能系统天然呈现"高度垄断"的格局。目前，全球具有实力研发和推广新型智能系统的企业仍以微软、谷歌、脸书、OpenAI 等科技巨头为主，它们在数据、算力及高端芯片方面的优势使其不仅具有技术先发、市场先占优势，更使"赢者通吃""强者恒强"的格局难以打破。中国科技企业头部厂商不断通过差异化路径破局。百度文心一言不断拓展应用场景，华为依托昇腾 AI 芯片与盘古大模型构建软硬协同生态，DeepSeek 凭借技术优势与出色的用户体验迅速崛起，逐步缩小与国际科技巨头的差距。2024 年 1—5 月，智驾域控芯片全球范围内英伟达 Drive Orin-X 市场份额为 35.3%，特斯拉 FSD 为 28.4%，华为昇腾 610 为 10.4%。中美两国单这 3 家公司的这

---

① 马述忠，房超. 弥合数字鸿沟，推动数字经济发展 [EB/OL]. （2020-08-04）[2024-04-24]. https://news.gmw.cn/2020-08/04/content_34054458.htm.
② 张黎，鲍文雨，赵磊磊."智能鸿沟"的教育镜像：教育数字化转型的底层视角 [J]. 现代教育技术，2024，34（7）：51-60.

3个种类,就占到了世界的3/4。人工智能时代发展不平衡问题会更加突出。

在机器学习模型方面,自2019年以来,美国在大多数著名车型的发源地上一直处于领先地位,截至2023年总共开发了61个模型,中国以15个机器学习模型紧随其后①。在AI创业活动方面,2023年,美国、中国和英国是AI创业活动最多的国家,其中美国以5509家新获投资的AI初创公司位居第一,中国以1446家位居第二,英国以727家位居第三,以色列以442家位居第四,加拿大以397家位居第五②(图4-13)。

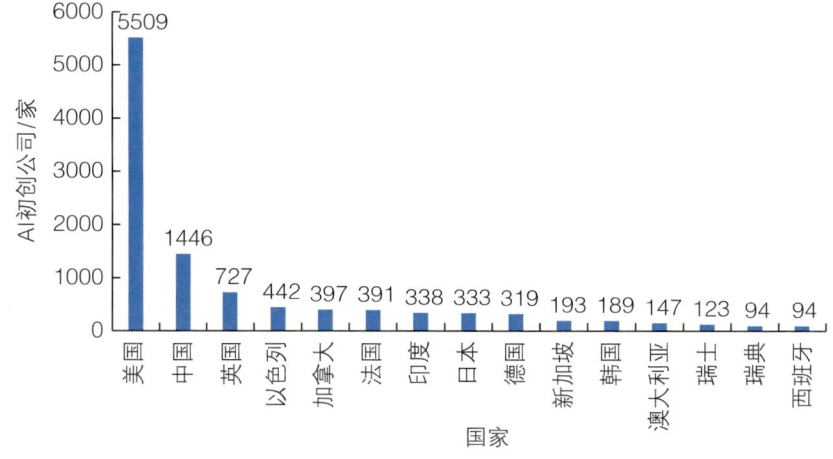

图4-13 2023年各国AI初创公司

中美在生成式AI产业展开科技竞争,全栈组合拳拉锯发展。美国的人工智能创新指数已连续4年位居全球第一,中国连续3年保持全球第二水平,均位于人工智能产业发展的第一梯队,随后为英国、德国、新加坡、加拿大等国,整体来看欧洲大多数国家位于第二梯队;印度以第23名位于第三梯队,因此,此处选取美国、中国、欧洲、印

---

① 数据来自斯坦福大学《2024年人工智能指数报告》(Artificial Intelligence Index Report 2024)。

② 同①。

度 4 个区域展开梳理，分析生成式 AI 产业厂商占位[①]（图 4-14）。

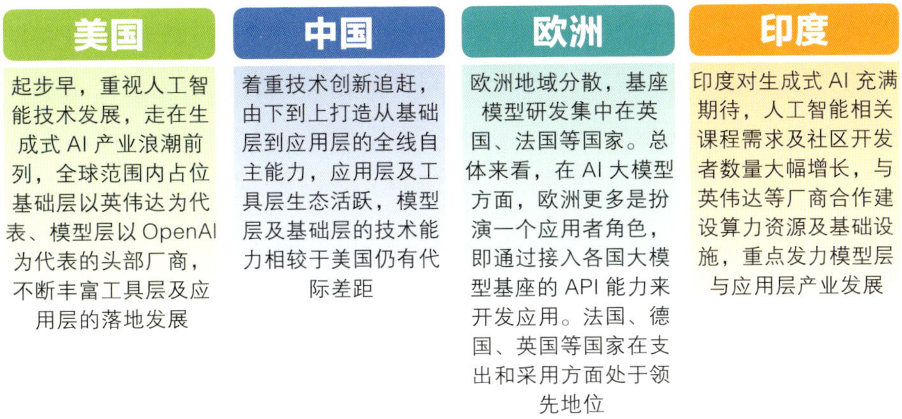

美国	中国	欧洲	印度
起步早，重视人工智能技术发展，走在生成式 AI 产业浪潮前列，全球范围内占位基础层以英伟达为代表、模型层以 OpenAI 为代表的头部厂商，不断丰富工具层及应用层的落地发展	着重技术创新追赶，由下到上打造从基础层到应用层的全线自主能力，应用层及工具层生态活跃，模型层及基础层的技术能力相较于美国仍有代际差距	欧洲地域分散，基座模型研发集中在英国、法国等国家。总体来看，在 AI 大模型方面，欧洲更多是扮演一个应用者角色，即通过接入各国大模型基座的 API 能力来开发应用。法国、德国、英国等国家在支出和采用方面处于领先地位	印度对生成式 AI 充满期待，人工智能相关课程需求及社区开发者数量大幅增长，与英伟达等厂商合作建设算力资源及基础设施，重点发力模型层与应用层产业发展

图 4-14 全球科技革命浪潮与人工智能产业发展历程

美国的生成式 AI 产业起步早，由于重视人工智能技术发展，走在生成式 AI 产业浪潮前列，全球范围内占位基础层以英伟达为代表、模型层以 OpenAI 为代表的头部厂商，不断丰富工具层与应用层的落地发展。中国着重于技术创新追赶，由下到上打造从基础层到应用层的全栈自主能力，应用层及工具层生态活跃，模型层及基础层的技术能力相较于美国仍有代际差距。欧洲地域分散，基座模型研发集中在英国、法国等国家，总体来看，在 AI 大模型方面，欧洲更多是扮演一个应用者角色，即通过接入各国大模型基座的 API 能力来开发应用，法国、德国、英国等国家在支出和采用方面处于领先地位。印度对生成式 AI 充满期待，人工智能相关课程需求及社区开发者数量大幅增长，与英伟达等厂商合作建设算力资源及基础设施，重点发力模型层与应用层产业发展。

在全球十大科技与人工智能领先国家的评估中，美国和中国显然处于人工智能竞争的最前沿。全球的研究显示，开发以人工智能为核心的解决方案已成为一场国际博弈。AI 蜜蜂快线基于全球各大权威机

[①] 数据来自斯坦福大学《2024 年人工智能指数报告》。

构的最新研究①评选出2024年度全球在人工智能研究与投资方面表现最佳的十大国家。

当前，美国在人工智能研究领域遥遥领先。Macro Polo的研究发现，近60%的"顶尖"人工智能研究人员在美国的大学和公司工作，而Mirae Asset公司的数据显示，迄今为止美国在人工智能方面的融资已达到2490亿美元。中国是人工智能研究领域另一个重要的贡献者。Macro Polo数据显示，虽然目前还只拥有11%的顶尖人工智能研究人员，但2023年中国进行了232项与人工智能相关的投资，并在2022—2023年筹集了950亿美元的私人投资。多年来，英国一直是全球人工智能竞争的主要力量之一。据国际贸易管理局（ITA）报道，英国目前是全球第三大人工智能市场，仅次于美国和中国，市值达到210亿美元，预计到2035年将飙升至1万亿美元。

在某种程序上，信息技术革命的益处在发达国家和发展中国家之间，以及社会内部是分配不均的，人工智能的发展同样如此，实际上它对发展中国家而言充满挑战。例如，它会进一步使发展中国家失去劳动力方面的比较优势，而它们的技术水平与国内市场，还没有为人工智能可能带来的产业升级换代做好准备。其带来的后果是，发展中国家经过多年努力与发达国家间有所缩小的差距，很有可能因为此次"换道"而重新进一步拉大，那么，国际社会将可能面对新的"南北问题"。因此，可以预见，智能鸿沟问题必然成为新时代国际社会共同关注并着力解决的重要议题②。人工智能作为新的生产力，新的发展逻辑主导新赛场游戏规则，全球劳动力市场走向两极分化，带来全球财富的重新分配，国家之间、阶层之间、个体之间的收入鸿沟可能会进一

---

① 包括"全球人工智能指数"（The Global AI Index）、MiraeAsset全球X人工智能投资调查、斯坦福"人工智能指数报告"（AI Index Report），以及CBInsights的数据。

② 李艳. 高度关注AI时代的"智能鸿沟"问题[EB/OL]. (2023-04-21) [2024-07-28]. https://www.360kuai.com/pc/9095ce31aa4625bfe?cota=3&kuai_so=1&sign=360_57c3bbd1&refer_scene=so_1.

步加大，在人类社会尚未弥合信息鸿沟的同时，将面临文明鸿沟出现的巨大挑战，必须前瞻应对可能引发的链式反应。

中国科技馆体系作为直接面向、触达公众，与智能社会公众行动者实时交互的界面，是前瞻布局智能社会公共基础设施的重要方面。人-行为-场景交互的一体化表达与理解，是智能生成等人工智能的核心基础，也是链接物理世界的关键[1]。作为智能社会发展的重要支撑，联结公众与国家地方科研机构、大学、企业，推进科技资源、科技项目、科技信息、科技成果开放共享，促进创新活动合作协同，提高创新效率，促进全社会与国家未来的经济空间战略布局紧密结合。推动智能技术作为知识的新型生产者和提供者、传输者逐步进入知识传播生态网，从生成到创造层面展现出全新角色[2]，发挥AI在语言感知力、认知力等方面的突破。流畅的应答、清晰的逻辑等类人特性，使人在接受知识传播的过程中有更丰富真实的体验，促使知识从传播向交流转型，促进知识门槛及跨学科知识壁垒快速降低，更多的社会成员的知识传播能力得到提升，知识传播广度与深度得到拓展，知识交流更为频繁，帮助人们更好地理解不同观点之间的逻辑和差异，让更多人能够享受到平等获取智能社会红利的机会。中国科技馆体系不仅是工业社会传统基础设施脱胎换骨的变革性力量，更是促进知识生产、新产业创新的核心载体，对科技经济社会发展具有牵一发而动全身的基础性作用。

中国科技馆体系充分发挥协同合力，运用智能技术搭建泛在的社会感知网络联系，用科学将物理世界、主观世界、信息世界融为一体。"泛在"最早用于形容网络的无所不在，而泛在感知就是信息感知、获取的手段无所不在，无处不在。"泛在感知"可以分为几个层次——"泛在""感知""识别"，最后是"互联"。"泛在"是信息的来

---

[1] 腾讯研究院，上海交通大学，腾讯优图实验室，等. 2024大模型十大趋势[R]. 上海：2024世界人工智能大会·腾讯论坛，2024.
[2] 王建磊，曹卉萌. ChatGPT的传播特质、逻辑、范式[J]. 深圳大学学报（人文社会科学版），2023，40（2）：144-152.

源,"感知"是信息的获取,"识别"是信息的甄别,"互联"是信息的共享。如果这些基础工作都完成了,就可通过各种智能设备、传感器和互联网技术,对现实世界的物理环境、人类行为和社会动态进行实时、全面的感知与分析,"如同空气和水自然而深刻地融入人类的日常生活和工作"[1],就能形成泛在社会感知网络系统(ubiquitous social sensing network),就能依托科技馆体系构建物理世界、主观世界和信息世界的三者融合,从而创造出一个高度智能化的推动知识流动和创新系统效能提升的生态[2](图4-15)。

通过智能化的展览和互动系统,科技馆向公众提供个性化的学习体验和即时的信息获取,对各领域科学研发工作和社会生产活动产生辐射影响,驱动科学创新突破地理域、平台域、学科域等限制,推动原本独立或交叉性不强的学科领域相互碰撞与交融,展示打破学科界限的博物演化图景。为观众提供了解知识的跨界渠道,对博物馆来说无疑是个巨大的进步[3]。科技馆发展新的展陈模式和相应的交互手段,更侧重于为公众提供无缝的、动态的、交互式的资源和服务,使之感受到一个"随时随地存在于身边"的科技馆,具有紧密联系VR技术、作为综合开放平台提供资源信息、配合移动终端开发应用等特点[4](图4-16)。

知识构建本身是一种社会认知过程,个体的认知需要与环境互动。人们需要自我适应感知与经验的差距,并从中获得进一步发展。知识

---

[1] 高歆雅. 泛在感知网络的发展及趋势分析[J]. 电信网技术,2010(2):58-63.
[2] 杨璇铄. 专访全国政协委员、中国科学院院士杨元喜:泛在感知、智慧地球悄然出现 如何影响未来生活?[EB/OL].(2022-03-07)[2024-07-23]. https://china.cnr.cn/xwwgf/20220307/t20220307_525759118.shtml.
[3] HEDEGAARD, R. The benefits of archives, libraries and museums working together: a Danish case of shared databases[J]. New library world, 2004, 105(7/8): 290-296.
[4] 叶祎珮. 构建泛在博物馆——浅析国外博物馆对于泛在化的探索[C]//北京数字科普协会,首都博物馆联盟,中国博物馆协会博物馆数字化专业委员会,等. 融合·创新·发展——数字博物馆推动文化强国建设——2013年北京数字博物馆研讨会论文集. 北京:故宫博物院资料信息中心,2013:4.

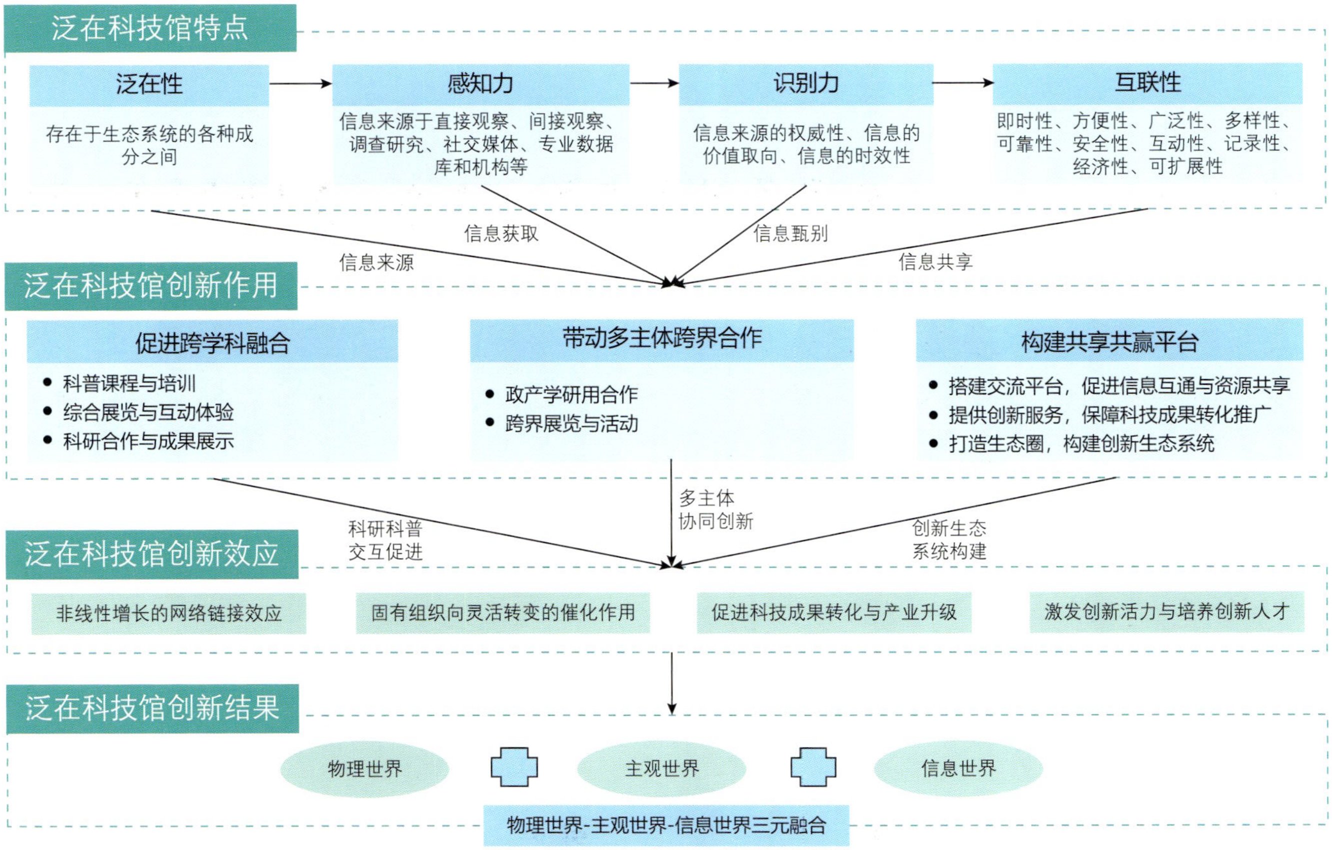

第四章 智能技术…赋能、平权还是颠覆？

泛在科技馆特点

泛在性
存在于生态系统的各种成分之间

感知力
信息来源于直接观察、间接观察、调查研究、社交媒体、库数据、专业和机构等

识别力
信息来源的权威性、信息的价值取向、信息的时效性

互联性
即时性、方便性、广泛性、多样性、可靠性、互动性、记录性、经济性、可扩展性

泛在科技馆创新作用

促进跨学科融合
- 科普课程与培训
- 综合展览与互动体验
- 科研合作与成果展示

带动多主体跨界合作
- 政产学研用合作
- 跨界展览与活动

构建共享共赢平台
- 搭建交流平台，促进信息互通与资源共享
- 提供创新服务，保障科技成果转化推广
- 打造生态圈，构建创新生态系统

泛在科技馆创新效应

科研科普交互促进 → 固有组织向灵活转变的催化作用 → 促进科技成果转化与产业升级 → 激发创新活力与培养创新人才

信息来源 / 信息获取 / 信息甄别 / 信息共享
多主体协同创新 / 创新生态系统构建

泛在科技馆创新结果

非线性增长的网络链接效应

物理世界　主观世界　信息世界

物理世界-主观世界-信息世界三元融合

图4-15 泛在社会感知网络要素及主要特征

153

云计算加持　借助虚拟现实　实现科技馆"永不闭馆"　移动终端开发

图4-16　科技馆"智能化"

不仅仅是数据的集合,也包含思想、情感、价值观和文化。因此,如何让人们理解情景并展开互动是促进个人获取知识的重要前提①。借助 VR 技术等新生交互式手段,为观众提供丰富情境的自主选择权,随时随地浏览科技馆,获取其需要的知识,会极大提高科技馆的生命力、激励性和吸引力。感兴趣的观众只需用手机搜索或下载科技馆软件或展览名,就可以随时随地浏览科技馆展品,参观虚拟科技馆。

数据是融合各类生产要素的核心载体,人机物在全面数据化的紧密联系中创造新的智能。科技馆"智能化",以及进一步成为智能化的驱动者,是中国科技馆体系的进化趋势。加快提升科技馆在研究、展教、服务、管理等方面的能力,打造紧密连接人、物、科技、信息、服务和创新主体的智能生态系统,实现"科技""科技馆""人""创新主体""服务"的高度融合,为智慧科技馆的未来建设提供了现实的语境、模式和愿景②。

> 上海科技馆通过引进先进的"管理 +IT"咨询服务机构,共同进行智慧场馆的规划,构建了以人为中心,空间感知、数据融合、智慧交互、智能泛在的"空间形态、行业业态、网络生态"三位一体的智慧场馆新模式。
>
> 美国佛罗里达 IMAG 历史与科学中心的里斯特家族实验室,作为"数字制造和学习实验室",提供了配备先进环境、技能、材料及技术的智能平台,能以低成本、高效率的方式制造出游览者所思所想的物品,由此构建出一个灵感与想象力迸发的环境,以供人们探索各种概念和想法。
>
> 以色列国家科学、技术和太空博物馆下属旺格家族数字

---

① JACOBSON M J, WILENSKY U. Complex systems in education: scientific and educational importance and implications for the learning sciences[J]. J. Learn.Sci., 2006, 15 (1): 11-34.

② 于峰. 智慧科技馆:上海城市文化新地标的思考 [J]. 科普研究, 2015 (4): 52-57.

制造实验室也是一个智能化典型。由三维打印机、数字设计站、数字铣削站等先进设备组成的数字制造实验室足以满足所有参观者的需求。与传统的生产制造模式不同,个性化和创新在这里是主流,其服务对象广泛而多元。

德国BAM共享门户实现多馆资源联动及公共的、跨机构的数字分类、归档和藏品编目,可供用户搜索文化内容。用户只需一个界面即可链接各种所需的在线文化数据库。

美国史密森学会提供实时档案,收集了超过1500个开创性的信息科技应用,领域覆盖图像、录像带和手工艺品等,从藏品文字信息到展览虚拟漫游。观众都可以在史密森学会官网上检索并直接看到,还可以参与数字管理藏品。例如,史密森学会收藏的一枚中国印章,中国观众可以在网上浏览藏品后,用中文标注此件藏品的信息并保存至标签,这样一来,全世界浏览这件藏品的观众都可以看到了。这样的互动项目很受观众欢迎,史密森学会藏品网页上的每件藏品几乎都有来自世界各地观众添加的标签,无疑走在泛在化探索的前沿。

主动拥抱智能技术并赋能中国科技馆体系,是提升科技馆教育功能和社会影响力的重要途径。随着智能技术的快速发展,公众对科学知识和科技体验的需求不断增加,科技馆需要利用智能技术满足这种需求。智慧科技馆是以人为核心,通过新一代信息技术的智能化应用和科技馆业务的知识化应用,通过空间形态、科技馆业态和信息生态的高度融合,实现人物结合、人人结合和人机结合的智慧生态系统①。随着物联网技术的不断发展,智能化、信息化、数字化已经成为科技馆新兴的发展趋势,让科学体验真实化、大众化,为人们提供良好的学习环境和各种智能服务(图4-17)。

---

① 何沃林. 智慧科技馆建设的研究与总体设计[J]. 数字技术与应用,2019(7):162-163,165.

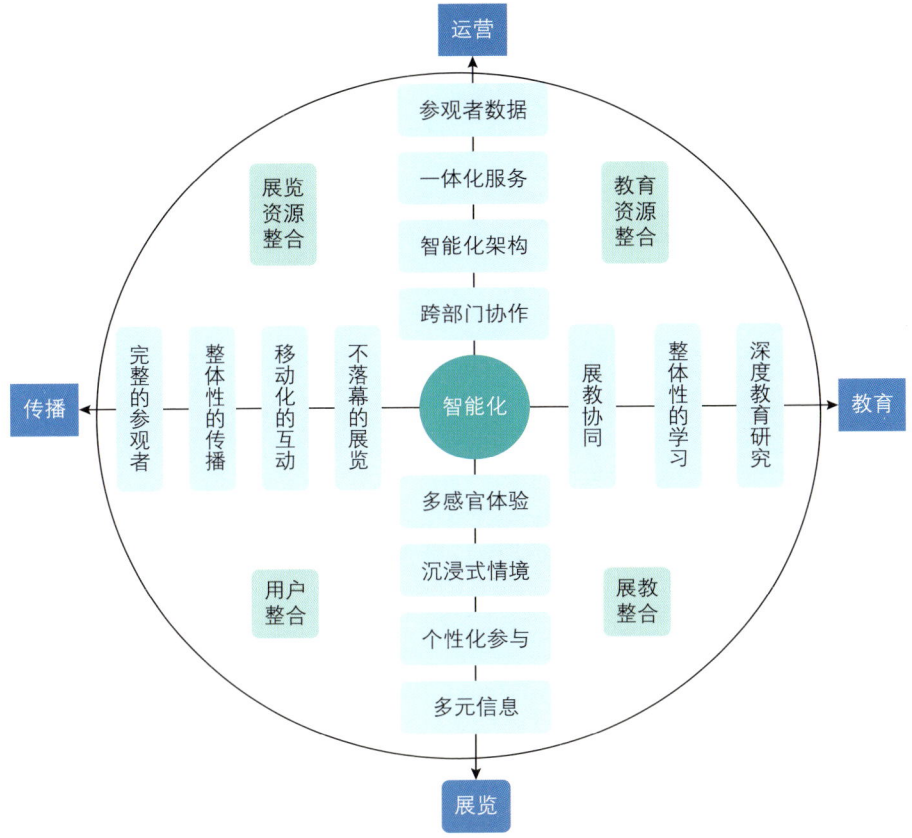

图 4-17　面向智慧科技馆的场馆智能化发展框架[1]

人工智能时代的到来，驱动科普理念和方式不断创新与变革，从创意策划、内容生成、宣传推广到更深层、更广泛地与文化、艺术等领域的跨界融合，"科普"的含义已经变得更为多元（图 4-18）。在对 AI 技术本身做好科普的同时，如何利用 AI 技术传播科学所蕴含的文化价值是更值得思考的问题。

2024 年，在中华人民共和国成立 75 周年暨中国科技馆新馆开馆 15 周年之际，人机协同共创未来之声——"未来之声-AIGC 音乐科技之夜"在中国科技馆成功举办。中国科技馆联合中国科学技术大学及多

---

[1] 王黎明，钟琦. 论信息化在智慧科技馆中的几种角色[J]. 自然科学博物馆研究，2019（4）：33-39，93.

图4-18 未来之声——AIGC音乐科技之夜

家合作伙伴,共同策划了"未来之声——AIGC音乐科技之夜"活动,通过AI声音景观、AI音乐科普故事、AI虚拟合唱等,展现科学与艺术的融合。融入科学理念和文化创意,共同打造了一场充满高科技含量的艺术盛宴。整场活动分为"星际起航""时光织梦""心灵家园""未来交响""星际回声"5个篇章,包含17个节目,由科技工作者、学生和艺术家共同创作完成,包括由多模态AI参与创作编曲为基础的多首原创歌曲的演奏、舞蹈和实验表演,由AI辅助动画生成的《文明的烛火》宣传片的发布,以及通过现场表演结合虚拟合唱团方式进行联动演出的《追梦》等。整场活动在AI的加持下,效果震撼,令人赞叹。"真真假假"难以分辨,"虚虚实实"变幻惊艳。

活动在2024年9月20日通过中国科技馆新媒体全平台、新华网、光明网、人民网视界、科普中国客户端、科技日报和爱奇艺客户端等多家媒体平台进行网络直播,总观看量达到208.5万次。新浪微博主话题

#未来之声AIGC音乐科技之夜#热度突破774.1万,于9月21日登上新浪微博热搜榜。"未来之声——AIGC音乐科技之夜"是一次全新的探索和尝试,它不仅是科学与文化跨界融合的碰撞,更是科学文化传播形式创新的生动实践。

中国科技馆体系以连接、共享、服务为理念,以资源连接、活动连接、智慧连接为核心内容构建协同机制,推动资源均衡共享、活动融通共链、服务提质增效,有效改善了我国科技馆发展不平衡的局面,推进了科普公共服务的均等化。数字科技馆作为体系信息化工作的主要支撑和体系智慧化发展的重要载体(图4-19),在"十四五"

第四章 智能技术:赋能、平权还是颠覆?

图4-19 中国科技馆VR全景

期间围绕服务、管理、共享三方面,着力开展智慧服务、智慧管理、智慧共享建设,服务于体系的资源连接、活动连接和智慧连接,促进全国科技馆联动共享机制的建立①。通过统一的数据平台和智能管理系统,各地科技馆可以实现资源共享和信息流通,促进跨地区的合作和知识传播。这种智能化的基础设施不仅提高了资源利用效率,还推动了中国科技馆体系的整体协同与创新能力,形成了一个具有前瞻性和包容性的科学教育网络。

科技馆体系的发展实践表明,场馆之间的密切协作、协同共进为科技馆事业发展不断带来新的动能。在体系协同机制的带动下,中国还探索衍生出了省域协同、区域协同、跨领域协同等不同模式,有效激发科技馆自身潜能,优化科普资源配置,调动全社会积极性,促进了中国各地各级科技馆的健康可持续发展。科技馆的协同发展有利于推进科普资源的高效利用,有利于拓展科技馆服务的内涵与外延,成为公众和其他科学机构的桥梁,通过与其他机构汇聚资源为公众做好传播和服务②。

3 颠覆:人机物融合智能驱动科技馆构筑无边界协同,帮助大众拥抱颠覆式浪潮

颠覆式创新无疑成为人类社会文明进步向更高层次跃升的先发力量。颠覆式创新的变革力引领新发展体系建立,它以润物无声的方式渗透到现有体系中,直接体现于新产业的兴起和新兴市场主体的崛起,并对传统产业形成倒逼碾压态势。当前,从工业化、信息化向智能化演进的过程中,驱动变革的力量已表现出不同以往的特点。当人工智能成为新的生产力,区块链在底层构建新型生产关系,数据成为

---

① 任贺春,赵铮.智慧服务 智慧管理 智慧共享:数字科技馆转型升级促进科技馆体系智慧化发展[J].自然科学博物馆研究,2022,7(1):58-63,113.
② 高闯,霍菲菲,赵宇晴,等.科技馆未来的发展方向探究:"科技馆未来的发展方向"专题论坛综述[J].科普研究,2023,18(5):99-101.

至关重要的生产要素，云计算成为生产工具，物联网成为全新的生产环境、软件定义生产方式。人工智能看齐或超过人类的时候，会带来一种更深层的革命，推动人和机器从原来的辅助到共生、到共存的一个时代。特别是伴随生物经济的快速发展，未来的人机融合将进一步加快，我们将从十年前的万物互联时代，快速进入到万物共生的时代[1]。

智能技术的发展已经跑出了推进社会互联互通的惊人加速度，实现人类感知世界的革命性变革。过去一年世界人工智能领域发生的重大突破日新月异，甚至是"分新秒异"，人工智能几近爆发式发展。2023年1月，微软和OpenAI签署协议加速ChatGPT开发部署。2月，谷歌聊天机器人Bard AI构筑全面开放的开源生态系统。3月，Meta生态系统AI能力提升。4月，牛津大学Real Fusion单个图像重建360度摄影模型。5月，Adobe Firefly的图像生成编辑工具彻底改变了数字设计行业。6月，可汗学院khanmigo平台虚拟机器人整合为辅导员、课程设计者、助教。7月，谷歌在Docs和Gmail中为用户提供写作帮助，Snapchat的AI平台MyAI拥有了3.6亿用户。8月，谷歌Vertex AI平台整合多种机器学习工具，微软退出Azure AI。9月，谷歌AI Genesis计划彻底改变新闻报道方式。10月，谷歌搜索生成体验，为特定搜索查询生成摘要。11月，Xai推出Grok聊天机器人。12月，AI大模型责任联盟成立，欧盟推出AI法案。网络信息传输存在于生产生活的各个方面，以万物互联为标志的泛在社会感知网络快速形成。机器的思考能力有望接近甚至超越人类，并全面进入家庭和工作场所。生成式人工智能已嫁接起由海量数据联系向智能涌现的桥梁，重新创建物理世界，使人类对世界的感知和交流发生根本性转变，推进物理世界、主观世界和信息世界的不断融合。无处不在的物联网端设备打破垂直行业的"信息孤岛"，实现互联、赋能、协同、创新的变革。物质世界

---

[1] 郭哲. AI带来更深层的革命，从万物互联到万物共生 [EB/OL].（2024-09-08）[2024-10-30]. http://www.yicai.com/video/102264410.html.

在全面数据化的紧密联系中创造新的智能，实体世界与虚拟世界融合开辟了人类感知世界的新空间。综合社会网络将物理世界、主观世界和信息世界融为一体，引发教育体系的全面变革。在高附加值的经济创造活动中，如果人工智能达到超越人类的"奇点"时刻，一切游戏规则都会改变。例如，货币的本质是分配劳动力，如果 AGI 普及，货币的价值和意义又将是什么？颠覆式技术的涌现加快了科技与产业的跨界融合、创新与社会体系的融合。数据计算的革命加快推动数据价值转化为社会价值，资本、技术、人才等生产要素的跨国、跨界流动配置，催生更加智慧高效的科研组织形态，众筹、众包等创新业态日趋活跃，大大加快了新知识的创造，技术、产业迭代创新速度空前，产业竞争赛场迅速转换，新旧产业交替此起彼伏。传统的供应链格局被打破，围绕全球价值链的利益重新分配。

智能社会的社会成员不再仅仅是人，而是"人－机－物"3 种类属[1]。与传统社会相比，智能社会的"人"也包含深度嵌入智能芯片、智能算法的人，智能社会的"物"是具有感知、数据、反馈、计算能力的社会基础设施，科技馆体系就是作为"物"的存在的重要方面。智能社会的"机"则是最大的增量成员。这种机具有给定规则且在一定程度、规范之下具备智能决策、自主行为的能力。它既可以是一种可见的机器人形态，如各种服务机器人（robotics），也可以是不可见的逻辑、算法、运算的形态，如专家系统（expert system）。在智能社会，人机物之间将产生绵密、持续、频繁、深度的互动，并涌现一种全新的社会关系图景，包括人与人、物与物、机与机、人与物、人与机、机与物的关系。人工智能的应用推动了不同学科之间的融合，促进了不同领域的交叉合作，其不确定性和复杂性使合作的必要性空前增长（图 4－20）。

---

[1] 吕鹏，毕斯鹏，管正青，等．智能社会协同治理：研究现状与发展趋势 [J]．华南师范大学学报（自然科学版），2023，55（1）：19－35．

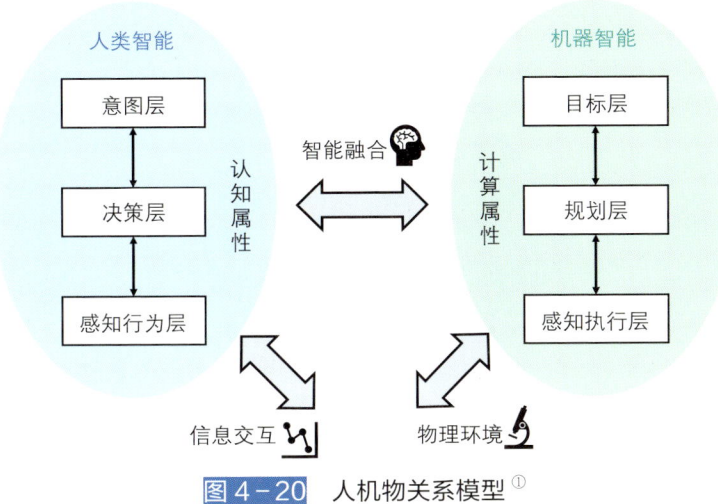

图 4-20 人机物关系模型[1]

物联网的发展和其如火如荼的应用，极大拓展和延伸了传统互联网的覆盖范围、感知能力和适用场合[2]，实现了物物互联和人机互联，人与人、物与物、人与物都可在一定规则下自由交互和产生联系，整个世界变成了一个有机融合信息空间和物理空间的信息物理系统（cyber physical system，CPS）[3]（图 4-21）。也就是说，除了人类社会和物理世界两大空间，出现了不容忽视的第三空间——信息空间。随着大数据、物联网和人工智能等信息技术的发展应用，物理世界、数字世界和人类世界之间的界限逐渐变得模糊，人类世界开始从由社会空间和物理空间构成的二元世界转变成人机物相互融合的三元世界，社会系统、信息系统和物理环境构成了一个动态耦合的复杂巨系统，人类社会、人造机器和自然万物在三元世界里相互依存、共同发

---

[1] 王海涛，宋丽华，向婷婷，等. 人工智能发展的新方向——人机物三元融合智能[J]. 计算机科学，2020，47（Z2）：1-5，22.
[2] CHARITH P, ARKADY Z, PETERC. Context aware computing for the internet of things: a surveys[J]. IEEE communication surveys & tutorials, 2014, 16 (1): 414-430.
[3] ZHOU J, ZHOU Y H, WANG B C. Human-cyber-physical systems in the context of new-generation intelligent manufacturing[J]. Engineering, 2019, 5 (4): 624-636.

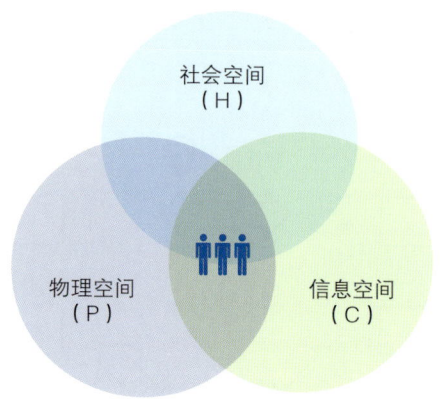

图 4-21　三元融合智能涵盖的三大空间

注：三元融合使社会空间（human）、物理空间（physical）和信息空间（cyber）无缝对接和协同计算[1]。

展。因此，在 CPS 快速发展和应用背景下的人机融合智能必将是人机物智能相互融合、相互促进的三元融合智能（ternary fusion intelligence），反映了物理空间、信息空间和社会空间的交互融合，即人机物融合智能[2]。人机物融合智能是由人、机、环境相互作用而产生的新型智能形式，它既不同于人的智能也不同于人工智能，是一种有机结合机器智能和人类智慧的新一代智能科学体系。从技术角度看，人机物融合智能就是综合应用物联网、移动互联网、通信、大数据、云计算、人工智能等技术，使人类社会、物理世界和信息空间实现互联渗透、相互作用，将智能融入万物实现无缝对接和协同计算。世界从人机共生转型到人机物三元融合的世界。人机物融合智能是更深层次的人工智能模式，不仅具备自组织、自适应、自优化特性，还具有他组织和互适应的特点，是一种基于"期望-选择-预测-控制"闭环的自主智能体，具有人机物深度融合、深层态势感知、以人为核心等显著特征[3]。未来将会出现人类社会、机器虚拟空间、物理自然空间通过数据

---

[1] 王海涛，宋丽华，向婷婷，等. 人工智能发展的新方向：人机物三元融合智能 [J]. 计算机科学，2020，47（S2）：1-5，22.
[2] 同[1]。
[3] 同[1]。

信息联通互动、虚实交融的景象，形成以人为中心的人机物三元融合的新社会形态。在这个新的社会形态中，人与机器、人与自然将和谐相处共生共荣，是一种新型的伙伴关系（图4-22）。

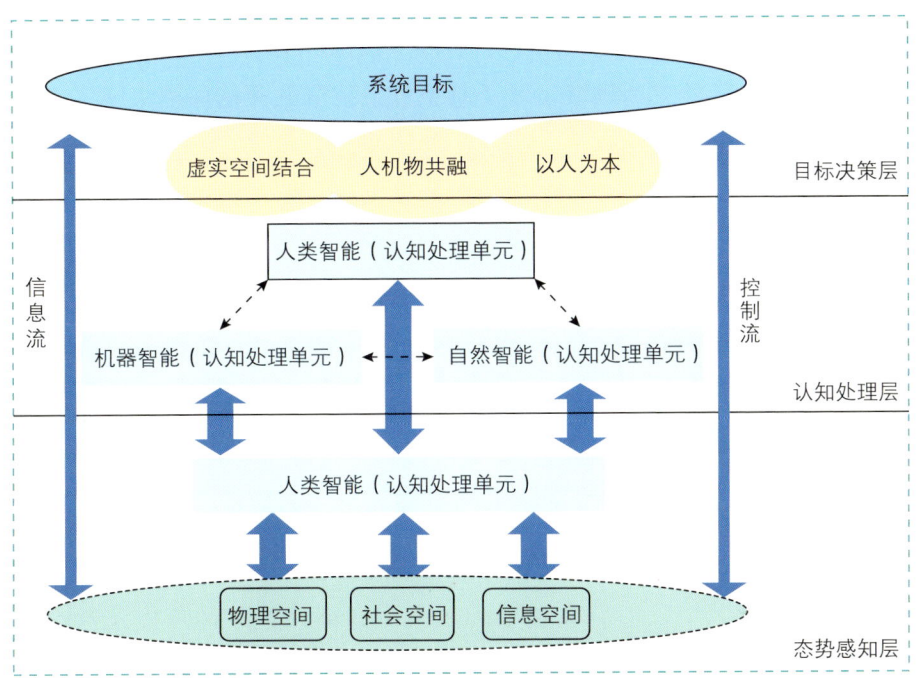

图4-22 人机物三元融合智能系统模型[①]

把握并引导这种新型的共生伙伴关系，需要科学家、工程师、社会学家、心理学家、政策制定者和公众等多领域的专家和行动者共同关注智能机器与人类社会的交互过程[②③]。发挥科技馆体系与公众的交互作用，充分吸收并考虑公众和科学家等的广泛社会背景参与，既可发挥人工智能计算对科学教育的价值，也可充分防止因人工智能对偶然性的回

---

① 王海涛，宋丽华，向婷婷，等. 人工智能发展的新方向：人机物三元融合智能[J]. 计算机科学，2020，47（S2）：1-5，22.
② RAHWAN I，CEBRIAN M，OBRADOVICH N，et al. Machine behaviour[J]. Nature，2019，568（7753）：477-486.
③ DAFOE A，BACHRACH Y，HADFIELD G，et al. Cooperative AI：machines must learn to find common ground[J]. Nature，2021，593（7857）：33-36.

避使得科学研究整体上出现同一化的趋向[1]。在科学研究中，人类思维模式多样性决定了科学研究的异质性，必须理解和教授人工智能工具的偏见作用，推进公众的广泛了解和互动[2]。萨努西（Sanusi）等[3]对过去十年来的文献进行计量和内容分析，发现当前研究主要是将教育机器人、数据挖掘和机器学习等主题纳入中小学科学教育，仍缺乏如何将机器学习融入非计算机科学主题领域，以及避免过于狭窄的评估标准束缚了人工智能技术发展的可持续性[4]。随着人机物融合智能研究的发展和应用，人工智能系统将更关注基于情景感知的个性化定制，推进并实现使用者在更大程度上参与系统的设计和完成过程甚至成为该过程的一个重要环节，是科技馆推进公众促进人机物融合智能的潜力所在。

协作生产的知识是一种共享、开放的公共知识，知识的承载者是一个群体而不是个人[5]。"人工智能就是知识革命"已经成为许多研究者的信条，我们需要更加清楚它与我们控制、改变的其他技术间的区别[6]。合作规范共识的建立对于人与机器人集体的信任有着重要作用，通过提高对共识的认知，可以促进人机集体中的合作规范发展，加速

---

[1] 李建中. 有限的偶然性：人工智能时代科学研究的尺度[J]. 社会科学文摘, 2020（11）：8-10.

[2] ERDURAN S, LEVRINI O. The impact of artificial intelligence on scientific practices：an emergent area of research for science education[J]. International journal of science education, 2024, 46（18）：1982-1989.

[3] SANUSI I T, OYELERE S S, VARTIAINEN H, et al. A systematic review of teaching and learning machine learning in K-12 education[J]. Education and information technologies, 2023, 28（5）：5967-5997.

[4] CHRISTOPH J H, HENDRIK K, SASKIA N. Beware of sustainable AI! Uses and abuses of a worthy goal[J]. AI and Ethics, 2023, 4（2）：201-212.

[5] LITTLEJOHN A, MILLIGAN C, MARGARYAN A. Charting collective knowledge：supporting self-regulated learning in the workplace[J].J.Work.Learn., 2012, 24（3）：226-238.

[6] TÓTH Z, CARUANA R, GRUBER T, et al. The dawn of the ai robots：towards a new framework of ai robot accountability[J]. Journal of business ethics, 2022, 178（4）：895-916.

信任的建立[1]。

算力支持可以帮助科技馆处理和分析大量数据,快速响应观众需求,实现个性化服务。随着大数据技术的发展,海量的科学数据、用户行为数据等为科技馆提供了丰富的信息资源。通过收集和分析参观者的行为数据,包括在不同展区的停留时间和互动频率,科技馆能够更好地理解观众需求,优化展品布局,并有针对性地基于公众需求和国家战略目标,设计新的展览主题,创新互动体验。通过机器视觉和语音识别技术,基于深度学习的算法可以创建虚拟助手,为观众提供个性化的讲解和推荐,同时在展览中引入动态生成的内容,科技馆的展品可以与观众进行更加自然和直观的交互。数据还能够帮助科技馆评估教育项目的有效性,从而不断改进和创新其科普方法[2]。一方面,数据能够实现科技馆展品的个性化推荐。通过对观众的年龄、性别、参观历史等数据的深度分析,科技馆可以为每位观众量身定制参观路线和推荐感兴趣的展品。这让观众能更高效地获取与自身需求匹配的科学知识,提升参观体验。例如,服务特殊观众,将视觉信息转化为听觉信息以提供独特的感知体验,确保参观者能享受到科普的乐趣。另一方面,数据有助于科技馆进行精准的科普内容创作。利用大数据了解社会热点和公众关注的科技话题,科技馆能够有针对性地开发新的展品和展项。例如,当公众对人工智能的关注度上升时,科技馆可以及时推出相关的展品和讲解,满足观众的求知欲。同时,数据还能用于评估科技馆的运营效果。通过收集观众的反馈数据、参观流量等,科技馆可以清晰地了解自身的优势和不足,从而不断优化管理和服务。数据分析工具的共享,为科技馆的数据驱动决策提供了强有力的支持,这些工具不仅提高了数据处理的效率,也使得科技馆能够更快速地响应参观者的反馈,不断优化展览和服务。基于数据的事实陈

---

[1] MAKOVI K, SARGSYAN A, LI W, et al. Trust within human-machine collectives depends on the perceived consensus about cooperative norms[J]. Nature communications, 2023, 14 (1): 3108.
[2] 李明. 数据驱动下的科技馆教育模式创新[J]. 科普研究, 2021 (4): 45-49.

述可以进一步优化凭借感性经验说出的"我认为",降低试错的成本,在公众体验、在线交互、群体创造与接口透明全线成熟的基础上推动管理的智能化①。

VR和AR技术让观众身临其境地体验科学的奥秘,这种沉浸式体验可以极大地增强展示效果。借助VR全景技术,科技馆可以为全球参观者打造无界限的沉浸式科普体验。无论身处何地,参观者都能通过360度全景视角,享受从古代天文学到现代生物技术的科学探索之旅。AI技术的智能分析能力,根据参观者的行为和偏好,提供个性化导览服务和学习建议,确保每位用户都能获得量身定制的科普教育体验。科技馆还可以通过AI辅助的互动展品和教育活动,进一步增强现场参观的互动性和趣味性。AI引导的触屏互动和语音识别技术,让参观者能够更直观地了解科学原理,与机器人进行对话,解答科学问题,使得科普教育更加生动。科技馆的远程教学和国际合作也可以因AI变得更加便捷高效,全球专家和教育机构可以通过在线平台共同开发课程,分享新思想新知识。AI在风险管理和预测方面的能力,也确保了科技馆运营的安全和高效。这种无界限、互动性强、个性化的科普教育平台,正推动着科普教育方式的创新与发展,让科学精神和创新思维在更广泛的人群中得到弘扬和培养。

开源技术共享也成为推动科技馆创新的力量,不仅是代码的开放,更是技术、人才与知识的全方位融合与交流②。通过开放源代码的软件和硬件,科技馆能够利用全球范围内的技术力量,加速科普教育工具和展品的开发。这种开放的协作环境,不仅促进了技术的迭代更新,还吸引了众多技术人才的参与,共同推动了科普教育的创新和发展。先进的开源技术为科技馆的展品和展示方式带来革命性变化。3D

---

① 毕马威,阿里研究院.百年跃变:浮现中的智能化组织[R].北京:阿里研究院,2019.
② 张莉.新常态下关于加强科技馆工作的几点思考[J].科技风,2024(15):155–157.

打印技术能让观众亲手制作模型，更直观地理解复杂的科学原理[①]。开源技术为科技馆的互动性展品提供支持，使观众不再是被动接受者，而是能参与开源项目的开发和改进，成为科技创新的参与者，这既激发了观众对科学的兴趣，又培养了其创新和实践能力。此外，开源技术共享还促进了知识的传播和普及。科技馆通过开放教育资源和研究成果，让学生、教育工作者和科研人员等更广泛的群体受益。科技馆可利用开源软件创建定制的展览内容或开发教育应用程序，并在学校和社区广泛使用。开源技术共享的实践在科技馆中的应用，展现了高端科普教育的开放性、互动性和创新性特点，为科技馆的未来发展注入新活力，使其能更好地履行科普教育的使命，激发公众对科学技术的热爱和探索精神（图4-23、图4-24）。

随着人工智能驱动的创新范式转型，科技馆站在了这场变革的前沿，其知识传播和科学教育功能正在经历深刻革新。在大数据、人工智能、虚拟现实等新兴技术的赋能下，科技馆逐步成为一个高度互动和沉浸式的学习环境，让科学知识的传播变得更加生动和高效。智能导览系统和数字化展览为参观者提供了个性化的参观体验，通过使用移动设备或可穿戴技术，智能导览系统能够根据参观者的兴趣和需求，提供定制化的导览路线和信息，使参观者能够更深入地了解展览内容。数字化展览的普及，使科技馆能够展示更加丰富和多样的科学主题。通过利用高清屏幕、互动触摸屏和增强现实技术，数字化展览能够将复杂的科学概念以直观、易懂的方式呈现给公众，提高科学知识的可接受性和趣味性。科技馆通过在线教育平台和社交媒体，扩大了科学教育的覆盖范围。这些平台提供了丰富的在线课程、讲座和互动活动，让公众无论身在何处，都能够随时随地接触和学习科学知识。这种灵活的学习方式，不仅契合了现代人快节奏的生活方式，也为科学教育提供了更广阔的发展空间。数据要素作为一种新型创新要素，推动其他创新要素优化配

[①] 张华. 3D打印技术在科技馆教育中的应用研究[J]. 科学教育，2022（10）.

图4-23 中国科技馆科技与生活展厅"智能城市之旅"展品

图4-24 中国科技馆科技与生活展厅"智慧文旅"展品

置，引发创新方式深刻变革[①]。与人才、资本等创新要素不同，数据要素并不能直接生产物质资料与产品，但数据要素的流动与共享可以缩短人才、资本等创新要素的生产和流通时间，优化创新要素空间配置，提升创新要素匹配效率[②]。智能时代，科技馆体系在驱动创新体系中知识快速流动的同时，驱动优质的数据要素共享与流通，深度挖掘数据要素潜能，充分释放数据要素红利，不仅有助于引导人才、资本等创新要素有序流动和精准匹配[③]，也有助于推动公众进一步了解智能社会生产范式，提升智能时代的创新系统效能。

科技馆将资源和服务扩展到线上，方便公众随时随地访问，开发专门的移动应用程序和在线平台，使公众可以通过智能手机、平板电脑和可穿戴设备访问科技馆的资源和服务，利用 VR、AR 和 MR 技术，提供沉浸式的虚拟展览和互动体验，让公众无论身在何处都能感受到科技的魅力（图 4–25）。"掌上科技馆，公众的随身工具"的开发与应用，为公众提供了体验泛在学习的入口[④]。基于公众的兴趣和行为，提供个性化的内容推荐和定制化的学习路径，公众可以实时参与或按需观看，提升公众体验度和参与度。这些内容相互补充，构建了一个无边界的线上线下的科技馆生态系统。

---

① 陶长琪，徐茉. 经济高质量发展视阈下中国创新要素配置水平的测度 [J]. 数量经济技术经济研究，2021，38（3）：3–22.
② 杨艳，王理，廖祖君. 数据要素：倍增效应与人均产出影响——基于数据要素流动环境的视角 [J]. 经济问题探索，2021，42（12）：118–135.
③ 彭影，李士梅. 创新要素流动与城市绿色创新发展：数据要素流动环境的空间调节作用 [J]. 科技进步与对策，2023，40（1）：30–39.
④ 廖红，韩景红. 基于科技馆的泛在学习：中国数字科技馆的实践与思考 [C] // 中国科学技术协会，云南省人民政府. 第十六届中国科协年会：以科学发展的新视野，努力创新科技教育内容论坛论文集. 2014：5.

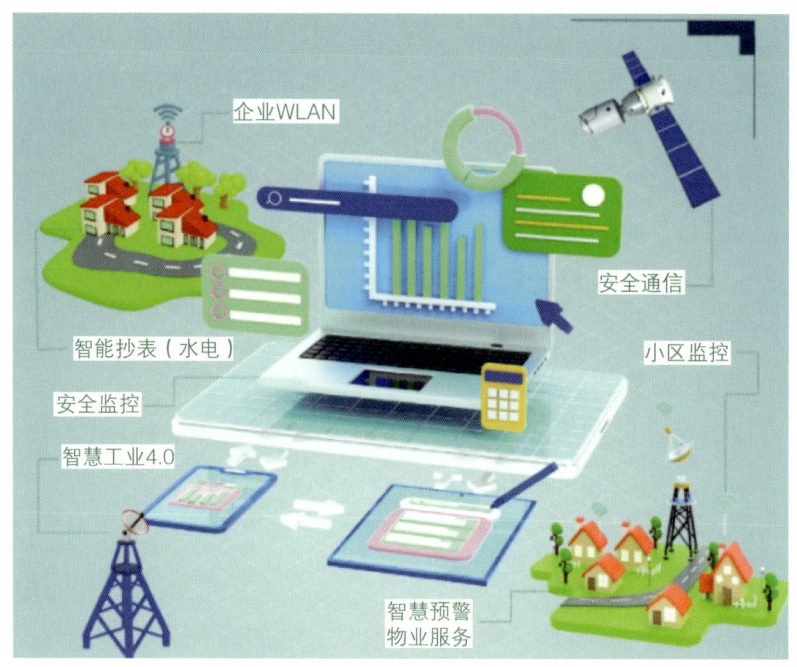

图 4-25 智能技术实现万物互联

万物互联重新定义科技馆边界①，为科技馆提供了重新定义其在智能社会中角色的机遇。科技馆将不再仅仅是一个静态的展览场所，而是一个动态、智能和互动的科学教育和创新中心。通过全域连接、智能管理、沉浸式互动体验和功能扩展，建立智能平台、拓展合作网络、培养创新人才、加强科学研究、提升社会参与和推进可持续发展，成为科学教育、创新孵化、文化传承和社会服务的重要基础设施，在智慧城市、科学研究和文化交流中发挥重要作用，成为智能社会的重要基础设施（图 4-26）。

---

① 中国科技馆. 万物互联的城市 [EB/OL]. (2022-10-18) [2024-07-23]. https://www.cdstm.cn/museum/zphc/kjyshC_6513/202210/t20221018_1074055.html.

图 4-26　智能场馆构建未来新型联系

科技馆体系在智能社会新型生产关系中构建新的联系。作为重要的科学教育和展示平台，通过与公众、教育机构、科研机构、企业及社区的全面连接与深度互动，构建多层次、多维度的联系，引入 AI 大模型成为新的必然选择[1]。以满足公众对高质量科普教育的需求为设计理念，打造 CSTM-GPT（CSTM，China Science and Technology Museum）成为数字科技馆的引擎。CSTM-GPT 以智能化思维，推动跨越上一轮信息化发展阶段，把复杂问题简单化、数据化、程序化、体系化，实现从信息化到智能化的跨越。基于 GPT 技术的智能化科技馆平台，是结合最新 AI 技术形成的一个高效的科学教育和展示引擎。科技馆将从简单的信息展示和传递，向智能化的知识传播、问题解决和服务创新转变。科技馆垂直大模型[2]突破传统展教研学习机制，基于人工智能、大数据、云计算等技术，构建高度集成、智能化的科学教育服务平台，以互动与沉浸式的展览方式、个性化的教育内容及数据驱动的科研体验，打破时间和空间的限制，让科技体验随

---

[1] 卡其．"AI+AR+博物馆"时代来了[EB/OL]．（2022-07-29）[2024-07-23]．https://news.cyol.com/gb/articles/2022-07-29/content_44BbJtWlp.html．

[2] 指针对科技馆体系，利用大规模数据集和深度学习技术训练得到的大型神经网络模型。

时随地触手可及，为公众提供一个更加生动、有趣、高效的科学学习平台。

中国科技馆推出"TENSOR"科学方法线上慕课、线下项目式学习课程和实践夏令营，创新中小学科学教育的理念、模式和路径。在智能化知识传播方面，利用CSTM-GPT的自然语言处理能力和学习用户行为的能力，为不同年龄段、兴趣偏好的访问者提供个性化的科普内容推荐。在智能化问题解决方面，CSTM-GPT可以基于其强大的知识库进行快速诊断，并提供解决方案或引导维修人员。在服务创新方面，CSTM-GPT能够根据观众的行为和反馈，不断优化服务流程和内容，开发出更多受欢迎的科学教育产品和服务。

科技馆垂直大模型不是服务于单一的科技馆，而是一个开放的、全球化的科学教育平台。通过与其他科技馆、科研机构和教育平台对接，依托云计算、大数据、深度学习等技术，将来自世界各地的展览内容、科研成果、教育课程、虚拟展馆和多媒体资料等科普资源进行统一整合，通过系统性的知识图谱和数据管理系统，模型能够将这些分散的资源进行结构化整理和标签化，形成一个全球共享的科普知识库。公众在访问科技馆大模型时，可以随时随地接触到全球最新、最权威的科学发现和教育资源。此外，模型支持跨机构的协作项目，如共同举办国际科普活动、联合开发在线课程等。通过建立跨机构的数据交换协议和标准，使不同科技馆、科研机构和教育平台之间的资源无缝对接。同时，科技馆大模型具备强大的多语言支持和文化适应能力。通过自然语言处理和机器翻译技术，模型能够将科普内容自动翻译成多种语言，确保不同语言背景的观众都能轻松获取信息。模型还能够根据不同地区的文化习惯和教育需求，自动调整内容的呈现方式，使其更符合当地观众的理解和接受能力。

科技馆大模型支持创建虚拟展馆，使观众可以跨越地理限制，访问全球范围内的科技馆展览，通过全球科学实验直播、国际科学家在线讲座等，让不同国家和地区的观众能够共同参与全球性的科普活动，为各地的教育工作者提供最新的教学资源和方法。这种资源共享机制可以大大缩小因地域、经济条件和教育资源不均衡所带来的差距，促进全球科学教育的普及和提升。

智能技术的突飞猛进极大赋能了科技馆日常运营模式。在展品展览方面，科技馆一改自然、历史、工业机械等主题，聚焦AI等新一代科学技术产品。中国科技馆的"智能"常设展厅以"走近人机共融"为主题，设置"机器人大秀场"等五大展区，借助32件精彩酷炫的互动展品，以机器人为主要载体，融入图像识别、AI创作等人工智能技术，呈现令人神往的智能化机器人世界[1]（图4-27）。另外，智能技术也渗透到广阔的博物馆领域中，即更全面互动的智慧服务，通过微博、微信、网站等新媒体平台，采用VR等技术，让观众在科技馆中感受无处不在的服务[2]。"3D古乐器演奏系统"[3]，儿童类iPad应用程序"皇帝的一天"[4]，"百度AI秦始皇兵马俑复原工程"[5]，"国宝讲解机器人"[6]等都是现代智能化的典型（图4-28）。

浙江大学智海-三乐教育垂直大模型，面向国内14所高

---

[1] 王琪，王迪鑫，王学旗. 科技馆开展人工智能科普教育的经验、困境和路径 [J]. 今日科苑，2024（1）：44-54.
[2] 李姣. 智慧博物馆与AI博物馆：人工智能时代博物馆发展新机遇 [J]. 博物院，2019（4）：67-74.
[3] 刘光宇，李彦雪. 方兴未艾的智慧博物馆 [J]. 科技智囊，2015（12）：58-69.
[4] 燕煦. 博物馆智慧服务述略 [J]. 中国文物科学研究，2015（4）：60-62.
[5] 郑皓月. 秦陵博物院携手百度用人工智能技术"唤醒"秦兵马俑军团 [EB/OL]. [2024-07-18]. https://news.cnr.cn/native/city/20170518/t20170518_523761849.shtml.
[6] 博物馆游受追捧 去年吸引观众3000多万人次 [EB/OL]. [2024-05-14]. https://wlt.hubei.gov.cn/bmdt/mtjj/201911/t20191121_1363031.shtml.

图4-27　中国科技馆智能展厅机器人大秀场

校进行人工智能教学工作，在核心教材、领域论文和学位论文等语料和专业指令数据集的基础上，提供智能问答、试题生成、学习导航、教学评估。目前已进行了上万次，服务了上百名学生[①]。

思谋科技发布服务于高端智能制造的大模型IndustryGPT V1.0，收集整理了五大学科、八大行业的全面知识，涵盖200多个不同工业场景，超300万张工业图像，将大模型技术与工业软、硬件相结合，为用户提供了更加直观、便捷的使用体验，打破了传统人机交互的界限[②]。

---

① 吴月辉，谷业凯. 加快推动人工智能发展（科技视点）[EB/OL].[2024-01-08]. https://www.peopleapp.com/column/30035488521-500005136192.

② 董童，杨迪. 思谋科技发布工业多模态大模型IndustryGPT V1.0[EB/OL]. (2023-11-08) [2024-07-20]. http://finance.people.com.cn/n1/2023/1108/c1004-40113649.html.

图 4-28　中国科技馆虚拟展馆

第四章　智能技术：赋能、平权还是颠覆？

　　乘智能化浪潮的大势，把拥有十几亿人口的大国带入智能社会是人类发展进程中具有空前历史意义的伟大工程。农业让人类摆脱了时刻迁徙寻找食物的窘境，工业让人类摆脱了日出而作、日落而息的束缚，人工智能必将带来新的解放，产生新型的社会文化。具备自主智能的机器人劳动力大军将使人类物产极其丰富，人类能够更加专注于创新和文化，或许文化的繁荣程度将远胜以往。科技馆作为教育、科技、人才"三位一体"统筹发展的实践主体，作为面向公众普及科学技术知识、倡导科学方法、传播科学思想、弘扬科学精神的重要平台，结合垂直大模型的创新设计，系统化展示科技演变和复杂系统的层次结构，从基础科学到前沿技术，从地球内部构造到宇宙探索，实时展现发展的新领域新赛道，以"大众动员"不断汇聚共识和力量，助力塑造发展新动能新优势。

第五章

科技馆展教研一体化策源驱动国家创新系统增效

试图用单一因子去控盘一个演化机制，看不到那是一个系统过程，往往会导致大量沉没成本。这种策略在农业社会很常见。工业时代常见的底层原则是：结构稳定＋生产效率，多结构的所有部件都没有出错，但迭代速度太慢，也会造成优势丧失。工业时代产品的溃败，并非由于结构不佳、功能失效，而是因为它们的稳固结构恰好是快速迭代的对立面。控盘思维仅仅在很底层的物理化学层面起作用，结构思维也只有在局部的生产过程中起作用。更大的权重，属于系统本身的进化，这种进化来自信息、智能系统天然的网络属性、可演化度、可迭代性、可积累性、可拓展性。

　　科技馆以"博物致知"打造展教研一体化策源力，驱动多领域多主体共鸣共振现象，"结网发展"以万物互联与科技馆展教研融合驱动力互动互构。以中国科技馆为核心的"中央厨房"式中国科技馆体系，创建出一个整合、共创、分享的共生协同网。充分估量互联网、信息化、智能化为创建无时空限制的生态平台提供的无限可能，模拟自然选择，让自己的概念工具和行为触点，都成为一个迷你版的网络，保持开放度（变异），也保持自主性（积累），并随着外部信息的快速演变而演变。像自然界的自组织那样，形成一个超级生态圈，产生的"非组织的组织力量、非组织的超组织力量"，推动"无心插柳"的"侧路效应"涌现为国家战略全局提供创新的不竭源泉。

1 原位转化,科技馆丰富创新实践和传播活动

系统强调主体的有机融合和内在联系,强调整体大于个体之和[1]。系统具有整体性,是系统思想的一个基本原则。系统的整体性表明,整体的功能并不等于它的组成部分功能的简单相加。贝塔朗菲指出,系统"只能通过自己的广义的内聚力,即通过组成部分的相互作用来说明"。他认为,为了理解一个整体或系统,不仅需要了解其部分,而且同样要了解各部分之间的关系。相互联系、相互作用是解开一切系统现象之谜的关键所在。结构是系统中诸多要素相互联系、相互作用的方式,是系统诸要素相互间一定的比例、一定的秩序、一定的结合方式。系统的性质和功能不但取决于构成系统的要素,而且取决于要素之间相互联系所形成的结构。根据结构决定功能的原理,合理的结构促进系统功能的优化,不合理的结构造成系统功能的内耗。只有通过结构的合理化,才能实现系统的功能优化。同时,任何系统都是开放的,开放导致有序,封闭导致无序,这是自然界从无机物系统到有机物系统都遵循的规律[2]。

玻姆(David Joseph Bohm,1917—1992年)是当代著名的量子物理学家和非常活跃的科学思想家。他坚持整体论,批判机械论和破碎观。他曾说:"在我的科学和哲学著作中,我主要关心的是把一般实在的性质和特殊意识的性质作为一个结合的整体来理解,这个整体绝不是静止的或完成了的,而是处于运动的和展开的无限过程之中。"玻姆从许多方面论证宇宙是一个完整统一的整体,尤其透过非定域性来阐明宇宙的不可分割性。洪定国在玻姆的《整体性与隐缠序:卷展中的宇宙与意识》一书译者序中介绍玻姆的观点时说:"玻姆反对一切形式

---

[1] 郭哲.开放创新是深化科技管理体制改革的关键[N].科技日报,2012-01-09 (1).
[2] 王伟光.新大众哲学上卷[M].北京:中国社会科学出版社,人民出版社,2014:423-437.

的机械论，提出了自然的无穷性观念。他在强调宇宙中事物的无限多样性和无限多质性的同时，又强调宇宙事物的整体性。他认为：基本实在就是存在于变化过程中的事物的总体……这个总体是囊括一切的。因此，它的存在、它的意义以及它的任何特征都不依赖于它自身之外的任何别的东西。就这种意义而言，变化过程中的事物的无穷整体是绝对的……变化过程中事物的总体只能借助于抽象序列来表征，而每一个抽象只能在有限范围内、有限条件下及适当的时间间隔内才可能近似有效。这些抽象之间有着许多可以合理地被理解的关系。因此，它们代表着处于相互倒易关系之中的种种事物；每一个用某一具体抽象所表述的理论，有助于界定用别的抽象表述的不同理论的有效域。"

玻姆又是一位生成论者。他提出"生成序"（generative order）概念，用以表明，任何事物都有一个发生、发展、生长、成熟、衰老和消亡的过程。生成序就是用来表达事物生成和形成的序。玻姆研究学者张桂权对生成序做了这样的解释：第一，生成序与事物的发展和进化有关，但不是其外部方面，而是事物内在的生成机制；第二，生成与创造有关，事物的显现形式创造性地产生于生成序。

玻姆的整体生成论大致可概括为：第一，宇宙是一个不可分割的整体（undivided wholeness），那种分离、分割的破碎观（view of fragmentation）是一种幻觉。第二，部分是由整体生成的，整体从逻辑上先于部分。第三，我们的理论应被看成看待整个世界的一种方式，而不应被看成"关于万物本身的绝对真知识"。万物本身是一个不可分割的整体，而许多理论常常使其破碎化了，即被分割、分解了。第四，物质与精神、心和物形成一个不可分割的整体[1]。

---

[1] 金吾伦，蔡仑. 对整体论的新认识 [J]. 中国人民大学学报，2007（3）：2-9.

VISA（维萨）组织创始人迪伊·霍克在他的《混序组织的诞生》（Birth of the Chaordic Age）一书中引用贝特森对信息的定义："信息是一种造成差异的差异。"据此，迪伊·霍克提出，新信息可以消融旧有疆界，并且创造出让新关系形态得以出现的条件①。在新科技革命和全球变局的推动下，创新推进科学和技术不断逼近极限和本原，人类的创新思维将推进科学与技术在宏观、中观、微观尺度上探索最复杂、最基本的命题，对社会系统、经济系统、生命系统、生态系统和网络系统等进行在多学科基础上的复杂系统的研究，将对经济、社会和人类自身的发展产生重大影响。科技更新的速度越来越快，近几十年来人类取得的科技成果比过去2000年总和还要多。学科间的交叉和渗透，导致跨学科领域不断萌生，最终形成了许多具有确定概念和方法论的综合性新学科、新领域，科学发展将在更大程度上依赖多学科、大跨度、深层次的交叉、渗透和综合。在复杂的非线性的巨系统中，初始条件的微小变化将会带来系统状态的巨大偏离。只有综合运用自然科学和人文、社会科学的知识以及先进的技术手段，才能形成解决问题的最佳方案②。

科技、经济和社会的深度融合，塑造了这一轮变革最大的趋势，形成新的生产力，构建新的生产关系，塑造新的公民。交叉融合创新是新一轮科技革命和产业变革的动力基础和演化走向，其底层逻辑就在于多学科的大尺度交叉、跨学科跨领域的综合集成。创新不再是在一个组织内完成，而是在多个组织间进行。创新不再孤立产生，几乎所有的创新过程都是社会性的和互动的。集成创新基于学科交叉融合及智能技术发展愈加成为主流创新模式③。跨学科交叉融合是知识生产的一种隐形结构，实质上是在学科边界之间革新认知框架的重要活

---

① 金吾伦，蔡仑. 对整体论的新认识 [J]. 中国人民大学学报，2007（3）：2-9.
② 徐冠华. 大力构建有利于创新的文化环境 [J]. 中国软科学，2001（3）：1-7.
③ 陈双凯，杜静玲，徐利军，等. 核科技与量子科技领域交叉融合的实践与战略思考 [J]. 全球科技经济瞭望，2023，38（Z1）：10-18.

动，可有效弥补学科专业化、精细化发展所带来的认识论上的割裂[①]。教育体制已逐渐开展跨领域交叉融合人才的培养，并前瞻性地拓展到青少年。

从"格物致知"到"博物致知"，学科领域越分越细，已经不能适应当代创新发展需要，必须回到系统论这一研究科技经济社会视角。科技馆作为人类科技文明聚集地，深刻把握集大成的系统创新成为创新方法变革主导模式和趋势，推进"观万物而致知"，以最活泼的创新实践打造最生动的传播局面。通过跨界协同实践，激发"0-1"原位转化。引导公众用有机论、系统论的视角审视当代科学、技术和产业发展的内在规律，这是应对乃至引领这轮科技产业变革必须具备的一种基本创新方法。推动公众亲身实践不同领域科技的创造性融合，感悟各领域相互协同产生的共振现象和共鸣作用。

2024年以来，中国科技馆以博物学推进探究为核心的"博物致知"，以系统观、整体观展现科技的生产和创造，推动创新的新范式体验，帮助公众建立不同学科间的联系及人与自然、社会的关系，感悟科技对社会改造和文明塑造的不断增强的能力，了解新的科研范式确立引发的科技活动组织方式、交流渠道和协同机制的重新构建，以及数据驱动、开放科学跨界融通众多学科、领域，科学的社会功能不断拓展。培养公众在面对科技变革时具备正确的价值判断和行为选择能力，使他们更好地应对复杂的挑战和问题，敢于跨越单一领域、单一机构的界限，实现不同主体之间的融合和协同，共同推动创新发展。真正使科学文化走出"经院"，在塑造社会文化的新潮流中发挥更加显性的作用。

博物学发展脉络及主要研究视角如图5-1所示。

---

① 武建鑫，王嘉琳.跨越边界的知识生产图景：学科交叉融合的研究态势及前瞻审思[J].中国高校科技，2024（5）：6-14.

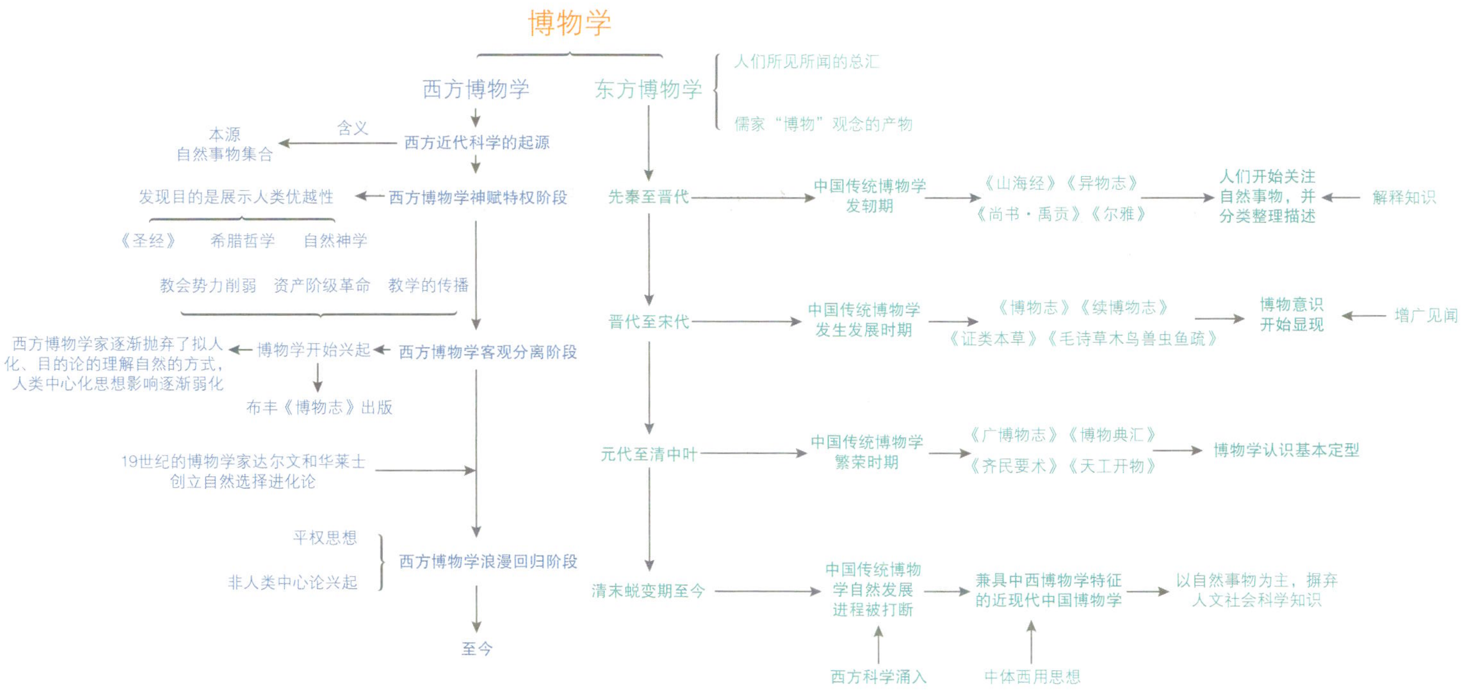

第五章 科技馆展教研一体化策源驱动国家创新系统增效

图 5-1 博物学发展脉络及主要研究视角 [1][2][3]

① 周远方. 中国传统博物学的变迁及其特征 [J]. 科学技术哲学研究, 2011, 28 (5): 79-84.
② 刘华杰. 理解世界的博物学进路 [J]. 安徽大学学报（哲学社会科学版）, 2010, 34 (6): 17-23.
③ 朱昱海. 从数学到博物学：布丰《博物志》创作的缘起 [J]. 自然辩证法研究, 2015, 31 (1): 81-85.

185

中国科技馆聚焦新领域、新赛道，携手各方共建联合实验室，打破传统界限，促进跨学科、跨领域的交流与合作。在这里，科研人员、教育工作者、企业家以及广大公众共同参与，围绕共同关心的科学问题、技术难题和产业需求开展深入研究与探索，推动科技成果的转化与应用，促进科技创新与产业发展的深度融合，也为公众提供更多参与科技创新的机会，激发全民创新的热情与活力。这一举措无疑将为我国科技创新事业注入新的动力，推动社会经济的持续健康发展。

中国科技馆与中国航天科技集团共建"太空探索"展厅，提供火箭发动机、航天员座椅、神舟与天宫实物模型等。"一滴油的奇妙旅行"互动探秘科普展由中国科技馆和中国石化共同举办。中国科技馆与中国移动联合共建"互联5G时代"主题展览，设置科研实物展示、传统机电展示、大屏幕多媒体交互等不同展示方式，加深观众的体验感，并邀请了中国工程院、北京邮电大学、中国信息通信研究院以及来自中国移动研究院、中国通信标准化协会、华为公司、中兴公司的行业专家进行咨询，促进展教研深度融合。中国核工业集团有限公司与中国科技馆、中国核学会共建"核能应用"展区。多家企业协同参与"感触智能魅力"展厅，分别与腾讯（智能识别技术）、哈工大集团（特种机器人）、美的公司（服务机器人）、小米（智能系统）、科大讯飞（星火大模型等）在"追踪前沿"短期展区合作展示其最新的人工智能与机器人产品技术；展览开发项目包括哈工大集团的工业机器人、海尔集团的智能制造生产线、达闼公司的服务机器人、优必选公司的双足机器人、杭州云深处公司的四足机器人等。

中国科技馆是个"大学校"，以正在成形的北辰实验室为社会形象，在加强自主研发能力基础上，与高校、科研机构等广泛合作，探索构建广泛联系产学研各个主体的产品创新枢纽、研发平台和工程转化平台。与清华大学共建"展品创新设计实践基地"，连续 8 年组织学生进行展品创新设计，打造开放性、高水平的科普展品创新设计平台和大学生工程实践教育平台。与重庆大学共建"科普创新实验室"开展科技成果科普化，通过征集、遴选、方案设计、加工制作等流程实现展品创新，服务科技工作者提升科普能力。此外，还与中船七一四研究所、中国造船工程学会共建"海洋科幻实验室"，与中国航天空气动力技术研究院共建"空气动力与未来飞行科普实验室"，与科学技术文献出版社共建"科技展教研大模型联合实验室"，与华大集团共建"生命科学前沿科普实验室"，与北京通用人工智能研究院共建"通用人工智能科普实验室"，与天津美术学院共建"科学传播与艺术实验室"，以此突破传统科普形态，打造新热点。此外，还与北京科技大学等开展战略合作，联合开展科普实践基地建设、展览研发及人才培养。围绕航空航天、元宇宙和芯片等前沿科技与"卡脖子"关键核心技术新突破等创新展览，并研发一批原创展品。推动中华优秀传统文化在科普领域的创造性转化和创新性发展，打造科学文化精品力作：站在人类文明发展、中西文化交融互鉴的角度，围绕数学与文明之间相生相伴的关系，举办"殊方同致，数铸文明"展览；深挖古代科技背后的中华文化根脉和民族创新精神，推进古代科技展览研发，利用先进展示手段，让古代科技文物和科技成果"活起来"；策划科学文化类访谈节目，推出《文明的烛火》舞台剧，探索与国家级艺术团体共同创排的合作机制。

借助北辰实验室的创新机制，中国科技馆密切与科技界、教育界、产业界联系，聚焦新领域新赛道，逐步构建跨行业、泛主题、多类型、新机制的科普实验室矩阵，努力将科技馆建设成为科普展教研一体化创新的策源地、科普资源跨界协同平台和科学资源汇聚中心。面向公众的社会实验室作为有效连接源头技术和需求端的载体，以社会问题为导向，将科学研究、教育实践和产业需求融为一体，也为技术创新提供前所未有的社会实验场景，创造科技界、教育界、产业界协同创新格局。

识别社会需求背后的技术缺口或不足之处，并评估需求与技术之间的差距，对于科学家乃至全社会来说，都至关重要[①]。科学发展、科技创新与社会需求浑然一体，是布局新赛道、赢得先机的必由之路。

尊重并支持企业对产业和市场竞争前沿趋势的判断，汇聚各方智慧，建立技术预测等机制，形成对企业创新的战略信息支撑体系和重点技术选择的有效机制，以此为基础，推动公共科技资源聚焦企业创新战略重点。中国科技馆联合企业共同推进中小科技馆建设，深化中国企业公益科普联合倡议机制，探索推广由地方政府、企业、科技馆三方共同参与的中小科技馆共建模式，在已建成 2 座的基础上努力推动建设更多中小科技馆。

广东科学中心创意机器人科技创新实践活动自 2011 年开始实施，以 STEAM（科学、技术、工程、艺术、数学）教育理念为引导，提炼现实中多种复杂机器人系统的核心思想，设计适合青少年的教育机器人简化模型，重新构建认知模式，大大降低普通青少年对机器人的认知和制作门槛。创意机器人研学课程主要应用于大规模研学、春秋游等场景。以生动的角色扮演和科学表演，让学生在角色的问答过程中感受机器人相关原理。广东科学中心创意机器人课程内容、研学现场如图 5-2、图 5-3 所示。

上海科技馆与上海东方艺术中心共同策划了上海科普大讲坛的科学与艺术系列讲座。作为上海东方艺术中心"艺术+"的首个项目，其跨界合作给公众带来了独特的科学认知体验，

---

① 伊惠芳，刘宁，单晓红，等. 基于需求—技术联合分析的技术机会发现研究 [J]. 情报理论与实践，2024，47（5）：18-29，47.

也丰富了公众对科学与艺术的理解。

科学 S	技术 T	工程 E	艺术 A	数学 M
机器人概念	电路连接	螺丝刀的使用	折纸装饰	时间单位转换
机器人处理信息流程	节点法	扳手的使用	绘图比例	算术加减运算
认识木板材料	万用表的使用	工具尺的使用	传统节日文化	物体的相对位置
认识导电材料	认识面包板	美工刀裁剪方式	造型设计	时间计算
电路通断	碰撞开关控制	木板结构拼插设计	不规则立体造型设计	if条件判断
电路串并联	认识马达	无人车车体结构设计	拼贴装饰	真假命题
动物特征	认识电子元件	越野结构设计	场景模型制作	多分支条件判断
鼹鼠的习性	电路排查方式	四足运动结构设计	小车造型制作	数学比较
四足运动步态	认识单片机	联动结构设计	动物造型设计	随机数
蝙蝠回声定位系统	认识编程	太阳能板开合结构设计	不同结构的分拣机	四则运算
声音的产生	掌握鼠标的使用	传送带结构设计	学习色彩语言	认识坐标
声音的传播	随机数的创建	巡线路线设计	影视中的科技武器	for循环
超声波工作原理	多变量运算	自动分拣工作原理	机器人种类	大小比较
可见光与不可见光	红外巡线传感器	分拣抓取结构设计	机器人外观设计	数值范围划分
光的三原色	超声波测距传感器	工程思维之定义问题	展示与评比	正比例
光线的强弱	颜色传感器	工程思维之计划并实施		反比例
红外传感器工作原理	光线传感器	工程思维之测试与优化		距离测量
太空探测技术	舵机控制	工程思维之重新设计		函数
认识舵机	声音传感器	工程思维之总结交流		
颜色检测原理	变量与赋值			
红外巡线原理	控制舵机摆动速度			
太阳能充电原理	数字口			
	超声波传感器			

图 5-2 广东科学中心创意机器人课程内容

采用跨学科、跨产业的创新资源组织方式推进协同，将晦涩难懂的科学原理转化为生动有趣的互动体验，激发公众对科技创新的兴趣和热情，鼓励更多人用科学原理理解世界，支持科学、促进发展①②。利用多种新兴技术手段，有效地联结各类多元主体，促进不同学科和技术之间横向联合、交叉渗透，推动不同领域科技的创造性融合，使各领域尽可能地共振共鸣，推动解决复杂科技创新问题、重大人类生存和发展的复杂共性问题，是科技馆为驱动和激发"0—1"原位转化做出的不可替代的重要贡献。

---

① 陈锵. "数字探索，触手未来"数字应用场景公众体验展在陕西科技馆开展[EB/OL]. (2023-05-13) [2024-07-23]. https://m.cnr.cn/shaanxi/xw/xwzt/20230513/t20230513_526250067.html.

② 徐国文. 肃州：科技馆升级更新 解锁更多新玩法[EB/OL]. (2024-07-10) [2024-07-23]. http://gs.news.cn/shizhou/2024-07/10/c_1130177073.htm.

图 5-3　广东科学中心创意机器人研学现场

2　馆学融合，科技馆引领展教研一体化变革进程

创新系统本质是学习系统，一体化创新策源是交叉融合创新的基础，更是"有效学习"的前提。从单一技术的开发到应用、从研究机构到企业之间的线性知识流动和反馈回路，已演变成多回路、网络化、交叉性、多机构、互动性的模式。即使是最有能力的组织也必须把识别、获取和利用外部知识源作为创新的核心过程。由"单打独斗"转向"结网发展"，协同创新的平台更为重要。

磁云科技创始人、京东终身荣誉技术顾问李大学在第二届全国大宗商品电商峰会上演讲，首次提出"去链结网"是产业互联网的终极形态。李大学指出，只要是一条链，链上任何一个节点的延迟，都会造成整条链的延迟；链上任何一个节点破坏规则，也会造成整条链的乱和无序。需要将链式思维提升到网络思维，即"去链结网"，将整个产业的各个价值点扁平化、网络化，这样路由就可以自由重构，整体效率才可以大大提升。

应对以科技创新为核心的国际竞争，国家的"大众动员"能力上升为赶超、领跑的关键，如何以体系化、网络化的能力建设为着眼点，畅通创新要素的流动渠道，提升创新体系的网络联系，不仅是新型举国体制动员能力的核心，也是中国科技馆体系服务大局的重要使命。

中国科技馆体系为教育科技人才一体设计贯通发展提供了紧密结合现代化建设巨大多元场景的实践平台，通过"创新策动"打造"创新之源"[①]，实现创新策源能力的显著提升。创新的复杂性和交互性决定了单一主体无法"包打天下"，必须善于调动一切有利因素为我所用。提高效率的方式从传统的通过组织变革加快物理空间沟通速度，近年来逐渐上升到人才培养层面，每个人具备多维知识储备，通过跨学科的方法提升分析探究问题的能力。中国科技馆体系应驱动越来越多跨组织、跨部门、跨地域的创新互动，促成各种形式的全球创新网络，衍生多种多样的跨界协同创新柔性组织，基于对基础研究、技术研发、科技成果转化和产业化融合的深度理解，实现展教研一体化，具备持续推动科学发现、技术发明、产业发展的链接和资源供给能力，成为聚焦国家战略、始终与时俱进的高水平科学教育内容供给的源泉。

---

① 敦帅，陈强. 创新策源能力：概念源起、理论框架与趋势展望 [J]. 科学管理研究，2022（4）：33-41.

德稻集团构建的德稻全球创新网络平台（DGI Network）是一个跨国界的创新架构，它结合了社会性与商业性的特点（也就是"社会团体＋公司"模式），以此来整合和利用世界各地的创新活动和资源。这个平台致力于集合不同国家和产业领域的专家、领军人物以及专业人才，进而打造一个包含教育创新平台、知识资本服务、金融服务，以及大师工作室等在内的全球性创新资源网络。DGI Network 利用其遍布全球的创新网络，正积极塑造一个以微弱联系和影响为特征的"行业垂直互联网"创新服务平台，通过这个网络，外部的个人、企业、研究机构和其他组织能够接入并享受来自全球的多层面创新服务。

我国科技馆的起源是对国际先进经验的借鉴和学习，以开放的心态融入世界。统计报告显示"十三五"期间，全国科技馆新增169座，建筑面积新增逾137.6万平方米[1]。各地科技馆因地制宜，逐渐走出从众模仿的桎梏，建设体现地区历史文化传承、具有专业和专题特色的科技馆。2023年，各省[2]实体科技馆总数增长到477座（图5-4），全年服务公众近9000万人次。流动科技馆（含区域换展）巡展779站，服务公众2394.4万人次。科普大篷车全年开展活动2.9万次、行驶里程257.1万公里、服务公众2059.3万人次。农村中学科技馆全年新建48座、累计建成1172座，累计服务公众1465万人次。中国数字科技馆资源总量达18.55 TB，日均页面浏览量达415万次，用户数达1700余万人。2000—2023年全国[3]科技馆数量和规模情况如图5-5所示。随着经济社会发展水平的提高，公众对科学文化的需求与日俱增，但场

---

[1] 中国科协关于印发《现代科技馆体系发展"十四五"规划（2021—2025年）》的通知[EB/OL].（2021-12-17）[2024-07-23]. https://www.cast.org.cn/xw/KXXTSHGG/syfzgh/art/2023/art_721c2e30cba142098b6fd579594e0634.html.

[2] 不含香港特区、澳门特区和台湾地区数据。

[3] 同①。

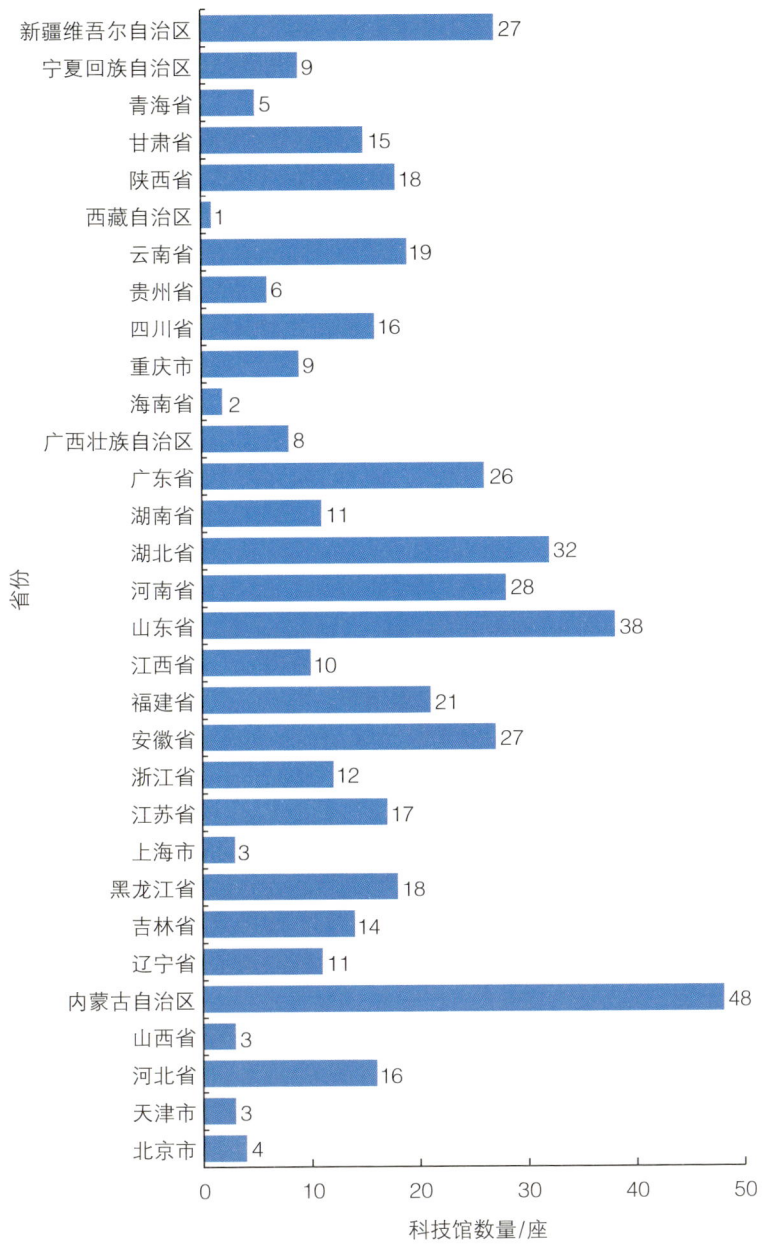

图 5-4　2023 年各省科技馆数量

馆内展品多以模仿国外科技馆的经典展品为主,自主开发能力偏低,通过推广科学的理念帮助公众跟上现代化步伐,创造先进生产模式的教育引导、环境营造能力不足。充分发挥场馆的平台作用,整合社会资源,但催化跨界融合的桥梁纽带潜能仍显不足。

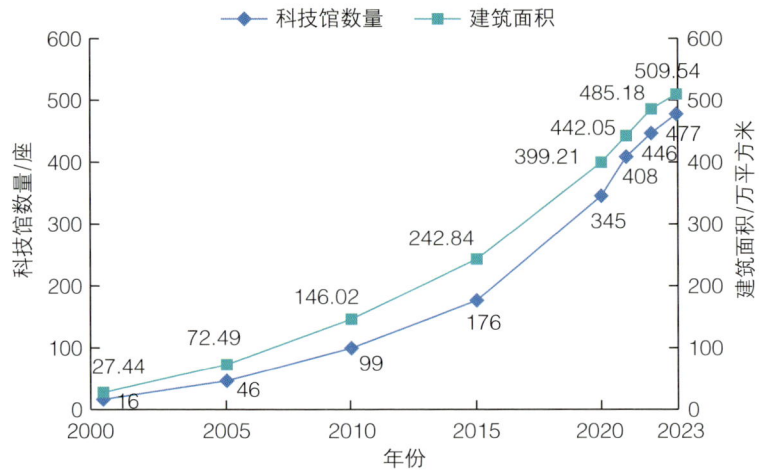

图 5-5　2000—2023 年全国科技馆数量和规模情况[①]

广泛结网融合,全面优化中国科技馆体系的辐射能力,提高产学研资源的虹吸和配置能力,提高惠及的人才密度、服务的信息密度,是中国科技馆体系适应时代变革、助力提升系统效能的重要职能。增强辐射能力,有效整合省市县科技馆体系信息、技术、服务、人才等要素,发挥组织优势,增强规模效应和协同效应。加强与教育主管部门协作,深化馆校合作长效机制,将优质科学教育资源辐射至中小学校。优化馆校结合机制,鼓励中小学到科技馆常态化开展"科技馆里的科学课",加强馆校师资深度联动。加强不同行业、组织之间的密切联系,形成有效调动各种社会资源及其能动性的社会化协同运行机制,构筑协同共赢的良性循环发展模式,提高产学研资源的虹吸能力和优化配置能力。聚焦公众日益增长的精神文化需求,深化馆政合作、

---

① 不含香港特区、澳门特区和台湾地区数据。

馆校合作、馆企合作，构建优势互补、协同攻关的优质科普资源供给机制，开辟展教研一体化科普供给新模式。激活科学普及资产，消除信息隔阂，整合博物馆、文化中心、艺术馆、图书档案馆等公共文化服务机构，利用现代物联网、大数据技术促进科学技术博物馆网络与其他文化设施在职能、资源、地域覆盖等方面的深度信息流通发展协同。将国家级科技场馆融入国际创新网络，为国际合作搭建桥梁。以制度化建设和联动机制建立中国科技馆体系多元主体之间的行为协同，以利益共享充分调动多元主体参与的积极性，促进多元主体间形成相互支撑、互惠互利的合作关系，吸引更多社会资本投入中国科技馆体系建设，为全面创新注入新的动力，为中国式现代化提供有力支撑。

近年来，湖南省科学技术馆围绕"馆校合作"方向，做好科学教育加法。一是开放"STEAM 周末科学营"，在周末和节假日面向 6～12 岁学生开放免费的科学课程，并鼓励学生动手体验，在动手体验中激发科学兴趣，出版了《馆校结合 STEAM 科学实践指南》一书。二是开展"科技馆课程进校园"活动，"三点半"科学课程走进长沙市 20 所中小学校，服务学生 5000 人次。三是开展"同上一堂科学课"活动，把全国范围的优质科普课程和资源带到学校。

宁夏科技馆科教联盟深化合作模式实现资源供给。广泛联合全区市县科协（科技馆）、科普（研学）基地、有关高等院校、学会（协会）、科技企业及科教机构，打造"馆校会地企"科教联盟，深入开展宁夏"蒲公英"科教育苗提质行动，绘就协同育人"同心圆"。

浙江省湖州科技馆牵头成立湖州市科普场馆联盟，德清地理信息科技馆、安吉生态博物馆等十几家场馆加入联盟，发挥场馆集群效应，变"独唱"为"合唱"，实现多方"共赢"。以绍兴科技馆为代表，牵头开展科技文化场馆合纵连横、融合发展，对接市图书馆、文化馆、博物馆、气象博物馆、数学会等场馆，跨界组建"绍兴市科技文化场馆联盟"，联合开展"科技赋能乡村振兴"和助力"双减"活动。

上海科技馆统分有序、融合共享，作为综合性科学技术博物馆集群，不仅拥有博士后科研工作站和A类学术期刊，还被授予全国文化与科技融合示范基地。开创了展教合一、交叉融合的科学教育新赛道，通过"科技＋文化""资源＋服务""线上＋线下"等新手段，推动了场馆教育的创新。同时，它构建了层次多元、双向策源的科研支撑新体系，整合三馆科研资源，设立了五大中心和展教中心，推动了科研科普化和科普科研化的"大科研"体系。

广东科学中心通过牵头成立广东省科技馆研究会、广州科普基地联盟和粤港澳大湾区科技馆联盟，汇聚了近200家成员单位，包括香港和澳门的科学馆，共同推动科普资源的共享与创新。通过这些平台，广东科学中心不仅成功举办了"科趣创梦"科普联展，还落地了多项科普巡展，并引进了国际临展，有效促进了区域内科普活动的创新发展。

经过多年的发展，湖北省全省已建成62座科技馆（其中，达标科技馆①32座），有19座科技馆被纳入全国科技馆免费开放试点，18座县（市）科技馆被纳入省级科技馆免费开放试点。湖北省科技馆联盟已经吸收42座省内各级科技馆，组建了科技馆行业专家组，将弘扬科学家精神与科普教育融合，开发体验活动。

2023年5月9日，黑龙江省科技馆、吉林省科技馆、辽宁省科技馆和内蒙古科技馆成立东北三省一区科普场馆联盟，首批加入联盟的有111家科普场馆，实现辽宁省、吉林

---

① 达标科技馆指达到《科学技术馆建设标准》的科技馆，具体而言，需同时满足下列条件：①以科普教育为主要功能，拥有常设展览，以互动体验、动态演示型展品为主要展示载体；②常设展厅面积1000平方米以上。前文提及的截至2023年底，全国建成并对外开放科技馆477座，以及图5-4均为达标科技馆的数量。

省、黑龙江省科技馆跨省域科普资源开发、信息共享、人才交流、活动和展陈协作联动。

安徽省科技馆开拓"馆校合作"新形态。选择与城区中心校、教育集团优先建立"馆校合作"关系，进一步扩大科学教育受益面。在"馆校合作"工作上突出协同育人，派员担任多所中小学"科技副校长"，搭建"前沿科技、高新技术"与中小学间的桥梁。同时发挥资源优势"鱼渔双授"。在向"馆校合作"学校学生提供科普资源的同时，注重学校教师科学教育能力的提升。80%以上的"馆校合作"学校成立了具备开展科学实践能力的科技社团。

重庆科技馆以开放促发展主动"破圈"，通过增强科普场馆链接、科技资源科普化发展等措施，积极探索科普组织和动员能力建设路径。建立科普活动链接、教育资源链接、区域协同链接"三项链接"。推动"三方合作"，搭建科普联动协同平台，构建高校、中小学、科研院所、企业等多元主体共同参与的科普发展生态圈。助推科技资源科普化建设，推动科研—产业—科普共享发展。助推馆校融合发展，进一步促进场馆科学教育与学校教育融合发展，丰富馆校合作、融合共建具体内容。助推跨界融合发展，加深与科技文化场馆的合作交流，积极挖掘科技馆与各级学会在人才、学术和平台等方面的资源。

贵州科技馆增强横向协同，坚持以"连接·共享·服务"理念为引领，不断探索多元主体参与中国科技馆体系建设的合作机制，积极联动学会、高校、科研院所支持科技馆体系建设，合作策划特色科普临展，联动开展科普活动，携手培养创新人才。

1965年4月，卡尔·波普尔在华盛顿大学的一次演讲中提出了"云与钟"的隐喻。他认为世界上有两种基本模式：一种是"钟"；另一种是"云"。"钟"意味着内外界限清晰,由不同的零部件构成,有精细的分工。"云"意味着无界限、无边界,因而没有内外之分。作为连接公众与科学、技术、创新的重要桥梁,科技馆的角色不仅仅是知识展示者和传播者,更是创新生态系统中不可或缺的融合与协同平台,以云模式驱动创新联系的无界和不分内外。中国科技馆体系作为"科普资源、科学研究资源、创新学习资源、社会联动资源、组织与基础设施共同构成的网络集成",让科技场馆与创新体系、社会需求浑然一体,通过整合不同领域的创新资源,在全球范围内促进知识的交流与技术的应用,推动不同创新主体间的合作,向跨领域、跨行业、跨国界的合作网络转变,提升创新的效率和影响力。在这一过程中,科技馆也能获得更为丰富、前沿的科技创新内容供给,能够面向公众展示科技经济文明发展的最新和真实图景。

面对现代化浪潮冲击,科技博物馆的意义已远非展示物、讲故事、提供激发兴趣的体验,而是展示整个科学技术世界。展教研一体探索大众不断增长的科学文化需求,推进科技的"博物馆现实"(museum reality)不仅是"人类活动的表现",而且"承载着特定的社会意义",深度挖掘如何获得特定现实的知识,并使之成为"获得现实世界不同方面知识的手段",同时它与存储记忆、影响意识的方法紧密相关。1980年,斯坦斯基的《作为科学的博物馆学》(Museology as a Science)一文发表,提出了重要的博物馆学学科体系,将博物馆学分为"历史的"(historical)、"理论的"(theorical)和"应用的"(applied)博物馆学。2003年,斯坦斯基提出将博物馆学分为"历时性的"(diachronic,历史博物馆学)、"共时性的"(synchronous,抽象博物馆学)、"理论性的"和"应用性的"4个层级。在他看来,这一体系可以"包含理论与实践的知识层面,并代表真正博物馆学研究的基础",从而成为一个"动态体系"[①]。科技发展的加速度不断增长,颠覆式浪潮的涌现,要求科

---

① 王思怡.博物馆化:科学博物馆学派斯坦斯基的学术理论与影响综述[J].博物馆管理,2020(4):34-44.

技馆展陈的不仅是场馆中的物品或一个信息载体,应是一件被博物馆化了的科技事物。观众在科技馆中感知到的东西,是各种相关研究产生并推进的,是科学发展、科学精神的一整套理论的系统呈现,是一个不可分割的统一体,联系着科技、产业、信息、民生、传播、交流的世界以及研究、教育、展陈的领域,都是通过科技馆体系相互作用的。

自2024年起,中国科技馆举办"论道科普"展览创新沙龙,立足于打造展览创新交流的开放性平台,每期聚焦一个话题,邀请不同领域的专家共话科普。通过集聚多方智慧,跨界融合,交流碰撞,共同为科技馆展览创作注入源源不断的创新灵感。已举办多期沙龙,主题包括"科幻创作""基础科学的科普新表达""国际视角下的科技馆展览展品创新模式""围绕儿童教育的科技馆展览创新""科普新格局下的泛在科技馆构建""科技博物馆的未来:破壁·跨界·升维"等。与此同时,构筑立体化科普传播矩阵,形成全媒体宣传新势能。

接纳并采用当代科技馆的先进展示方式和思想,寻找和开发新的展览教育理念和路径,在保持科技馆的研究、展示、教育和收藏功能的同时,不仅增加服务和互动,更以场景为引领,围绕一个确定的主题解决真实问题,以跨学科理念开展主题式科学教育,避免单一学科的片面性影响公众对科学的理解,并设立未来场馆用于展示未来产业相关内容。强调研发能力、线上线下融合,加大展品创新投入力度,完善首台(套)展览展品研制机制,以精品力作提高吸引力、体系协同力,增强科技馆体系对社会的贡献。既要有文化视角,也要有理论视野,透过复杂的现象、复杂科技发展的图景看到本质,抓住底层逻辑,敢于做到习近平总书记讲的破解"古今中西之争",以此为核心来全面推进组织创新、制度创新。在文化引领、面向发展前沿上要通过深度交叉广泛集成创新体制，进军科技前沿普及阵地，构建广泛联系产学研各个主体的产品创新枢纽和研发平台。

中国科技馆创新开展科学方法特训营，联合高校、科研院所等，将科学方法与科学问题结合、与科技发展对接、与校内教育衔接，推出科学方法线上大师课、线下项目式学习课程和实践夏令营，创新中小学科学教育的理念、模式和路径。

北京科普"中央厨房"与虚拟展厅面向北京市辖区科普机构、社区以及科技创新主体汇聚科普资源，搭建信息与科创主体之间的桥梁，支持科普资源的流转利用，是为"科普进社区"提供优质科普内容的互联网平台①。

川渝地区的科技馆开发"云游川渝馆"益智闯关游戏，云联动加快了科普资源协同创新，实现了科技馆之间跨地域的资源共享与互动。美国国家航空航天博物馆建立了与美国宇航局的合作，与艺术界联动，开展艺术家计划，帮助传达太空计划最初进展的文化意义。瑞典诺尔雪平市政府、林雪平大学、诺尔雪平科技园和RISE互动工作室共同建立瑞典可视化中心，借助实体场馆、媒体实验室和沉浸式3D球幕影院，开展前沿的可视化研究和科学传播活动。英国科学博物馆与Factory 42工作室、阿尔梅达剧院、自然博物馆、科学博物馆集团、埃克塞特大学等机构合作，建立科学博物馆联盟，以故事和虚拟技术探寻开创性文化，旨在为观众打造文化体验场景，提高其对自然世界和科学的理解和享受。

中国科技馆面向基层形成开放孵化的辐射体系，立足基层需求，开发主题多样、模块组合、菜单配置的展览资源库并建立一个专门服

---

① 沉浸式科普视觉盛宴：北京科普中央厨房与虚拟展厅可视化技术再升级 [EB/OL]. (2024-03-21) [2024-08-02]. https://kw.beijing.gov.cn/art/2024/3/21/art_10494_674164.html.

务中小科技馆的展览资源"中央厨房",可以有效整合资源、提供专业支持,并推动科技馆整体生态的健康发展。各科技馆可以形成一个互联互通的网络,共同开发、维护和更新展览资源,展览资源可以在不同科技馆之间流动和轮换,避免资源的闲置和浪费,这种协同合作有助于增强整个科技馆生态系统的创新能力和应变能力。生态系统中的各个参与者可以共享知识和经验,促进科技馆之间的学习和交流,提升整体的运营和服务水平。中国科技馆作为资源整合和分配的中心节点,其"中央厨房"特征汇集了全国各地科技馆的优质展示内容和资源,并根据各地馆的需求进行合理调配和分发。中国科技馆"中央厨房"模式如图5-6所示。

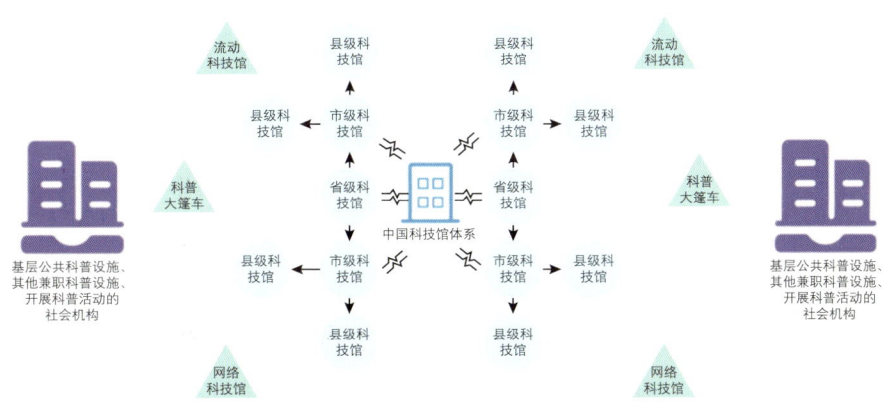

图5-6 中国科技馆"中央厨房"模式

在我国,科技馆在推动前沿科技产学研用一体化发展中具有得天独厚的政策优势和专业优势。科学作为一种提出问题的方式,使我们获得关于事物本质最可靠的知识,科学无尽的前沿激励开拓精神、探索精神在这片国土激荡。未来10年,数字化、智能化、低碳化加速融合渗透,新一轮科技革命和产业变革引发的激烈竞争,将从科技、经济层面迅速扩展至社会治理空间。智能经济、生物经济、能源经济、太空经济蓬勃兴起,开辟变革式技术和商业模式创新的主战场,重塑全球创新版图和经济结构。科技馆推动以科技创新为核心的全面创新，必须在全社会范围内凸显科技创新在大变局中的关键变量作用，聚焦新领域新赛道，使大众做足面向科学、面向前沿的准备，以体系化优势奠定强国目标实现的坚实基础。

安徽省科技馆联合中国科技大学量子科技研究领域科研团队、国盾量子等科普企业共同策划开发了量子探微主题展览，这是国内第一个全面、系统开展量子知识普及的原创展览，也是国内率先整合量子科技企业、科研院所、科普设计公司资源推动量子科技产学研用一体化发展的展览，在建设过程中充分发挥科技馆的桥梁纽带作用，推动量子科技产学研用一体化发展。通过量子科技资源科普化探索科技馆推动前沿科技产学研用一体化发展的有效途径和方法。

2021 年以来，福建省科技馆以"馆校结合"建设为抓手，探索校内外科学教育互融互促的有效运行机制，建立起科学教育资源共建共享的全省科技馆体系"中央厨房"。积极探索优质科学教育资源研发新途径，加强以省馆自主开发、馆校合作开发和馆馆联动开发为主要途径的开发工作。2023 年 12 月，举办"科学之夜"大型跨年科普活动，吸引包括馆校结合基地校师生在内的 4.5 万名观众来馆参与，205 万余人在线上"围观"。

天津科技馆发挥天文科普的特色优势，探索互联网＋科普模式，探索新形势下的天文科普活动新范式。充分利用互联网直播的模式，联合各地兄弟场馆共同开展天文科普活动。2023 年中秋节，联合上海天文馆、深圳西涌天文台等地开展线上直播赏月，广大公众通过微信视频号、津视直播等平台同时欣赏来自天津海河、上海天文馆、杭州西湖、深圳西涌天文台等多地的满月升空美景。2024 年元宵节，联合北京天文馆、吉林省科技馆共同开展天文观测慢直播活动，公众可以足不出户欣赏到天津、长春、北京等多地的满月美景。活动直播先后被新华网的微博、央视频等国家级新媒体平台转载，引起公众广泛关注，观看量每次均可达数百万人次。

推进科技馆成为中国科技馆体系的高质量内容策源和供给中心，推进科技馆体系成为国家创新体系的重要力量。中国科技馆体系将进一步促进全国科技馆之间的资源共享与合作，建立起与研究机构、高校、企业的展教研创新联盟关系，推动建立跨组织、跨部门、跨地域的创新互动和创新网络。围绕"四个面向"，致力打造全民科学中心，努力满足公众多样化科学文化需求，加强科技前沿和科技成就传播理解，凝聚全社会创新自信，形成全民理解创新、支持创新、勇于创新、善于创新的良好氛围。

3 以人为本，科技馆构建超级互联生态驱动广泛的行动者网络

恩格斯曾经说过，人的意识是"地球上最美丽的花朵"。意识并不是人的头脑中主观自生的，更不是从来就有的，它随着人类社会的产生而产生，随着人类社会的发展而发展。思维活动是一种社会现象，从来不存在什么抽象的、超历史的、永恒不变的社会意识，时代的变迁，社会形态的更替，决定着观念的转变和新的社会意识的形成。"大众哲学"形象而又深刻地诠注了思想理论、精神文化的巨大威力，阐释着人的思维、意识在认识世界和改造世界中所具有的巨大能动作用。意识等思维活动具有预见的作用，起着确定目的、目标和任务的作用，指导人们制定行动路线、计划，选择较优方案、方法等作用，调节与控制人们的行动，规范和调整社会成员的关系和行动。正如毛泽东主席讲到的："群众知道了真理，有了共同的目的，就会齐心来做……群众齐心了，一切事情就好办了。"意识等思维活动的多方面能动作用是相互联系、相互影响和相互制约的，它们调整着全部复杂的社会生活进程，成为指导实践、改造世界的强大力量，会极大影响事

物发展过程[1]。

麦特卡夫定律显示，网络的价值与该网络内节点数的平方成正比，个体、组织要重新思考它的本源价值[2]（图5-7）。它带给我们启示：创新的魅力在于链接，表层是创新要素节点的叠加，背后则是信息流、资金流、创新思想的汇聚、碰撞与辐射，并虹吸周边节点和对它们进行引领带动[3]。人机物融合的互联时代，科技馆作为科技建制与公众连接的桥梁，其价值将随着包含公众、创新主体、人工智能等人机物在内的节点的不断扩展而呈现指数级增长。这一变革不仅体现在物理空间的互联上，更在于人机物网络节点的数量、质量及其深度融合互动所带来的全新体验、碰撞与认知。

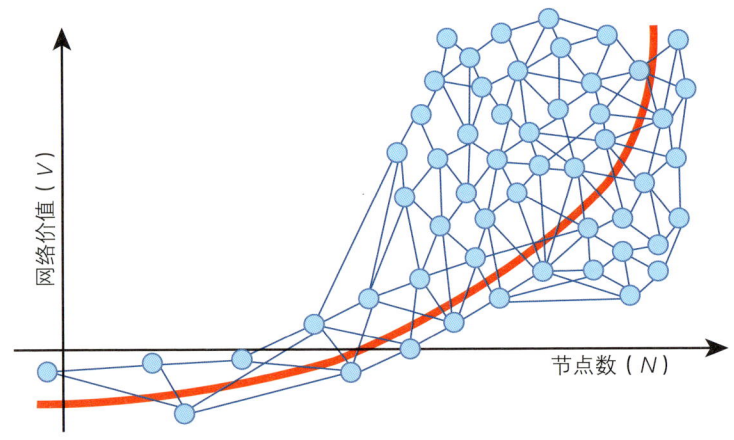

图5-7 麦特卡夫定律：节点数越多，网络价值越高

万物互联时代的科技馆生态中，科学家与公众在科学上是平等的。个人作为重要节点需要从"产品消费者"转变为"数据提供者""网络参与者"。组织需要从"产品生产者"转变为"网络平台运营者""价

---

① 王伟光. 新大众哲学：上卷 [M]. 北京：中国社会科学出版社，人民出版社，2014：166-196.
② 包云岗. 关键核心技术的发展规律探析 [J]. 中国科学院院刊，2022，37（5）：636-641.
③ 郭哲. 创新策源能力形成的系统视角 [Z]. 2020.

值共创者"。大数据挖掘和智能算法,不仅能够让人们从更宏观的视角审视问题,发现以往难以觉察的规律和联系①,也促进了大众参与科学、体验科学的科技馆生态体系构建。在这个线上线下有机生态中,科学家和公众能够实时交流思想、协同工作,彼此的互动不仅不受物理空间的限制,更使得跨学科、跨地域的碰撞成为可能。在这个系统中,不同背景的研究者、行业专家、爱好者等都可以贡献自己的智慧和资源,共同推动科学的进步。科技馆体系也积极与外部环境互动,通过开放数据和开源平台,吸引更广泛的社会力量参与,这种开放性不仅促进了知识的自由流动和创新资源的充分利用,而且有助于建立一个开放、协作的创新生态系统②,从而有力促进创新思维的碰撞和新想法的产生。

科技的快速迭代驱动人类全面进入了终身学习时代。传统社会中的"认知"很可能在一定程度上成为新社会形态的"无知"。获得知识、信息的渠道多样化,成本大幅降低,使得大众获取知识的能力、利用各种技术工具和平台自我学习的能力变得越来越重要。同时,近年来,社交网络、自媒体和人工智能技术的迅猛发展和广泛深入应用,使意见和知识混杂在一起,虚假信息、个人情绪化的言论和真知灼见相互交织。哈根(Hagen)等③、Chen 等④的研究发现,社交媒体中的算法对政治极化、错误信息和虚假信息的病毒式传播起着关键作用。这些算法通过筛选和推荐内容,可能无意中加剧了社会分裂和误

---

① GROSSI V, GIANNOTTI F, PEDRESCHI D, et al. Data science: a game changer for science and innovation[J]. Int J Data Sci Anal, 2021 (11): 263-278.
② CAO L. Trans-AI/DS: transformative, transdisciplinary and translational artificial intelligence and data science[J]. Int J Data Sci Anal, 2023 (15): 119-132.
③ HAGEN L, NEELY S, KELLER T E, et al. Rise of the machines? Examining the influence of social bots on a political discussion network[J]. Social science computer review, 2020: 089443932090819.
④ CHEN C F, SHI W, YANG J, et al. Social bots' role in climate change discussion on twitter: measuring standpoints, topics, and interaction strategies[J]. Advances in climate change research, 2021, 12 (6): 913-923.

导公众。胡萨尔（Huszár）等①提出了不同的观点，认为算法更多地扮演了放大器的角色，强化了大众已有的声音和观点，暗示算法本身并不创造内容或直接导致极化，而是通过其机制加强了现有的社会趋势。需要注意的是，人们对交互对象的共情反应，并不总是基于对象是否具有生命或思维②，即使是简单的AI智能体，也能够通过社交媒体等平台影响社会活动，改变公众的策略和人际互动方式。特别是当算法能够在网络公共话语中与人类展现相似的表达能力时，它们能够影响特定人群的观点，并产生长期影响。AI智能体被视为新兴的社会行动者，它们在人际交往、社会秩序构建及社会发展等方面具有一定的作用。这对大众辨识不同信息、理性对待各种意见的态度以及批判精神有了更高的要求。

随着科技对世界与人的全方位深度介入，新兴科技与人类生产、生活关系更加紧密，理解和应用新兴科技不再是少数精英群体的专利，而是大众化、普遍化的需求。以前，科技在社会中的应用周期相对较长，对科技的社会影响较大，人们有较为充裕的时间进行思考和选择，而且专家团队在其中起主要作用，而现在则需要专家和公众、政府、企业等主体在近乎相同的时间里共同去应对。科学发展不只是科技工作者或者专家们应该去考虑的问题，也变成了公众需要去考虑的问题③。

在科技馆这个生态系统中，科学、创新不再只是少数精英的专利，变得更加开放和包容，以广阔的场景拥抱公众。科技馆没有以所谓的文化标准给参观者分为不同类型，每个人都能在这里找到自身的映象、关切与科学文化需求，它向每一个寻找新事物的普通人敞开怀抱。科技馆是"展品银行"，是通过科技展品传播知识的学校，是一个

---

① HUSZÁR F, KTENA S I, OBRIEN C, et al. Algorithmic amplification of politics on twitter[J]. Proceedings of the national academy of sciences, 2022, 119 (1): 1-6.
② 王亮. 社交机器人"单向度情感"伦理风险问题刍议[J]. 自然辩证法研究, 2020, 36 (1): 56-61.
③ 李正风, 武晨萧, 胡赛全. 关于新时代公民科学素质的再思考[J]. 科普研究, 2021, 16 (2): 18-23.

公众会面的场所，也是一个特别适宜创造新文化形式、新社会关系并为个人和社会群体面临的最现实的问题寻找解决方案的场所[①]。

在一个传统规范被质询、新规范形成探索维艰的时代，该如何进行青年教育？该如何弥补青年教育项目的缺失？这些问题是全世界都在面临的挑战。青年比以往任何时候都更需要一个引人入胜的教育项目来满足他们对创作、传奇、发现和理想的自然而健康的渴望。科技馆良好的教育结构能为青年提供亲自参与的机会，使青年在获得新知识的同时获得第一手的经验。当代的科技馆在青年群体的教育结构中扮演一个重要角色，因为它不仅能展出各种各样的科技事物，还能展示它们的特性、功能和用途，启发探索的热望。对于青年参观者来说，信息、真实世界就和他们的个人经历联系在了一起，给他们带来无穷无尽的更深层次的教育效果和努力方向。这种体验帮助青年形成一种真实的价值观，促成个体的成功，并最终给社会也带来成功[②]。

做好公众调研，了解他们的参观需求、兴趣指向、参观体验等内容，可将观众按照兴趣、动机、情感、心理等，经常参观、偶尔参观、第一次参观等，休闲娱乐、学习科研、兴趣爱好等，以及职业、居住地、教育程度等进行分类研究，帮助公众将参观体验转化为有利于个人发展的资源和动力。例如，对于儿童，应注重促进他们在科技馆氛围中认识新事物，培养他们观察的兴趣，可以针对儿童好奇心强、爱玩、有求知欲等特点增加互动性相关教育内容，让儿童带着思考参观，用自己的方式思考问题的答案。青少年思维意识发展成型，应注重科技馆与学校教育间的联系，为他们提供多样化的学习内容，使他们获得直接经验并探索发现事物的本质，让他们找到自己感兴趣、立志深耕的方向。青年观众有自己的爱好和感兴趣的内容，所以对他们来说要注重正确价值观引导和审美熏陶。

---

① 雨果·戴瓦兰-博汉.现代博物馆：一种新方法的要求与问题[J].国际博物馆（全球中文版），2016（1-2）：65-71.
② 扬·耶利内克.生机勃勃的现代博物馆[J].国际博物馆（全球中文版），2016（1-2）：52-53.

提倡以人为本、观众至上的展陈策略，关键在于把握物、人及其关系是一个综合体，这种综合体决定了"以人为本"并非单一维度的，在物和传播技术的研究以及阐释系统的构建方面也需要融入"人"的要素。观众在参与过程中实现身份"翻转"，成为展陈交流系统的重要创建者、故事的一部分，更容易被展览所吸引，达成对展陈的理解、思考及意义建构，促进公众声音被"收集"，智能被"众筹"，使更多人走进科技馆，完成与自己有关的体验[①]。

科技馆通过构建开放合作的创新平台，汇聚科技界、教育界、产业界的优质资源，以演化、积累、迭代、可拓展的思维，让每一座科技馆实质上成为一个最小的可活节点或最小可运行的局域网，它可以即时响应外部网络的变化，也能自主循环迭代，以此驱动教育科技人才体制机制一体创新，帮助个人利用先进的技术资源激发创新潜力[②]，为培养更多具有创新精神和实践能力的科技创新人才贡献力量。博物馆创业中心的发展是一个相对较新的现象，也是对更广泛社会中工作模式变化的直接反应。自2008年经济危机以来，就业模式已从追求稳定的职业转向追求不固定、自由和自营的职业。因此，随着新的共享办公空间的发展，工作场所也发生了变化。20世纪初，革命博物馆学家、纽瓦克博物馆的首任馆长约翰·科顿·达纳定义了"有利于维持城市的博物馆类型"：一座博物馆应该以令人兴奋的方式向参观者展示它所在的城市，鼓励和支持制造方法发展，并且通过介绍现代工业来启发和鼓舞学生。如今，一些博物馆正通过创建创业中心来迎接约翰·科顿·达纳近百年前提出的挑战。虽然这些空间的交付方式多种多样，但其核心都是创意企业家创造和共同创造新文化产品、商品和

---

① BARRY L, MARTIN P. Manual of museum exhibitions[M]. Maryland：Rowman & Littlefield Bublishiers，2014：17.

② GONZALES J T. Implications of AI innovation on economic growth：a panel data study[J]. Economic structures，2023（12）：13.

服务的物理空间，这些空间代表着一种文化转变[①]。

"用音符演奏科技，用旋律诠释宇宙。"2024年8月12日，一场备受科技界与文艺界关注的创新盛宴——"AIGC+超媒介叙事"未来媒介创客营开营仪式在中国科技馆隆重举行，通过全国招募，选拔出的28名媒介创客、12名中国科技馆学员，还有线上来自全国科技馆体系的117名工作人员出席开营仪式。这次"AIGC+跨媒介叙事"未来媒介创客营系列活动是科技与艺术深度融合的探索之旅，是对人类创造力与机器智能协作潜力的一次大胆尝试，旨在通过跨学科的交流与合作，激发年轻一代的创新思维，推动AI音乐创作的边界不断扩展，为科技传播开辟新的道路。这不仅是对现有科技成就的一次传播转化，更是对未来创新潜力的一次深度挖掘，其影响将深远地触及社会文化的多重面向，为科技艺术融合的科学普及添上浓墨重彩的一笔。

传统的科技创新主体，如大型企业和研究机构，正在以科技馆为渠道，与新兴的创新主体，如初创企业、创客群体和普通消费者，建立起更加紧密的合作关系。这种合作打破了传统界限，形成一个更加开放、多元和协作的创新环境，跨界合作和知识共享成为生态系统中的常态。不同领域的专家和普通爱好者共同探讨问题、分享经验、协作创新，这种跨界合作不仅加速了创新成果的涌现，也为解决复杂的社会问题提供了新的思路和方法。许多行业和企业都在积极研究统筹国际国内创新资源，纳入其他利益相关者，在合适的时机达成一致的目标。随着技术的进一步发展和创新环境的优化，信息便捷化与技术创新网络化将继续推动大众科学的兴起，也为未来的科技发展和社会

[①] 奥纳格·墨菲. 共享办公空间，孵化器和加速器：日益数字化的世界中新出现的博物馆实践模式[J]. 国际博物馆（全球中文版），2020（1-2）：55-66.

进步开辟了新的可能性。科技馆、教育机构、企业和政府都需要积极拥抱这一变革，通过提供资源、建立平台和制定政策，支持和促进创新生态系统更加充满活力。

　　在当前开放的社会环境中，科技馆有必要为社会搭建一个跨界的通道和枢纽。作为重要的科普基础设施，科技馆应与国家的各个科研基地联通，以此在馆内构建一个科研成果原位转化的平台。让科学方法、科学思想及最前沿的科学理念，在科技馆与公众之间实现直接的零距离接触，从而省去传统方式下所耗费的漫长转化过程[①]。中国科技馆体系将引导和激发创新主体与大众的行动力，努力成为引爆创新奇点的点火器、沟通多维信息的主干道、跨界创新利益的整合器、科学文化的引领者和创新变革与社会利益的平衡器，推动我国突出的异质一体化杂交效应成为创新思想出现的重要机制。同时，面向公众强调科技伦理、社会责任和人文关怀，协同各主体、全社会共同推进科学文化朝着向善、求真、为了人的全面发展的方向前进，让每一位参与其中的科技工作者、每一个热爱真理的公众，都成为科学文化的创造者和力行者，以更加繁荣的文化创造，推动科技进步，以及科学、文化在各行业、部门、产业进行深度融合，共同创造更加美好的未来。

---

① 魏蕾，唐罡，王二超，等. 科普新格局下的泛在科技馆构建："中国科技馆第五期'论道科普'展览创新沙龙活动"侧记[J]. 自然科学博物馆研究，2024（4）：89-93.

第六章
方兴未艾的科学教育浪潮

创新如何发生，新想法源自何方？最通常的答案是，提供良好的教育体制，鼓励不同的观点，培养协作精神。要使新思想、新观点有效地转变为产品和产业，又需要怎样的复杂融合协同过程？只有把人们的科学愿景、价值观、理念、系统思考、认知程度等因素整合在一起，这个建立在技术集成之上的创新创业才能真正获得成功，这一过程中高质量的科学教育至关重要。

坚持教育、科技、人才"三位一体"统筹推进，是我国全面建设社会主义现代化国家的基础性和战略性支撑[1]。科学教育作为科技创新人才培养的主阵地，是建设科技强国的重要内容和关键途径。智能技术带来的改变不只是引入教育系统一套信息产品、工具和技术，更是塑造一种新的教育过程，为人们开启了随时学习和终身学习的新机会。在全球范围学习型社会建设的浪潮中，校外教育的需求被极大地放大，科技馆作为一个高度组织化与制度化的校外教育机构，如何满足这一需求，是一个必须应对的挑战。

---

[1] 习近平. 高举中国特色社会主义伟大旗帜　为全面建设社会主义现代化国家而团结奋斗[M]. 北京：人民出版社，2022.

1 与时俱进的科学教育是驱动世界科学中心转移的加速器

科学作为一种社会历史现象和社会活动方式,其发展与时间和空间从不是简单线性关系,受其自身发展规律和其他社会因素的共同制约,科学的不平衡发展中存在着每隔一段时期世界科学中心的转移现象。科学教育与科学知识传播体系、科技人才培养机制等密切相关。因此,科学教育的改革与发展,在推动世界科学中心转移的进程中发挥着关键作用,是促使转移发生的重要因素。从世界科学中心的转移过程中把握科学技术与经济社会发展的长周期规律,是我们审视科学教育内涵、方式和使命的前提。

1954年,英国著名物理学家、科学学创始人之一贝尔纳(J. D. Bernal)在《历史上的科学》中首先提出科学活动中心的概念,并描绘了科学活动中心在世界范围内随时间变动的概貌。贝尔纳认为,科学的进步是不平衡的,在几个迅速进展的时期之后,存在更长的停顿时期甚至衰退时期。日本学者汤浅光朝和我国学者赵红州分别对世界科学中心转移情况做了定量分析,给出了意大利、英国、法国、德国、美国等国家相继成为科学活动中心的明确结论。汤浅光朝认为:"科学活跃时期比起每一个国家的历史要短得多,就如同玫瑰花和少女很容易丧失自己的青春一样。"每个国家的平均兴盛时期约为100年,比起每一个国家的历史要短得多。赵红州认为,世界科学中心的转移周期为80年左右。古巴比伦、古埃及、古印度和中国均是古代知识生产的区域性枢纽与科学活动的活跃点。希腊继承了文明古国的传统,开创了古代科学发展的黄金时代,但这个令人惊叹的前进运动还没等到古典时代城邦国家的衰亡就已告终。

在近代以来的科学发展史上,先后形成了5个世界科学中心,分别是意大利(1540—1610年)、英国(1660—1730年)、法国(1770—1830年)、德国(1810—1920年)、美国(1920年至今),其间经历了4次世界科学中心大转移。其中,以科学知识传播和科技人才培养为核心的科学教育不仅在推动世界科学中心转移过程中起到关键作用,还在各个世界科学中心的形成过程中塑造了其独特的创新模式[①]。历史表明，一个国家通常先成为教育中心，然后逐渐发展为世界科学中心；一个国家先失去教育中心的地位而后才失去科学中心的地位。一般说来，一个国家的教育兴盛期越长，科技兴盛期也越长。科学教育不仅推动了世界科学中心的产生，也成为维持这一位势的关键。应用数学模型对近代以来先后成为世界科学中心的意大利、英国、法国、德国、美国等几个国家进行分析，结果表明，科学家的高峰期都超前世界科学中心 20～50 年，而各国教育高潮又超前科学家高峰期 20～50 年[②③]。也有数据显示，教育中心的兴起通常领先于世界科学中心 92 年，而技术中心的形成则平均滞后 35 年[④]。这种现象印证了教育尤其是科学教育体系的繁荣，是孕育世界科学或技术中心的必要条件——当公民的科学思想得到极大解放，科技人才的培养达到相应规模时，创新能量才得以集聚，推动国家进入科技强盛周期。

以第一个世界科学中心意大利为例，其科学知识体系的勃兴可以追溯到中世纪。最早的大学就产生于 12 世纪意大利的博洛尼亚，成为现代大学的雏形。博洛尼亚大学创建于 1067 年，并于 1158 年得到正式认可，是保留至今的最古老的大学。博洛尼亚大学建成后，法国的巴黎大学、英国的牛津大学和剑桥大学、意大利的帕多瓦大学和那不勒斯大学等知名学府才相继成立。至 14 世纪末，欧洲已有 60 多所大学，其中意大利大学数量高达 18 所，居欧洲之首。尤其是意大利的博洛尼亚大学和帕多瓦大学，在当时的欧洲享有极高的学术声誉。这些学术机构虽以神学、法学为教学主要内容，但通过保存古典文献、促进跨地域学者交流、提供稳定的研究环境，为科学思想萌发提供了制度温

---

① 李铁林. 世界科学中心的转移与一流大学的崛起 [D]. 长沙：湖南师范大学，2009.

② 董光璧. 五百年来科学技术发展的回顾与展望 [J]. 自然科学史研究，1997，16（2）：113-114.

③ 亓殿强. 中小学现代科技教育导论 [M]. 青岛：青岛海洋大学出版社，1998.

④ 姜国钧. 论教育中心转移与科技中心转移的关系 [J]. 外国教育研究，1999（4）：1-6.

床，构成意大利成为首个世界科学中心地位的重要动因。著名的天文学家哥白尼由波兰到意大利留学就是在博洛尼亚大学就读（图6-1）。意大利数学家格里马第（Grimaldi）[①]也是在该所大学里学习，并最早明确提出光的波动学说。近代解剖学的奠基人萨维留斯（Vesalius）[②]任教于帕多瓦大学，并在该校完成了他的著作《人体构造论》。意大利著名物理学家伽利略在帕多瓦大学任教18年。

意大利之所以能成为近代科学的发源地，并发展为世界科学中心，源于其打破了中世纪盛行的唯心主义经院哲学对人思想的束缚，以人文主义思潮的复兴把人们从精神的禁锢中释放出来，实现了科学思想的解放。"拜占庭灭亡时抢救出来的手抄本，罗马废墟中发掘出来的古代雕像，在惊讶的西方面前展示了一个新世界——希腊的古代；在它的光辉形象面前，中世纪的幽灵消逝了；意大利出现了前所未有的艺术繁荣，这种艺术繁荣好像是古典时代反照，以后就再也不曾达到了[③]。"意大利作为古罗马的直接继承者，重新发现古希腊、罗马文化，文艺复兴倡

图6-1 哥白尼像

---

① 格里马第（Francesco Maria Grimaldi，1618—1663），意大利博洛尼亚大学的数学教授，首先提出了"光的衍射"的概念，成为光的波动学说最早的倡导者。
② 萨维留斯（Andreas Vesalius），是文艺复兴时期最杰出的人体解剖学家。
③ 来源于恩格斯《自然辩证法》导言。

导以人为中心、从人性的观点看世界，形成了人文主义思潮，重视现世生活，提倡个性解放，崇尚理性和知识。人文主义为意大利成为第一个近代世界科学中心创造了精神环境，为近代科学的产生和发展提供了最初的精神动力。文艺复兴发生于14世纪的意大利，15—17世纪扩大到整个欧洲。人文主义思想的广泛传播，不仅使意大利更全面系统地继承了自古希腊以来的优秀科学文化成果，也促进了科学思想的变革，激发了当时人们研究自然现象、探究自然界规律的兴趣，从而为科学革命的产生奠定了基础。献身科学的原动力来自创造性的活动本身对人生价值的肯定。当人文精神还没有真正确立时，即使科学研究已没有禁区，也很少有人献身于科学研究。在意大利，弗吉里奥（1349—1420年）的教育思想已具有较多的人文主义色彩。他提倡通才教育，重视自然科学知识，指出"自然知识，天地万物的法则和性质，以及它的起因、变化和结果——这是最令青年高兴，同时又是有益于青年的一门学科"。在科学还没有通过教育成为社会思潮的时候，科学研究的先驱所做的努力难以推动科学高潮的出现。大学为更多的人提供了高水平的教育和培训机会，为欧洲知识和文化的繁荣奠定了基础。通过教育的推动，科学知识和科学思想得以广泛传播，科学成为一种社会思潮被大众所接受。这时科技高潮才有可能在一个国家出现。

意大利世界科学中心地位的式微，与其科学知识生产体系未能充分适应创新需求的深层变革存在密切关联。虽然这一时期的教育思想在理论层面呈现出某种完善趋势，但这种完善过程中也衍生出不同程度的固化倾向，可能导致人才培养机制难以完全契合科技革命对复合型人才的需求，进而在一定程度上削弱了其科技创新优势。与此同时，正处于上升期的新兴国家正尝试通过系统化吸收国际先进科学教育理念，逐步构建起更具时代适应性的科学教育体系与人才培养模式。例如，英国科技人才培养模式的雏形，在中世纪大学时期就已开始孕育并取得飞速发展。当时英国的大学有着鲜明特色，大多由私人出资创办，享有充分自治权。以苏格兰的爱丁堡大学、格拉斯哥大学和阿伯丁大学为例，它们收费低廉，还实行奖学金制度，让更多学生有机会踏入大学校园接受教育，校内学术氛围也相对自由。这些因素共同作用，使大学成为系统培养人才、开展科学教育的关键场所。

牛顿在剑桥大学读书期间，正是该校数学和自然科学形成优秀传统的关键时期，是剑桥大学三一学院的科学讲座引导牛顿进入科学研究的大门。他的伟大著作《自然哲学的数学原理》正是在剑桥大学完成的[①]。英国的年轻学者如哈维、波义耳、哈雷等通过在意大利、法国和德国的留学和学术访问成长为著名科学家，进一步壮大了英国科学家的队伍，提高了其水平；另外，他们也把意大利、法国、德国等国的优秀科学传统和先进科学成果带回英国，极大地促进了英国科学技术的发展。英国政府大力实行有利于科学发展的人才政策，广泛吸收国外人才。例如，规定每户外来的工匠以为英国培养一名学徒为定居条件。格雷山姆学院允许任何市民进校听课、不收学费，许多科学家来此讲座、聚会、交流、讨论，促进了科学的发展、传播、应用和科学家的培养。

1600年，伦敦的科学家在格雷山姆学院开了一个会，正式提出成立一个促进物理数学实验知识发展的学会。1662年，国王查理二世在学会许可证上盖了印，正式批准成立"以促进自然知识发展为宗旨的皇家学会"，即英国皇家学会。英国皇家学会在推动科学研究、科学知识传播及科技人才培养方面发挥了重要作用。英国皇家学会汇聚了杰出的科学家，促进了科学家之间的合作与共同研究，推动了科学研究的组织化和制度化。此外，英国皇家学会通过出版学术期刊，传播其成员的研究成果，使得科学知识得以广泛传播和应用。英国的人才培养机制逐渐受到关注，英国科学教育也随之崛起，意大利失去教育中心的地位，世界科学中心也因此由意大利转移到英国，推动英国发生了人类历史上前所未有的科学革命和技术革命。

---

① 施若谷. 试论科学教育与科技中心转移的关系 [J]. 自然辩证法研究，1999，15(11)：43-46.

历史是一往无前的。从意大利、英国、法国、德国到美国,世界科学中心的转移往往源于对传统科学知识生产方式及科技人才培养模式的深刻变革,是在对现有科学教育思想、制度和内容的大胆批判和突破中实现的。

法国在成为世界科学中心前,经历了漫长的启蒙运动,这不仅是哲学和人文思想的盛宴,也是科学思想的革命。不存在与人文精神相割裂的科学精神,完整的、完善的人文精神内蕴含着科学精神。物质利益可以驱使一个人从事科学研究,但不足以推动一个人真正献身于科学,因为现代社会中物质利益可以通过比科学研究更为便捷的途径获取。被物质利益驱动从事科学研究的人总是急功近利,他们甚至违背实事求是的科学精神,夸大他们所取得的成果。1792 年,孔多塞[1]提交了一份教育报告。该报告中提出一种含有 5 个层次并相对独立的教育管理模式。5 个层次分别是初等学校、中等学校、专科学校、学院和一所国家科学和艺术学社,各级教育机构均由国家科学和艺术学社监督,致力于丰富全体群众的知识,加速人类进步,增加发明创造。这个报告为后来拿破仑实行大学区制奠定了框架基础。在此期间,法国的科技人才培养方式逐步从传统的学院派教育转向现代科学教育,以知识传播为目的的科学研究机构在这个时期得到了显著发展,如科学院等,极大地推动了科学研究与教育的结合,为法国在此后的一段时间内成为世界科学中心奠定了基础。法国创办了欧洲最早的一批技术专科学校,建立了国家的综合教育体制,此后便有了专职的科学家,为世界贡献了以拉格朗日和拉普拉斯为代表的一大批卓越的科学家和一大批出色的工程师。

德国科技创新和人力资本因素的长期积累助推了其崛起。1818—

---

[1] 孔多塞侯爵(法语:Marie Jean Antoine Nicolas de Caritat,marquis de Condorcet,1743 年 9 月 17 日至 1794 年 3 月 28 日)是 18 世纪法国启蒙运动最杰出的代表之一,同时是一位数学家和哲学家。1782 年当选法兰西科学院院士。1793 年所著的《人类精神进步史表纲要》(*Sketch for a Historical Picture of the Progress of the Human Mind*)是较有影响力的阐述进步观的作品。

1846年，普鲁士国民学校学生增加近一倍，适龄儿童入学率为82%，到19世纪60年代提高到97.5%，国民素质空前提高。1810年，德国创立了新式大学——柏林大学（现洪堡大学），成为现代大学的鼻祖。柏林大学将教学与研究统一，这个原则后来普及到德国各个大学，实现了德国科学与教育的双重体制化，影响和促进了世界教育与科学的发展。柏林大学也云集了当时德国最有名的科学家与学者，现代大学制度的建立成为推动德国成为世界科学中心的重要因素。德国不仅重视在大学开展科学教育，还特别关注在职业教育和技术培训中引入科学与技术相关内容。在19世纪末，随着工业化的推进，德国建立了众多技术学院和工艺学校，将科技人才培养与工业实践紧密结合。这种双轨制的教育模式不仅满足了工业化对技术人才的巨大需求，还促进了科学技术的应用与推广，为其国内的工业革命提供了坚实的知识基础。德国最早开启了由国家组织科学研究的先例，建立了"国立物理研究所""国立化工研究所""国立机械研究所"等，科学发展起步虽晚，但依托基础扎实、训练严格的科技队伍取得了许多科技突破。

对于美国而言，"一战"后趁希特勒"排犹"之际大量引进国际人才，经济的快速发展和移民潮为美国带来了大量的知识和人才，爱因斯坦、弗兰克、费米等知名科学家，都被迫由德国流亡至美国。这些人到美国后，为美国的科学事业做出了巨大贡献。同时，在此期间，美国通过成立国家科学基金会，创建大量的研究型大学，如哈佛大学、麻省理工学院、斯坦福大学等，建立了一套独特的科研体制，并通过资助科学研究项目和教育计划，推动了科学知识的传播和创新。万尼瓦尔·布什指出，"科学研究是国家强盛、人类进步的必需，政府有责任来支持、资助人类在这个领域的活动"。"曼哈顿计划"开启了大科学时代（图6-2）。大量科学教育资源的投入和科研经费的支持，使美国在科学领域取得了全球领先地位，成为世界科学中心。可见，科学教育不仅是知识传播的手段，更是推动社会和经济发展的重要力量。

纵观世界科学中心发生转移的历史事实和与之相匹配的科学教育发展实践，可以得出一个结论：虽然推动科学技术前进的原因是多方面

图6-2 "人造地球卫星"1号复制品,藏于美国国家航空航天博物馆

的,但是科学教育的改革发展作为促进科学技术腾飞的关键性因素也是不言而喻的。在早期,科学教育尚未形成系统的教育体系,但这些零散却充满活力的创新思想和人才培养模式,为科学知识的传播与探索奠定了基础,极大激发了人们对科学的兴趣,培养了大量的科学精英,成为孕育科学中心的萌芽。随着时间的推进,19世纪迎来了科学教育的重要变革,建制化的现代科学教育体系逐步确立,这种体系化的教育模式,不仅革新了教育理念,还构建了完善的人才培养模式,为科学技术的发展提供了源源不断的智力支持。从早期非建制化的探索,到现代建制化体系的成熟,科学教育始终在与时俱进、不断变化。正是这种持续革新的特性,让科学教育成为驱动世界科学中心转移与确立的重要力量。当一个国家的科学教育发展到居世界领先水平时,这个国家的科学技术面貌必然随之发生一系列巨大变化——科学

成为大众思潮，科技人才辈出，科技成果泉水般涌现，科学中心地位确立。

19世纪中期至20世纪初，随着电气革命和第二次工业革命的推进，如交通工具的革新（汽车和飞机的发明等）及电信技术的突破，科学彻底改变了社会的生产、生活方式。直至19世纪中期以后，科学才逐渐蔓延到中学，成为学校教育内容的一个必要的组成部分，科学教育由此进入了现代化发展的重要阶段。现代科学教育体系逐渐完善，现代大学和研究机构迅速发展，科学研究与教育开始紧密结合[①]。科学教育的内容和方法在这一阶段发生了重大变化。课程设置涵盖物理、化学、生物、地理等自然科学领域，实验室教学成为科学教育的重要组成部分。学生在实验中动手操作，验证理论知识，培养科学探究能力。科学教育不仅注重知识的传授，更加重视方法的训练，实验方法和科学思维成为教育的核心内容。同时，由于科学技术的飞速发展，新学科和新专业不断涌现，科学教育的学科体系逐步完善。电气工程、化学工程、生物医学等新兴学科迅速崛起，推动了教育内容的更新和学科的交叉融合。科学教育不再局限于传统的自然科学领域，还扩展到工程技术和应用科学，培养了大批适应社会需求的专业人才。在这一阶段，社会对科学教育的重视程度不断提高，政府和社会各界加大了对教育的投入。科学教育的普及程度和教育质量显著提升，更多的学生有机会接受高等教育，掌握先进的科学知识和技能。

19世纪瑞士教育家裴斯泰洛齐（Johann Heinrich Pestalozzi）认为，教育的历程必须建立在儿童自然发展与其感官影响之上，儿童学习主要通过感官而不是文字，因此背诵式的学习是愚蠢的。他还强调课程要与儿童的家庭生活经验相联系。19世纪英国教育家斯宾塞（Herbert Spencer）认为，社会发展基于达尔文的生物进化论及适者生存论，由于社会系统的演进日益复杂，多样化的专门知识迅速增加，因此教育

---

① 张弢，何雪冰，蔡志楠.洪堡神话的终结？德国史学界对洪堡与德国现代大学史之关系的解构以及相关思考[J].德国研究，2018（3）：132–147，152.

必须与实际相关。他还提倡适合工业社会的课程——科学和实用的课程，强调科学对个人和社会生存是最实用的科目，主张要教导学生如何思考和解决问题。同一时期的英国生物学家赫胥黎（Thomas Huxley）认为，需要教育现代公民为未来的生活世界做准备，这是科学、工业和科技发展的世界。

为确保世界领先地位，美国始终把人才放在国家战略的优先地位。在不遗余力引进全世界优秀人才的同时，美国也高度重视并投入国家资源加强对本国公民的教育。兰德公司指出："未来更多的新技术将会在美国之外产生，美国能否保持科技实力将取决于获取和应用海外资源的能力。""在争夺制高点的激烈竞争中，赢者将是那些率先发展人才、技术和方法的国家[①]。"科学教育作为一个综合性的学术领域，通过教学和学习过程提升人的科学素养、理解能力和技能。它不仅关注科学事实和概念的传授，还强调科学方法的教学，包括观察、实验、数据分析和批判性思维的培养，目标是培养学生的好奇心、探究欲和解决问题的能力，使他们能够理解科学在日常生活中的应用，以及科学研究如何影响我们的世界和社会。随着国际科技竞争日趋激烈，科学教育的重要性日益显著，并成为美国培养未来科技人才、提高全民科学素养、造就高素质劳动大军的政策着力点，引领了全球范围科学教育变革的浪潮。美国的科学教育政策轨迹主要分为4个阶段。精英化阶段（1950—1970年）：聚焦于培养科学精英和顶尖人才，以应对冷战期间的科技竞赛和国家安全需求；大众化阶段（1971—2000年）：科学教育开始普及化，目标转向提升全民科学素养，反映了社会对科学教育普及性和包容性的需求；STEM 教育化阶段（2001—2016年）：强调科学、技术、工程、数学（STEM）领域的教育融合，旨在培养更多创新人才，以适应知识经济的发展；战略化阶段（2017年至今）：将科学教育提升为国家战略，强化科学教育以维护国家安全，标

---

① RAND.U.S. Competitiveness in Science and Technology[Z]. RAND Corporation, 2008.

志着科学教育在全球竞争中的重要性进一步提升[①]。

第一阶段的改革中,改革核心在于将教学方式从传统的知识传授转向以学生为中心的探究学习,代表人物之一是杜威。他对科学教育只重视科学知识,而忽视把科学作为一种思维方式和认识态度来对待的做法提出批评,指出科学不仅是学生需要学习的知识体系,同时是一种学习过程或方法。杜威以对科学思维过程的分析为依据,提出了众所周知的五步问题教学法,要求学生通过解决问题来学习"做"科学,而不是被动地读科学。

20世纪中期,为应对科学知识的迅猛激增和苏联军事竞争的挑战,布鲁纳领导了美国著名的"结构主义课程改革运动",并影响和带动了世界性的科学课程改革。他认为学科中最重要的内容是学科的结构,即构成该门学科的基本概念、研究方法和思维方式。掌握了学科的结构,就可以使学生很好地理解这门学科,就可以举一反三,进行学习迁移,如同科学家那样思考和理解学科内容,从而获得在此学科中独立探索前行的能力。

20世纪80年代中期,美国政治经济发展带来大量高素质劳动力需求,面向少数精英的结构主义教育已经难以满足新的人才结构需要。为解决上述矛盾,科教精英发起了以"STS运动""2061计划"为代表的大众化科学教育改革,以破除科学教育精英化的弊端。美国科学促进协会牵头发起了著名的"普及科学——2061计划",开篇之作《面向全体美国人的科学》(*Science for All Americans*)的前言中写道"本书关于什么构成了科学、数学和技术素养的观点是现今科学界所能达到的最接近的正确表述",这种"正确表述"中包括多处关于"科学信仰"的阐述。在第一节"科学世界观"的第一段中这样写道:"科学家们对自己所从事的工作,以及如何看待自己的工作都有一些共同的基本信念和态度……科学假定宇宙间的众多事物都以恒定的规律发生和发

[①] 王素,张永军,方勇,等.科学教育:大国博弈的前沿阵地 国际科学教育战略与发展路径研究[J].中国教育学刊,2022(10):25-31.

展，通过认真的、系统的研究都是可以认知的。科学家们相信，运用智慧和借助扩展感官功能的仪器可以发现宇宙间各种特性的规律……科学还假设，宇宙正如其名，是一个巨大的单一系统。在这个系统的任何地方，基本规律都一样适用。"而后，还大量地论证了逻辑与想象、解释与预见的关系。当然，书中也谈到应当竭力避免科学研究中的信仰导致学术上仰仗权威，因为"没有一个科学家可以代表绝对真理"。在"价值观和态度"中，还特别强调指出"科学教育应该向人们传递一种有关科学、数学和技术的社会价值的通晓和平衡的信念……逐步认识到科学技术发展对人们的信念和情感的影响，应该成为大众科学教育的一部分"。20世纪的历史事实证明：美国之所以在科学技术上获得丰硕的成果，与这种崇尚科学、追求科学的社会意识有很大关系，为了使青年一代"独立思考和面对人生……全心全意地参与建设和保卫一个开放的、公正的和生机勃勃的社会"[1]。

随着"科学大众化"（Science for All）计划的颁布，科学探究成为第二阶段改革中的重要理念，强调实践和体验的重要性，认为科学教育必须让学生反思自己与他人想法互动的过程，以及实验中的体验。杜威的"做中学"主要围绕学生兴趣和与社会职业有关的各种"作业"开展。科学探究强调培养学生的科学素养，它主要围绕与学生经验有关的科学学科问题来开展。"做中学"重过程、重体验。布鲁纳的"发现学习"从发现结果出发，强调通过探究过程亲自发现科学概念和原理，理解学科的基本结构，"发现学习"通常是按照书本中的知识结构来设计的，有待发现的是学科结构，它是指向某个特定结果的。科学探究强调培养科学素养、培养科学探究的能力和对科学探究的理解力，它以科学概念或原理为基础，但不一定非要取得某个答案，有时也许有多种答案或根本没有答案，它期望学生感受科学、欣赏科学，在获得科学知识的同时获得学习科学的积极的情感体验和学习能力。

---

[1] 美国科学促进协会. 面向全体美国人的科学 [M]. 北京：科学普及出版社，2001.

只有这样，学生才可能通过认知冲突体会到个人理解的局限和科学理论的优越所在，为前者向后者转化铺平道路，因此科学探究指的是学生们用以获取知识、领悟科学的思想观念、领悟科学家们研究自然所用的方法而进行的各种活动。科学教育中，学生既要通过科学探究获取知识（但科学探究不是获取知识的唯一方法），又要通过科学探究领会感悟科学的思想观念和科学家使用的方法。由此，科学探究就有了过程和内容两层含义。从过程上说，要用科学探究让学生获得科学知识；从内容上说，要用科学探究让学生知道科学的范式，而这些范式是科学共同体认可并为科学发展历史证明是有效的，是科学本质的载体，即要让学生用科学探究的方式获得知识和体验科学探究的步骤、过程，培养他们科学探究的能力和对科学探究的理解力[1]。

"STEM 教育"专门术语在 2001 年出现标志着美国的科学教育正式进入第三阶段改革。STEM 是科学（science）、技术（technology）、工程（engineering）、数学（mathematics）英文首字母的缩略语。随着美国不断向第三产业转化升级的产业结构调整，以及海外精英对 STEM 工作岗位的占领，硬科学在美国学校教育中不断式微。为保证市场中 STEM 专业人才储备，以工商业主利益为代表的民间组织纷纷要求学校加强硬科学教育。这一诉求为工程教育进入基础教育体系开辟了通道，使 STEM 教育获得"工程"拼图，实现了其概念的完整建构。伴随着 2006 年《崛起于聚集的风暴之上》报告的发布，STEM 教育正式进入联邦视野。2006—2011 年是 STEM 教育制度化推进阶段。为配套促进制造业回岸的再工业化战略，美国政府通过财政支援、整体规划、项目引导及法令保障手段，强势主导着 STEM 教育发展。同时，联邦政府还统合各利益主体形成发展合力，实现了 STEM 教育国家战略式推进。该阶段 STEM 教育进入蓬勃发展时期，各种 STEM 课程设计与实施方案层出不穷，积累了丰富的实践经验。又以 2012 年美国国

---

[1] 马宏佳. 以科学探究为核心的科学教育教学策略研究 [D]. 南京：南京师范大学，2006.

家科学院对全美STEM教育项目的质量审查为开端，STEM教育进入标准化课程建设时期。

美国STEM教育的发展历程紧密与其社会经济发展背景相结合，展示了由外部推力和内部动力共同驱动的发展机制。这一进程中，以工程学为核心的跨学科内容整合机制发挥了重要作用，进而促进了课程实施从多元化向统一规范化的转变。正是这些机制共同作用，使得STEM教育逐渐成为全球教育领域的一个关键趋势，有效提升了学生的创新能力和解决实际问题的能力，为他们在未来社会中的成功奠定了坚实的基础[①]。

与此同时，现代社会的学习方式已不再局限于传统的课堂教学，校外学习环境逐渐崭露头角，成为人们获取知识和技能的重要渠道，这些场所可以是图书馆、博物馆、科技馆等具备教育功能的实体场馆，也可以是社交媒体平台、在线论坛等虚拟的学习空间，以其开放、自主、互动和实践等特点，激发学习者的学习兴趣，并鼓励他们积极参与，这对于培养他们的终身学习能力至关重要。STEM教育同样可以通过有计划的项目在校外学习环境中得到有效实施。学生可以在博物馆、天文馆、科学中心、动物园、植物园和植物标本馆、营地、国家公园、水族馆和工业场所等多样化的环境中学习STEM领域的相关主题，通过参与展览互动、观看电影和与策展人交谈，深入且广泛地了解具体内容。这样的校外学习环境不仅有利于激发学生学习STEM的兴趣，还能提高他们的实践参与度，形成独特且难忘的学习经历。米勒（Miller）等学者通过对博物馆和以创客为中心的学习空间等的深入研究，指出这些环境为人们提供了接触高科技工具和材料的宝贵机会，特别是在博物馆、动物园、水族馆和植物园等场所进行的校外STEM学习，效果尤为显著。美国科学教育协会（National Science Teaching Association，NSTA）认为，校外环境在促进全学段学生的科学学习方面发挥着重要作用。美国国家科学研究委员会（National

---

① 杜文彬. 美国STEM教育发展研究[D]. 上海：华东师范大学，2020.

Research Council，NRC）的报告提供了明确的证据表明校外学习环境中的学习经验可以有效促进科学学习，还进一步指出这种环境能够加强和丰富学校的科学教育。鉴于校外STEM教育在培养学生创新能力、批判性思维、解决问题能力及未来职业竞争力方面的重要作用，美国政府、教育机构和社会各界都在积极推动其发展[①]。

通过对2000—2018年发表在36种期刊上的798篇STEM教育相关文章的系统性分析，Li等[②]揭示了STEM教育研究重点的转变，由单一学科教学法向跨学科和综合STEM教育模式的演进。这种变化强调了跨学科合作与实践应用的重要性，呼吁STEM教育研究应超越传统学科边界，探索更广泛和多样化的研究范畴。Takeuchi等[③]进一步指出，尽管跨学科方法在促进学生综合思维和解决问题能力方面显示出潜力，但在实践中仍面临着诸多障碍，包括课程设计、教师培训和评估标准等方面的挑战。因此，研究如何有效整合STEM领域的知识和技能，以及评价跨学科学习的成效，是十分必要的。

20世纪后期，随着电子信息技术和计算机的广泛应用，科学教育进入了信息化和跨学科融合的新阶段，传统的教育方式和学习模式发生了深刻变革。在这一阶段，强调学科之间交叉和融合的系统科学的理念逐渐普及，科学教育不再局限于单一的学科领域，而是注重培养

---

① 杨娟，欧阳媛. 非正式学习环境中的STEM教育：美国博物馆学习服务案例研究[J]. 世界教育信息，2024（7）.
② LI Y, WANG K, XIAO Y, et al. Research and trends in STEM education: a systematic review of journal publications[J]. International journal of STEM education, 2020, 7（1）: 11.
③ TAKEUCHI M A, SENGUPTA P, SHANAHAN M C, et al. Transdisciplinarity in STEM education: a critical review[J]. Studies in science education, 2020, 56（2）: 213-253.

学生的综合素养和跨学科思维能力。跨学科融合成为科学教育的重要特征[①]。同时，教育技术的应用与普及，促进了教学方法的多样化和现代化。多媒体教学、互动式教学等成为新的教学模式，增强了学生的学习兴趣和参与度；教师的角色从知识的传递者转变为学习的引导者和组织者，注重培养学生的自主学习能力和创新精神。此外，在线教育平台和虚拟实验室等新型教育模式的出现，极大地拓展了科学教育的覆盖面，提高了灵活性。

进入21世纪，人工智能、物联网和大数据等新兴技术的快速发展，为科学教育带来了智能化和个性化的变革。智能教育系统和个性化学习平台广泛应用于教学和管理中，极大地提升了教育的质量和效率。例如，智能教育系统利用大数据分析和机器学习算法，根据学生的学习行为和兴趣偏好，提供定制化的学习内容和个性化的学习路径。同时，智能教育技术还可以辅助教师进行教学管理和评价，自动批改作业，分析学生的学习情况，提供针对性的教学建议。这种智能化的教育模式，使得教学更加精准高效，学生的学习效果显著提升。同时，这一阶段还强调教育的创新性和开放性。跨学科教育、项目式学习和探究式学习在中小学、校外机构中得到了广泛的应用与推广，学生在解决实际问题的过程中，培养批判性思维、合作能力和创造力[②]。

总体而言，由于工业经济发展的需要和科学技术的巨大进步，以及19世纪中期初等义务教育在西方工业化国家的普及，科学教育在大学之外的中小学课程中的地位得到巩固，现代科学教育体系得以初步建立。随后伴随着计算机和人工智能等技术的快速发展与大规模应用，现代科学教育的内容、方法、手段逐步深化，覆盖范围逐步扩大，在科学教育实践中引领一轮又一轮新的变革。

---

① 刘训华，史降云. 第三次工业革命与科学教育的应对[J]. 教育研究与实验，2013（2）：11-13.
② 陈俊. 现代科技革命与科学教育的课程体系改革[J]. 科技管理研究，2008（1）：260-262.

2　科学教育作为"科学-社会"系统的连接器

科学教育是以自然科学内容为主，发展个体及群体科学素养的教育教学活动[①]。广义的科学教育覆盖学前教育至高等教育，以及继续教育阶段，既包括学校学习环境中的科学教育，也包括校外学习环境（如家庭、工作场所、科技类博物馆、社区等）中的科学教育。狭义的科学教育主要指在中小学阶段实施的科学教育，重点在于激发青少年学生的好奇心和对科学的兴趣，学习探知世界的方法与技能，掌握基本的科学知识，理解和解释自然世界中的现象、变化及其影响，树立科学价值观，养成科学精神和科学思维习惯，为终身学习、发展和健康生活奠定基础（图6-3）。

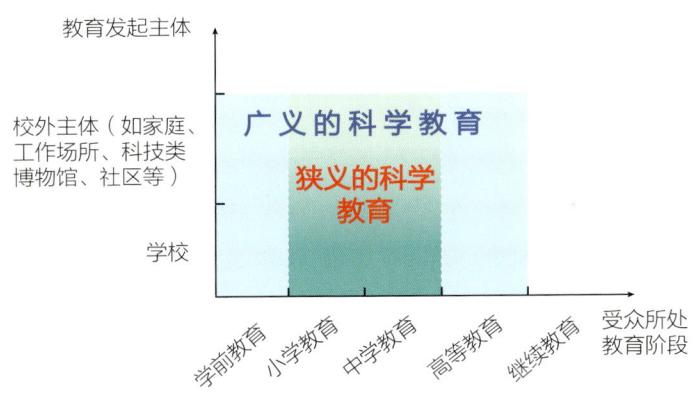

图6-3　广义的科学教育与狭义的科学教育

科学教育是"科学-社会"系统良性发展的连接器。科学教育的目标是提升学习者的科学素养，引导个体或群体通过运用科学知识、开展科学探究、参与社会性科学议题的讨论和科学问题的解决等途径，认识科学本质、进行批判性思考，成为负责任和知情的公民。在"科学-社会"系统中，科学系统和社会系统协同发展（图6-4）。科学系

---

① 杨玉良. 构建中国特色世界水平的科学教育体系[J]. 中国教育学刊，2022（10）：1.

统不懈追求科学真理并发展前沿技术，其成果通过科学教育和科学普及的方式作用于社会系统，促进社会经济的发展。而社会系统在运作中提供了真实的问题情境和人才培养的需求，并通过科学教育的方式促进科学系统的可持续发展。

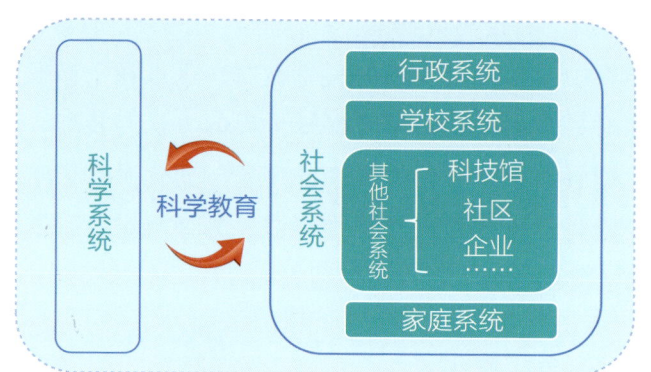

图6-4 "科学-社会"系统

从"科学-社会"系统的视角来看，科学教育不仅是关于科学知识、方法、过程的教育，更是关于社会建制的整体性教育。面对当今世界的复杂多变，科学教育的重要性不只在于传授自然科学及相关学科（通常指数学、技术、工程等）的知识，更在于让学习者认识这些知识是如何产生的，理解与科学知识相关联的科学方法、过程和社会建制，从而帮助学习者有效地利用科学知识和方法去探知世界，应对世界的变化与挑战。

为落实中国科协、教育部印发的《"科学家（精神）进校园行动"实施方案》的要求，中国科协宣传文化部、教育部校外教育培训监管司共同印发《2024年"科学家故事众创空间"工作任务》，统筹校内外工作资源，引导学生社团演绎生动感人的科学家故事；强化教师能力培育，有序导入优势资源壮大师资队伍，促进资源开发与交流共享；依托中国科技馆体系打造一批宣传科学家精神的功能性柔性组织，以联合教研等方式开发和征集一批科学家精神优秀课程案例，开展"科技馆里的思政课"交流展示活动；组建"科学家故事戏剧社"，改编和培育一批学生演、学生讲的科学家精神剧目和宣讲作品，策划展、演、宣、践系列活动，将丰富、立体的内容逐步输送至中小学校园；建立"逐梦采风团"，走进科技场馆、科学家精神教育基地、科研机构等，开展研学采风活动，明亮地绽放在"天团秀"的舞台上。目前已有北京市、浙江省、江西省率先启动"科学家故事众创空间"建设，陆续邀请科学家、科技工作者、航天员开展"科技馆里的思政课"主题活动，逐渐推动形成"千家万馆总动员"的良好氛围。

科学教育事业的发展成为科学系统和社会系统通力合作的重要目标。社会系统包括行政系统、学校系统、其他社会系统、家庭系统等多元主体。其中，学校系统通常被认为是开展科学教育的主力军，通过学科教育或者综合课程培养学生的科学素养。而以科技馆为代表的其他社会系统同样是科学教育的重要主体，科技馆发展的核心目标之一就是提升青少年的科学素养，他们拥有丰富的科学演示和专业资源，能够呈现科学领域的最新研究方向和前沿科技成果。企业往往能够把握社会前沿需求，为学生科学素养的发展提供广阔的实践场域，社区和家庭系统是孩子日常生活的第一所学校，父母及所在社区邻居对科学的态度、兴趣及教育程度等因素都直接影响孩子科学素养的发展。行政系统关注国家公民的科学素养，他们通过布局顶层战略、颁布政策文件的方式促进科学教育事业的发展。此外，科学系统中的科学家是科学真理探索的核心群体，他们具备科学思维，践行科学方法，创造科学知识，并且形成了值得弘扬的科学态度和科学精神。作为距离科学本质最近的群体，他们能够为社会系统的运作和教育发展注入源源不断的动力。

科学教育作为"科学-社会"系统的连接器，在知识体系传播、科研人才培养、科技创新发展、公众素养提升、社会发展推动及国际合作促进等方面都发挥着重要作用（图6-5）。

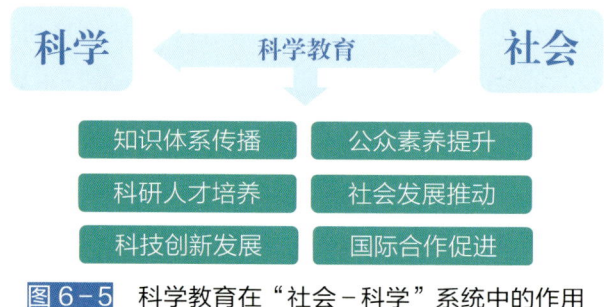

图6-5　科学教育在"社会-科学"系统中的作用

在知识体系传播方面，科学教育通过课程和实践活动，将科学理论和方法传授给公民，帮助他们应用科学知识解决问题和开展社会决策，成为知情和负责任的公民。这些知识不仅包括自然科学的知识体系，还涉及前沿技术及科学、技术和社会关系的内容。通过这种方式，科学教育确保了科学知识的传承和普及，为社会培养了具备基本科学素养的公民。

在科研人才培养方面，科学教育通过提供实验、项目研究等机会，激发人们对科学的兴趣和好奇心，进而培育科技创新人才。这些活动旨在培养人们的探究精神和实践能力，使他们能够在科学研究和技术创新中发挥作用。科学教育还注重发掘和培养人们的个性化兴趣，鼓励他们在特定领域深入钻研，形成专业特长。

在科技创新发展方面，科学教育的重要目标是在教育中渗透前沿的科研成果和技术应用。这不仅为教育受众提供了接触前沿科学的机会，还为科研人员提供了与教育界交流的平台，从而促进科技创新资源的社会共享，推动了科学研究与教育实践的相互促进。

在公众素养提升方面，科学教育中的各类科技实践活动有助于提升公众的科学文化素质，增强社会对科学技术的理解和支持。这些活动包括公开课、科普讲座、科学展览等，不仅向公众传播了科学知识，还提高了社会的科学意识，端正了科学态度，为科学研究和技术应用创造了良好的社会环境。

在社会发展推动方面，科学教育有助于培养受众的创新思维，为社会经济发展提供知识和技术支持，推动产业结构的优化升级。同时，这些教育受众还在农业、医疗、教育等多个民生和社会行业中推动技术革新和管理改进，促进了社会经济的可持续发展。

在国际合作促进方面，国际交流和合作项目可以促进不同国家和地区之间的科学技术传播和共享，加强全球科技合作。这些项目不仅拓宽了本国教育的国际科技视野，还促进了不同国家和地区之间的科技合作，促进了人类文明的共同发展。

3 智能时代的科学教育作为必需公共产品，正在筑基一个新兴的未来

农业时代，教育在经验积累的基础上开展；19世纪以来，工业化大规模生产推进教育以静态、线性、标准化的形式进行普惠发展；20世纪末，互联网的出现和全球化的推进，人类向新的文明形态迈出跨越式一步。当前，科技文明正在成为社会发展的决定性力量，随着科技从单点性的突破力量演变成叠加性的驱动力，在不同维度上延展人类能力，经济形态进入多点开花、多元化发展的新阶段，科技文明正在深刻影响着社会的每个角落和我们每个人，催生变革临界点、激荡科学教育新浪潮。

面向人才及未来潜在的人才，应当给予他们什么样的理念？是单一学科的垂直深耕，还是一种更广阔的视角？显然，传统教育模式与新时代的不适应性日益凸显。当下的科技经济现状不止需要顺从且遵守纪律的大规模生产劳动者，更多需要的是具有创造力、充满好奇心，并能自我引导的终身学习者，需要他们有能力提出新颖的想法并付诸实施。人工智能的加速发展，使创新和创造力培养成为教育的核心目标。世界人工智能领域发生的变化日新月异，甚至是"分新秒异"，

科学教育对这场变革的适应性直接关系着能否推进新的国家竞争力的形成，强烈地促使传统的教育目标和路径升级，迎接新的挑战、形成新的模式。

人的全面发展，未来可能不仅要在人类内部定义，更要在人类与人工智能之间定义。未来已来，AI 已形成新的生产力，AI 赋能的智能社会将是人类社会历程中一次全方位、系统性的变革，将彻底改变人类社会的生产生活和社交方式，重构个人、企业、政府、社会之间的互动联系。这个过程中，传道、授业、解惑的基本教育功能将在很不确定的背景下面临 AGI 的全面重塑。在高附加值的经济创造活动中，如果人工智能达到超越人类的"奇点"时刻，一切游戏规则都会改变。例如，货币的本质是分配劳动力，如果通用人工智能普及，货币的价值和意义又将是什么？如果生物经济的快速发展实现了对人类生物特征的重塑，我们对教育受体应该给予什么样的价值或信息？随着 AI 等技术的发展，未来竞争不仅在人类内部，更在人类、人工智能、可能的"赛博人"等群体之间展开，大量重复性的体力工作与低脑力工作可能被机器和 AI 所替代。这些本源性的问题，都会给教育带来新的挑战，并随着科技突破边界，教育迎来不可回避的变革。

智能社会的兴起，将催生人类学习理论与方式的彻底革命。这场变革的"桅杆"已然显现，起始于中心化的、中心控制式的变革，将使基于知识和知识逻辑化的工作被 AI 大量取代。当 AI、AGI 作为教育助理的时候，它们是我们学习的伴侣，还是会和人的属性进行新的统一？人机边界日益模糊或者人机不分，对教育的本质、对教育的工具都会产生革命性影响。科学教育需要开拓新的发展空间，通过更加互动、沉浸式的学习体验，实现个性化和互动化的学习环境。技术与教学的深度融合还会促进跨学科学习，通过整合不同学科的知识和方法，促进人的全面发展和创新能力的培养，推动其能够在快速变化的世界中把握方法，并解决问题和迎接挑战。

随着工业 4.0 概念的普及和深入，教育界开始探讨如何更新教育体系,以培养未来社会所需的人才。这一讨论很快演变为关于教育4.0的论述,强调教育的个性化、灵活性和技术集成。教育4.0强调将云计算、大数据、人工智能、虚拟现实等技术融入教学过程,以提升教育质量和效率[1]。这包括在线学习、远程教育,以及通过技术实现的个性化学习路径。倡导理论与实践的结合,强调项目式学习、问题解决和创新能力的培养。这要求教育内容和方法与时俱进,更加注重实际应用和跨学科学习。

穆库尔(Mukul)等[2]通过回顾已发表的教育4.0文献,系统整理了数字化转型在科学教育中的应用和发展历史。认为新常态下的教育体系与传统教育体系相较,最主要的区别在于不是向学生传输信息,而是赋予他们理解和使用现成信息的技能,如表6-1所示。其中,特别强调教育4.0对于个人的学习需求的响应,不仅要加强技术驱动的学习和自我提升,还要发展创造力、创新、团队合作和数字素养等技能,使个体准备应对未来工作场所和社会的需求。虽然教育4.0侧重于技术支持互动,但其与其他科学教育的术语,如在线教育、移动教育、数字化教育、智慧教育等不同的概念依然存在差异,如表6-2所示。

表6-1 传统教育体系与新常态下的教育体系比较

传统教育体系	新常态下的教育体系
教育系统是一个独立的组织	教育系统是一个更大生态系统的一部分
分工(领导者管理学校,教师授课,学生听教师讲课并学习)	共同负责(每个人都共同工作并承担责任,学生对自己的学习负责)

---

[1] SHARMA P. Digital revolution of education 4.0[J]. International journal of engineering and advanced technology, 2019, 9 (2): 3558-3564.
[2] MUKUL E, BÜYÜKÖZKAN G. Digital transformation in education: a systematic review of education 4.0[J]. Technological forecasting and social change, 2023, 194: 122664.

续表

传统教育体系	新常态下的教育体系
输出用于评估学校经验的有效性和质量	用于评估学校经验的有效性和质量不仅是"结果",还包括"过程"
标准化模型	个性化模型
标准化考试用于学生评估	用于各种目的的学生评估多种类型的评估方法
通过倾听教师的指导,提高学生的自主性	致力于参与者,既包括学生主体性也包括教师主体性,特别是后者

表6-2 教育4.0与其他教育术语定义

术语	定义
在线教育	在线教育通过将教师和学习者与面对面教学分开,使用计算机网络提供双向通信来展示或分发任何教育内容
移动教育	通过移动电话、笔记本电脑、iPad等个人电子设备的连接进行学习
数字化教育	数字化教育是通过数字技术进行学习和教学的过程;它是针对日益增长的方法、概念和技术对教育的总体概念;数字化教育的模式范围从内容简单、数字格式转换成复杂的数字技术部署
智慧教育	智慧教育是一个专注于创造力的教育框架,鼓励学生使用最新的技术,并根据他们的技能和学术能力使用不同的材料进行学习
教育4.0	• 教育4.0涉及满足"创新时代"社会需求的问题;它与随着特殊的并行性、同步化和模拟特征而演变的技术相关联 • 教育4.0是一个具有交互体验的虚拟课程,是在集成学习和AI驱动技术作为主要教学技术背景下产生的 • 随着青年工程师将在工业4.0环境中工作,教育4.0不仅需要关注如何使用新兴技术来促进教学过程,也要关注那些能够促进他们熟悉技术的方法和研讨活动 • 教育4.0的提出源于教育理论家们的观察,他们认为第四次工业革命将给世界带来新的浪潮,并且不仅对经济产生重大影响,还将对教育产生深远的影响 • 教育4.0被描述为一种激发学习者非传统思维的思想流派

邦菲尔德（Bonfield）等[①]对智能校园项目、数字助理 Genie、慕课（MOOC）及继续教育的案例展开研究，提出教育 4.0 领域中许多实践并不是基于严谨的规划和研究，需要更多研究深入检验先进技术（如人工智能）给教育领域带来什么挑战，挖掘尚未被发现的机会，持续反思现有教育方法和教学方法需要如何转变，以促进学习者应对工业 4.0 的挑战。Zhai[②]提出机器学习可以在改进评估的实践中发挥作用，例如使评估更接近学习的目标、拓展收集证据的方法、提供更好的观察解释和使用证据的手段，实现对即时和复杂的决策制定和行动的支持。卡洛吉安纳基斯（Kalogiannakis）等[③]发现科学教育中游戏化应用可以增加学生的参与度，尤其是通过使用竞争、积分、等级和奖励等游戏化元素，来提升学生兴趣和参与度。

数字技术、智能技术带来的改变不只是引入教育系统一套信息产品、工具和技术，更是塑造一种新的教育过程，为人们开启了随时学习和终身学习的机会。在教育 4.0 愿景中，学习过程越来越与学习者需求相关。教育体系转变为更加个性化的形式，学习者必须对自己的教育选择做出决定。这就要求教育系统不仅要专注于技术领域，如大数据、数字眼镜、可穿戴技术、物联网、智慧城市、无人自主工厂和 3D 打印机，还需要关注分析思维、对数字文化的亲和力、智力资本管理、创意库等[④]。

与此同时，随着个人越来越多地依赖社交媒体作为获取科学信息

[①] BONFIELD C A, SALTER M, LONGMUIR A, et al. Transformation or evolution: Education 4.0, teaching and learning in the digital age[J]. Higher education pedagogies, 2020, 5 (1): 223-246.

[②] ZHAI X. Practices and theories: How can machine learning assist in innovative assessment practices in science education[J]. Journal of science education and technology, 2021, 30 (2): 139-149.

[③] KALOGIANNAKIS M, PAPADAKIS S, ZOURMPAKIS A I. Gamification in science education: a systematic review of the literature[J]. Education sciences, 2021, 11 (1): 22.

[④] MUKUL E, BÜYÜKÖZKAN G. Digital transformation in education: a systematic review of education 4.0[J]. Technological forecasting and social change, 2023, 194: 122664.

的主要来源，科学教育也需要适应科学传播对科学教育的影响。社交媒体不仅改变了公众获取科学知识的方式，而且影响了公众对科学话题的兴趣和看法。科学社区、媒体（作为功能性中介者和传统的"守门人"）及一般公众（作为公民消费者）之间的科学交流，是传达和转化科学信息的重要认知过程和实践，最终决定了公共领域中科学的形象[1]。教育者需要适应这一变化，开发新的教学方法和策略，利用社交媒体的优势促进科学知识的传播和公众科学素养的提升，同时也要警惕和应对其中可能出现的误导和信息失真的问题。数字化教育在提高教学质量、激发学生兴趣、丰富教学资源、自动化教学任务及培养生活技能的同时，也会带来写作技能的丧失、对设备的依赖、社交技能的下降及对健康的负面影响[2]。

现代化的核心是人的现代化，支持人民跟上时代步伐始终是党中央关心的重大问题[3]。在历史前进的逻辑中前进，在时代发展的潮流中发展。在中国式现代化建设征程中，深度参与全球产业分工和合作，无疑需要新型劳动力供给能力的显著提升，这是关系国力兴衰、民族未来的根本性问题。科学教育是非常重要的公共产品，国家和社会都是构成教育体系的一部分，协力推动下一代成为适应新的人工智能发展的创新力和技能拥有者。

新阶段的科学教育将呈现"一体多面"的特征，其本质内涵也依据取向有所变化，呈现出多维性。就高等师范教育而言，科学教育作为一个专业，主要以培养科学教师和科技辅导员为目标；就基础教育而言，科学教育与人文教育相对，是以自然科学内容为主的一类课程所进行的教育教学活动，已经成为现代教育体系的重要分支和组成部

---

[1] HÖTTECKE D, ALLCHIN D. Reconceptualizing nature-of-science education in the age of social media[J]. Science education，2020，104（4）：641-666.

[2] BILYALOVA A A, SALIMOVA D A, ZELENINA T I. Digital transformation in education [M]//ANTIPOVA T. Integrated science in digital age：vol. 78. Cham：Springer International Publishing，2020：265-276.

[3] 郭哲. 以人民的科学教育推动大众科学的蓬勃发展[J]. 中小学科学教育，2024，4（4）：9-12.

分；就课程实施途径而言，科学教育既可以通过综合科学（如小学科学、初中科学）实现，也可以通过物理、化学、生物和地理等分科课程进行，同时广义上也涵盖数学教育、技术教育和工程教育等内容[①]。

具体到科学教育实践中，新阶段的科学教育亟待从传授客观的科技知识和技能转向关注"形成中的科学技术"，关注科学家不断寻求真知、探索真理、发现真相的过程，让公众在知识传播过程中，体会和发展科学探究的技能，全面与动态地认识科学，改变对科学的简单化与单一化理解，从而实现科学素养的有效提升。传统的静态科学知识观对应授受主义，以教师和内容为中心，要求教师要有丰富的知识及教授技巧；现代的科学知识观往往对应学习科学视角，强调以学生为中心，鼓励指导性探究，强调让学生进行科学实践，如学生能够提出问题、开展探究调查、分析和解释数据、建构解释和开展论证等，在这一科学知识观下，对教师专业能力的要求更多的是能够熟知并应用学习科学的相关理论，掌握认知规律，引导学生学会学习，使之掌握学习策略和工具等。

同时，伴随科技进步和国际竞争的加剧，科学教育育人趋势也呈现出新的演化规律，科学教育的人才观转向更为复杂更为系统的成功智能素养观。人才观作为对人才识别、选拔、培养和管理的根本看法，决定着课程目标和育人路径的基本导向。培养科技创新人才成为科学教育人才观的核心取向，这一观念的变迁反映了科学教育育人趋势的深刻变革。长期以来，科技创新人才观经历了智力为主的天才观、多元智能的拔尖人才观、多因素的精英人才观及强调综合素养的人才观4个主要阶段[②]。其中，智力为主的天才观主要以智力水平来识别科技拔尖人才，并以智力得分在前3%～5%作为选拔标准，如仁祖利在"旋转门"鉴别模型中提出创建包括普通人群前15%～20%的

[①] 郑永和，周丹华，王晶莹. 科学教育的本质内涵、核心问题与路径方法 [J]. 中国远程教育，2023，43（9）：1-9，27.

[②] 郑永和，周丹华，王晶莹. 科学教育的本质内涵、核心问题与路径方法 [J]. 中国远程教育，2023，43（9）：1-9，27.

人才库①。随着多元人才需求的社会化发展,以单一的智力标准选拔和衡量人才的时代一去不复返,多元智能的拔尖人才观出现,即拔尖人才是多种智能相互作用和高度发展的结果。基于此,多因素的精英人才观得以发展,即科技创新人才是自我组织和适应高度复杂系统的结果,其重点不再是个人属性,而是人们适应复杂系统的行为及其发展。进入21世纪后,创新思维与创新能力成为创新人才的核心特质,以素养提升为切入点的科技创新人才识别与培养成为主流观念,在提升全体学生科学素养的基础上,培养多元综合、全面发展的通识型人才成为当代科学教育的主流育人观(图6-6)②。

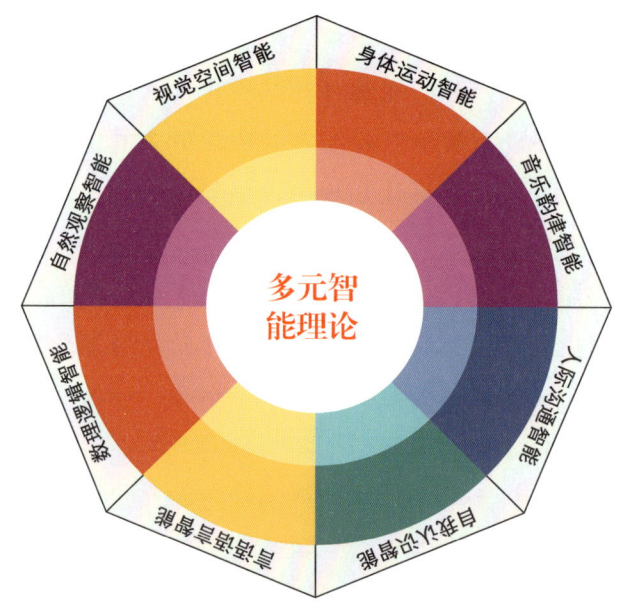

图6-6 霍华德·加德纳多元智能理论的八大智能

科技创新后备人才培养特征的演进反映出科学教育育人理念的历史变革,主要表现在4个层面:

---

① 阎琨,吴菡.拔尖人才培养的国际趋势及其对我国的启示[J].教育研究,2020,41(6):78-91.
② 钟志贤.多元智能理化与教育技术[J].电化教育研究,2024(3):7-11.

一是从精英教育转变为差异化教育。教育史上的精英教育理论对应以智力为主的人才观，认为教育的目的是培养天才。这显然与教育普及化的历史趋势不符，更违背了社会民主化进程，因此势必被时代抛弃。此后，个性化教育逐步登上历史舞台，其本质在于为不同的学生提供适应其能力与需求的教育，最大限度地释放个人潜能，根据学生的天资为其提供差异化的教育支持是真正公平的体现。

二是从补齐"短板"到锻造"长板"。以"木桶效应"比拟创新人才早期培养理念，即木桶盛水量的多少并不取决于桶壁最长的木板，而是最短的那块。但在群体协作与智能技术高速发展的当代，代表人才最高水平的"长板"才是人才核心竞争力的集中体现。

三是由关注个人向强调合作转变。早期创新人才的研究多局限于个人的认知与非认知因素的影响，往往脱离了人才成长的物理环境、家庭环境和社会环境的交互式影响。但各类研究不断印证，学习产生于人与人之间思维和语言的交互中，由此科学教育过程的合作化环境影响成为研究重点。

四是从培养个体向塑造文化转变。与前者相似，从国家和社会内部一致性层面反思文化对人才成长的影响，系统性地考虑个体和社群成长的内部与外部因素，将有助于理解创新人才涌现的社会文化背景[1]。当前科学教育对于科技创新人才的培养更加重视个体学习与社会文化和家庭环境的交互影响，同时注重培养过程的贯通与连续，为人才成长提供更加多元交互的发展路径。

综合来看，智能时代面向世界科技强国建设的科学教育，倡导从科学本质出发，关注科学发展的基本规律和时代特征，以先进的学习理念为指导，设计适当的教育活动，帮助学习者学习科学知识，掌握现代科学方法，学习运用现代信息技术与数据技术解决问题，了解科学、技术、工程与社会及人类可持续发展的关系，培养批判性思维和

---

[1] 郑永和，王晶莹，李西营，等. 我国科技创新后备人才培养的理性审视[J]. 中国科学院院刊，2021，36（7）：757-764.

创新能力及主动参与公共科学事务的责任感，涵养科学精神，全面提升科学文化素质。

科技馆作为现代科学教育体系的重要组成部分，在过去50余年中，已然向社会与公众证明其作为科学教育的关键场所，通过科学性、知识性、互动性相结合的展览展品和参与体验式的教育活动，反映科学原理及技术应用，鼓励公众探索实践，激发学习者的科学兴趣和好奇心。展望未来，科技馆需要进一步顺应科学教育发展的时代潮流，推动形成校内教育与校外教育高度互补及学科和跨学科科学教育之间的融合格局。服务智能时代人的全面发展，革新理念、破壁、升维、跨界、协同，贯通科学教育、人才培养、精神养成、文化涵养各个环节，创造一种新的场景，提升人们跨学科沟通、跨领域对话的能力，把高品质服务产品送到公众中间，培养人通过科学方法提升自主探究世界、创造知识、应用实践的能力，让构筑"人桥"成为时代新的特质，让今天的年轻人敢于面向未来、解决无法预见的复杂问题；更加重视科学家精神、创新能力、批判性思维的培养培育，训练人正确地感受和定义世界问题（产生批判性思维），使他们在解决问题时产生创新的想法（创造性思维），并使用正确的方法和技术（科学和分析思维），推进产教融合、科教融汇，推动现代化的科学传播、教育体系构建，构筑起全民科学化、现代化的思想方法和思维方式，不断提升全体人民矗立前沿、引领科技文明时代的能力。

4 我国科学教育的发展、困境与突破

（1）我国科学教育的发展历程

我国科学教育的发展历程可以分为6个阶段，分别是起步尝试阶段（1904—1949年）、模仿摸索阶段（1949—1978年）、萌芽发展阶段（1978—2001年）、整体推进阶段（2001—2014年）、创新探索阶段（2014—2022年），以及全面深化阶段（2022年以来）（表6-3）。

表6-3 我国科学教育的发展历程概览

阶段	时间范围	主要特点
起步尝试阶段	1904—1949年	1904年"癸卯学制"标志制度化
模仿摸索阶段	1949—1978年	① 新中国成立后发展迅速，但体系尚未成熟 ② 1977年"自然常识"正式纳入课程
萌芽发展阶段	1978—2001年	① 科学教育步入正轨 ② 提出"科学素养"概念 ③ 学校和科技馆共同促进学生科学文化素质发展
整体推进阶段	2001—2014年	① 基础教育课程改革推动综合科学课程发展 ② 2001年发布首部中小学科学教育课程标准 ③ 馆校结合逐步发展
创新探索阶段	2014—2022年	① 重视学生发展核心素养 ② 健全馆校合作机制
全面深化阶段	2022年以来	① 党的二十大报告强调教育、科技、人才一体化发展的重要性，发布专门政策文件 ② 重视师资培养和科学教育资源的均衡发展 ③ 建立健全科学教育体系，实现多主体协同育人

① 新中国成立前的科学教育：我国科学教育的起步尝试阶段（1904—1949年）。

中国的科学教育源起于20世纪初，正值传统学校向现代学校转型之际。当时西方科学教育已逾300年历史。随着西方传教士来华设立教会学校，洋务派也创建了专门的语言和技术学堂。1901年清政府宣布改革，并于1904年颁布《奏定学堂章程》，标志着普通中小学科学教育正式制度化。无论是清末还是民国时期，科学教育在小学低年级课程中都占据重要地位。

② 新中国成立初期的科学教育：我国科学教育的模仿摸索阶段（1949—1978年）。

新中国成立后，科学教育事业得到迅速稳步发展。1950年教育部颁布《中学暂行教学计划（草案）》，并拟定《小学课程暂行标准初稿》，在小学中高年级开设自然常识课程。值得注意的是，这一时期我国并未形成自己的科学教育体系,教材内容也不完备,主要模仿苏联。1955年教育部发布《关于颁发"小学教学计划"及"关于小学课外活动规定"的命令》,并于次年发布自然课程教学大纲,规定从一年级开始进行系统的自然常识教学,使我国科学教育进一步系统化和规范化。1958年受"大跃进"影响,教育权限下放,导致教学大纲和教材多样化,在一定程度上影响了教学的统一性。1963年国家颁布第二个自然课程教学大纲,统一使用人教版的《高级小学课本自然》及教学指导书,调整了课程设置。1977年国家发布了《全日制十年制学校小学自然常识教学大纲(试行草案)》,自此科学教育正式以"自然常识"之名披挂上阵,开启新的历史篇章(表6-4)。

表6-4 1929—1963年科学课程设置情况

时间	标志性事件	名称	学制	课程设置
1929年	《中小学课程暂行标准》发布	自然	低年级(1~2年)	占全部课程的7.89%
		自然	中年级(3~4年)	占全部课程的9.09%
		自然	高年级(5~6年)	占全部课程的9.80%
1932年	《小学正式课程标准》(又称"小学课程标准总纲")发布	常识	低年级(1~2年)	90分钟/周(自然课时)
			中年级(3~4年)	120分钟/周(自然课时)
		自然	高年级(5~6年)	150分钟/周(自然课时)
1936年	《修正小学课程标准》发布	常识	低年级(1~2年)	90分钟/周
			中年级(3~4年)	120分钟/周
		自然	高年级(5~6年)	150分钟/周
1956年	《小学自然教学大纲(草案)》发布	自然	低年级(1~2年)	大纲规定从1年级开始进行系统的自然教学。1~4年级结合语文科目学习"生物界自然",规定了在语文课中自然课课时
			中年级(3~4年)	
		自然	高年级(5~6年)	单独设科
1963年	《全日制小学自然教学大纲(草案)》发布	自然	高年级(5~6年)	单独设科

③科教兴国战略背景下的科学教育：我国科学教育的萌芽发展阶段（1978—2001年）。

自改革开放以来，我国经济和社会发展取得了显著进步。随着"科学技术是第一生产力"的理念深入人心，我国开始将科技进步作为推动经济和社会发展的关键力量。这一理念的深化催生了科教兴国战略的实施，标志着科学教育在我国的地位达到了前所未有的高度。在邓小平等领导人的倡导下，科学研究和教育事业得到了大力发展。1978年3月，全国科学大会召开，强调了科学研究和教育的重要性。随后，中国科协代主席周培源提出要积极开展科学普及工作，提高全民族的科学文化水平。这些举措为青少年的科学技术活动注入动力。1992年，我国颁布了《九年义务教育全日制小学自然教学大纲（试用）》，首次提出"科学素养"的概念，并为自然科学课程的现代化和科学文化素质教育的课程化目标奠定基础。

1995年，中共中央、国务院明确提出实施科教兴国战略，将提高全民族的科技文化素质作为重要内容。在这一战略指导下，科学教育成为增强国家科技实力的关键一环。1997年国家教委颁发《关于当前积极推进中小学实施素质教育的若干意见》，掀起素质教育实践的区域性高潮。1999年，国务院批转教育部制定的《面向21世纪教育振兴行动计划》明确提出实施"跨世纪素质教育工程"，整体推进素质教育。同年，中共中央、国务院也发布了《关于深化教育改革全面推进素质教育的决定》，提出场馆（博物馆、科技馆）等要向学校学生免费或优惠开放，馆校结合机制在素质教育改革的背景下应运而生。改革开放以来我国在科学教育和科技创新方面取得的长足进步，不仅提升了我国的国际地位，也为国家的可持续发展奠定了坚实基础。

④综合科学课程的出场：我国科学教育的整体推进阶段（2001—2014年）。

1999年中国从"低收入国家"毕业，进入中低收入国家行列，为2001年基础教育课程改革的推行提供了保障。1999年，《中共中央、国务院关于深化教育改革全面推进素质教育的决定》出台，明确了素质教育的目标、内容及保障措施。在上述背景下，我国基础教育为适应时代发展和实施素质教育的需要，掀起了一场规模空前的课程改革运动。此次基础教育课程改革使义务教育阶段形成了专门的综合科学课程，标志着我国科学教育进入综合科学课程的整体推进阶段。

2001年6月，《基础教育课程改革实施纲要（试行）》正式颁布，指明科学教育课程改革总体方向的同时，也明确提出学校要广泛利用校外博物馆、科技馆等社会课程资源开展教学。同年7月，教育部颁布了新中国成立后第一部关于中小学科学教育的课程标准《全日制义务教育科学（3～6年级）课程标准（实验稿）》（图6-7）和《全日制义务教育科学（7～9年级）课程标准（实验稿）》，标志着小学科学课程开始与国际小学科学课程接轨，也为中小学综合科学课程的开发与正式实施提供了有效参照。与传统的分科课程相比，综合

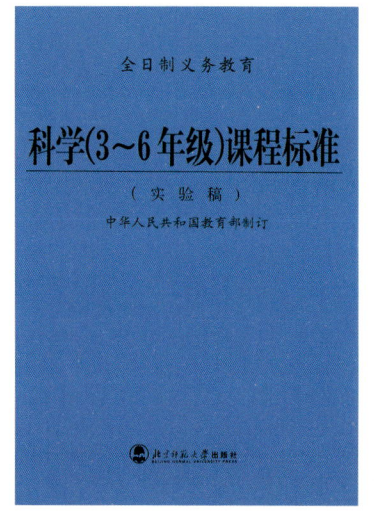

图6-7 《全日制义务教育科学（3～6年级）课程标准（实验稿）》

科学课程试图超越学科的界限，主张统筹设计和整体规划，强调各学科知识领域的相互渗透和联系整合。

2006年6月，中央文明办、教育部、中国科协联合发布《关于开展"科技馆活动进校园"工作的通知》，这是我国部委出台的第一个专门针对"馆校结合"的正式文件。该文件的出台将校园综合科学课程的发展又推向了一个新的高潮，对于补充学校综合课程的建设起到了重要作用。

⑤科学教育的"核心素养立意"：我国科学教育的创新探索阶段（2014—2022年）。

2012年，我国实现了国家财政性教育经费占国内生产总值4%的

目标，这标志着我国教育改革与发展有了更坚实的财政支持，并进入了"后4%"时代。这一比例的实现和保持为提升教育质量和促进公平提供了基础。在2011年我国全面实现普及基础教育之后，义务教育的均衡发展成了重点任务。面对知识经济、产业转型及全球化和信息化的挑战和机遇，教育部在2014年提出了全面深化课程改革和立德树人的重要任务，强调了学生发展核心素养体系的构建。在此背景下，科学课程和教学改革以培养学生的科学核心素养为目标，进行了教育模式、方法和评价体系的全面革新，迈入了"核心素养立意"的新阶段。

2015年9月，国家文物局、教育部出台《关于加强文教结合、完善博物馆青少年教育功能的指导意见》，政策的目标是实现博物馆青少年教育资源与学校教育的有机衔接，探索构建具有均等性、广覆盖的中小学生利用博物馆学习的机制，联结社会力量为学生核心素养的发展提供支持。自2017年9月起，小学科学课程提前至一年级，强化了学段间的衔接和素养导向。自2017年起，以中国科技馆为代表的科技类博物馆先后与北京市200余所中小学校签约合作，共建"馆校结合基地校"，培养学生的核心素养。2020年10月，教育部和国家文物局发布《关于利用博物馆资源开展中小学教育教学的意见》，明确了进一步健全馆校合作机制，促进博物馆资源融入教育体系，为学生的核心素养发展提供良好的校外学习环境。2022年3月，教育部发布的《义务教育科学课程标准（2022年版）》进一步明确了培养学生科学核心素养的目标，包括科学观念、科学思维、探究实践和态度责任4个维度（图6-8）。这个时期无论是校内的科学课程体系和标准，还是校外的科技馆、博物馆资源，都在为学生核心素养的发展提供沃土。

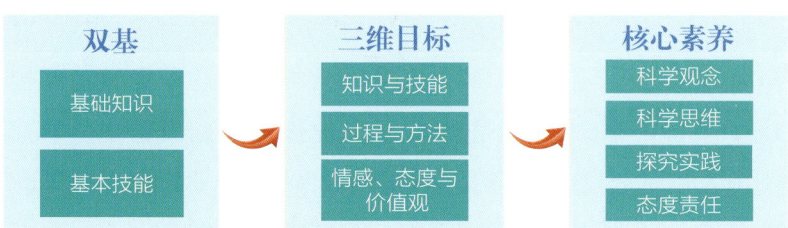

图 6-8 我国科学教育目标的演进

⑥教育、科技、人才三维耦合中的科学教育体系：我国科学教育的全面深化阶段（2022年以来）。

2022年，我国人均国民总收入（Gross National Income，GNI）达到1.26万美元，即将迈入高收入国家行列。在此背景下，我国正面临着优化产业结构和经济高质量发展的任务，需把握新一轮科技革命和产业变革机遇，强化关键核心技术研发。科学教育对培养创新驱动发展的科技人才至关重要。党的二十大报告提出中国式现代化理论，强调教育、科技、人才对实现社会主义现代化国家的基础性、战略性作用。教育部等十八部门发布的《关于加强新时代中小学科学教育工作的意见》，强调要推进学校主阵地与社会大课堂有机衔接，这也标志着科学教育的全面深化，以及与教育、科技、人才一体化发展的深度融合（图6-9）。

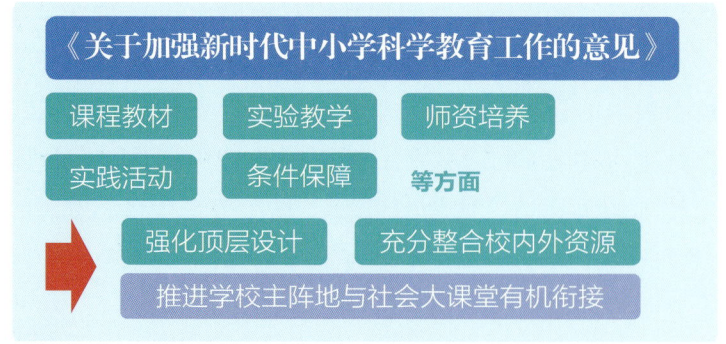

图 6-9 《关于加强新时代中小学科学教育工作的意见》主要方面

2023年5月，教育部办公厅印发的《基础教育课程教学改革深化行动方案》持续推动科学素养提升，加强科学类学科教学和科普教育，改善教学装备。同时，《教育部关于实施国家优秀中小学教师培养计划的意见》旨在解决小学科学教师数量与专业化不足问题，提升教师素质以支撑科学课程改革。义务教育均衡发展督导评估通过后，我国义务教育进入优质均衡发展阶段，注重科学教育的全纳属性和帮扶薄弱地区及特殊儿童群体。2023年6月，《关于构建优质均衡的基本公共教育服务体系的意见》出台，强化科普资源在教育中的作用，鼓励科技馆和科普基地免费或低收费向学生开放。2023年7月，教育部办公厅、中国科学院办公厅、中国科协办公厅联合印发《关于做好2023年下半年全国中小学教师科学素质提升培训工作的通知》，中国科技馆联合地方科技馆、高等院校、科研院所等社会力量，共同组织开展"馆校合作中小学教师科学教育实践能力提升"项目专题培训。2023年12月，教育部办公厅发布《关于推荐首批全国中小学科学教育实验区、实验校的通知》，中国科技馆积极牵头各地级市科技馆建设区域性科学教育中心，充分发挥科技馆在全面深化科学教育改革中的作用。

总体来说，科学教育在这个阶段的布局和实施已上升至国家教育战略层面，愈发聚焦校内外科学教育资源整合和多主体协同育人，以建立促进教育、科技、人才三维耦合的科学教育体系。

（2）我国科学教育面临的问题与挑战

早期我国在科学教育发展上主要直接应用国外科学教育理论，以及借鉴国外的科学实践，快速填补教育体系的空缺，推动科学技术的发展。随着现代化事业的推进，我国结合自己的国情、文化特色和教育传统，逐步探索和发展出适合的科学教育模式。

2000年6月，中国科学院院长路甬祥在中国科技会堂做了题为"关于新世纪科学教育的几点思考"的综合性学术报告。2000年8月中国科学院学部提出了《面向21世纪发展我国科学教育的建议》，强调建立适应新世纪需求的科学教育体系，呼吁针对中国科学教育的弱点进行重大改革以健全和完善科学教育的内部及外部发展机制。学术界发声代表中国科学教育界已经开始深刻反思和积极探索适应国情需求的科学教育体系。蔡睿琳等[①]分析了 2000—2022 年国家政府发布的 21 份与科学教育相关的政策文件，发现中国政府已积极从教育理念、教育目标、基本内容和实施方式 4 个要素全面涵盖科学教育的各个方面。

在大量引介国外经验的基础上，STEM 教育逐渐成为我国基础教育改革领域的新风潮。2016 年，教育部发布《教育信息化"十三五"规划》，正式提到推动跨学科 STEM 教育，打造群体创新空间。2017 年教育部印发的《义务教育小学科学课程标准》，首次增设技术与工程领域，将跨学科的 STEM 教育目标融入课程标准中。2018 年，教育科学研究院"中国 STEM 教育 2029 创新行动计划"的发布和正式启动，标志着 STEM 教育愈发受到国家教育战略的高度肯定。

Ma[②]认为中国的 STEM 教育主要被视为一个由设计和实施问题组成的政策问题，其首要目标是促进经济增长和未来劳动力的能力技能。但这种偏向忽视了 STEM 教育在培养批判性思维、创造性解决问题能力及对社会和伦理问题的深刻理解方面的潜力。STEM 教育应超越现有的经济和实用主义框架，向包含人文、社会科学和艺术的跨学科学习转变。强调应将 STEM 教育视为一种实践（praxis），关注其生活化、伦理和历史维度。鼓励教师和教育工作者以新的视角理解 STEM，促进跨学科视角的深入研究和批判性思考。

人才是人工智能引领的颠覆式创新时代的"制胜法宝"。在人工智能领域，已出现存量稀缺和高位缺席的双重困境。主要国家和企业巨头一掷千金延揽人才，面向未来加紧人才战备，新一轮人才竞争的大幕已经拉开。尖端人才的流动也伴随着颠覆式技术热点的迁移。据统计，美国拥有 60% 的顶级人工智能机构和 42% 的顶尖人工智能研究人员，中国面临尖端人才缺乏和流失的双重压力。在百年未有之大变

---

① 蔡睿琳，张爱琴. 21 世纪以来我国科学教育政策发展特征与推进路径：基于 NVivo12 的文本分析[J]. 教学研究，2023，46（6）：19-27.
② MA Y. Reconceptualizing STEM education in China as praxis：a curriculum turn[J]. Sustainability，2021，13（9）：4961.

局下，创新人才尤其是科技创新人才越来越成为决定国家竞争优势的一个关键变量，各国纷纷对科学教育予以重点关注。习近平总书记指出，要在全社会营造尊重劳动、尊重知识、尊重人才、尊重创造的环境，形成崇尚科学的风尚，让更多的青少年心怀科学梦想、树立创新志向[1]。然而，现阶段我国科学教育仍面临着突出的问题与挑战。

①中小学科学教育未能维持青少年的科学兴趣。

国际评估显示，与科技发达国家相比，我国义务教育阶段学生在科学基础知识的掌握上整体优势明显，但拔尖学生比例远低于美国，学生基于计算机等现代技术手段的动态问题解决能力明显不足，折射出学生对科学知识的生产过程及科学本质缺乏深入理解，对科学方法的意义和运用缺乏真正掌握。多数青少年学生缺乏对科学事业的认识，从事科学相关职业的意愿远落后于OECD国家的平均水平（图6-10）。我国小学生接受科学教育的机会不足，同时初中阶段的科学教学效率不高，科学教育师资专业化水平整体比较落后，科学教师运用技术促进科学学习的程度较低。

科学教育的主要问题之一，是学生往往认为许多科学课程无趣、不吸引人，也没有用。这种认知产生的一个主要因素，是科学教学与学生和社会的日常生活缺乏联系。从历史上看，科学教育者认为自己更倾向于科学而不是教育。科学课程从来都是不加批判地基于逻辑实证主义的角度来构建和教授的，并且在很大程度上是以抽象概念和原理的掌握为目标，很少与现实生活经验联系起来。科学课程采用以历史倾向为重点的科学教学形象，学生们将学习过去的伟大发现，而不是当今科学家的实践。因此，在学习者的心目中，科学与现实世界经验之间的联系是很脆弱的。尽管越来越多的社会学研究已经表明，科学既是一项技术事业，又是一项社会文化活动，但科学课程依旧缺乏对社会和政治过程的关注，将科学进步描绘成基于个人或集体的直线

---

[1] 习近平：《加快建设科技强国 实现高水平科技自立自强——在中国科学院第二十次院士大会、中国工程院第十五次院士大会和中国科协第十次全国代表大会上的讲话》（2021年5月28日）。

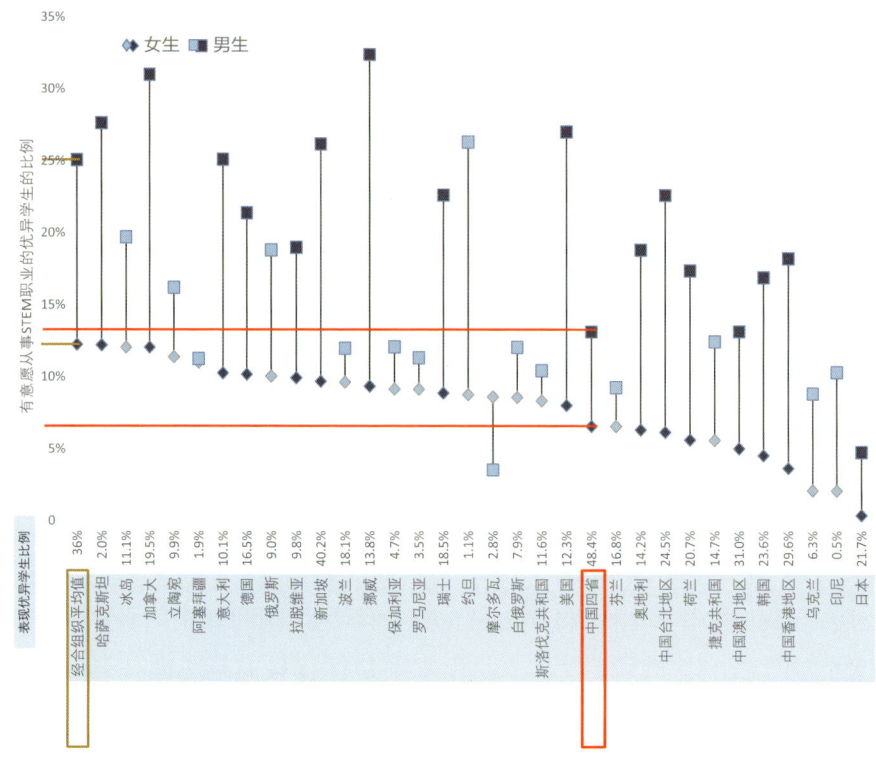

图 6-10　PISA 2018 学生 STEM 职业期望情况[1]

发展[2]。

一个人是否会从事科学相关领域（如科学、技术、工程和数学领域）的工作，通常是由其在儿童和青少年时期的科学经验决定的，也跟一个国家经济环境的开放性及高等教育发展水平和结构（如高等教育可提供多少科技类专业入学机会）等有关。OECD 国家平均 24% 的学生愿意从事科学相关的职业，这个平均水平与目前这些国家能够提供给学生接受高等科技教育的机会比例接近[3]。我国学生较高的科学学业

---

[1]　中国四省是指北京市、上海市、江苏省和浙江省。
[2]　KYLE W C. Expanding our views of science education to address sustainable development, empowerment, and social transformation[J]. Disciplinary and interdisciplinary science education research, 2020, 2（1）: 2.
[3]　杨文源, 魏昕, 杨洁, 等. PISA 测评: 国际青少年科学素质全景解读[M]. 北京: 中国社会科学出版社, 2019: 155-156.

成绩和较多的学习时间投入与较低的科学职业期待之间的显著落差说明，科学教育和科普活动在量上的增加，未必能带来学生科学成绩和科学情感的同步提高。因此，真正提高科学教育的质量，必须高度重视提升科学教育者的专业水平，提高科学活动设计的适当性和丰富性。

国内对应研究发现，中小学科学实践活动中"重做事、轻思考"的现象比较普遍，学生的科学思维活动和基本的科学性实践的机会不够。初中课堂中的科学探究"有形无实"，鲜有论证、建模、计算思维等重要科学实践。尽管许多学校引入了新的学习方式，但依然缺乏对学习和创新本质的理解，不乏简单化、表层化的处理。对科学究竟该怎么教、教什么，我们的许多老师还不甚清楚。如果这种对科学教育的错误认识和偏颇实践得不到认真的研究和及时纠正，将会严重桎梏儿童和青少年的心智发展、削弱他们对科学的兴趣，也必然会影响科学教育后续结果，乃至对大学阶段理科人才的培养产生不利的连锁反应。

针对这些短板，我国青少年科学教育应着重培养学生的科学兴趣持久性和科学身份认同等非认知品质，帮助学生建立"科学与我有关""科学也是属于我的""我能够学好科学"的信念和效能感，发展学生基于科学推理的科学思维能力、运用现代科学方法进行科学实践的能力，着力内化科学精神品质，并借此培养学生在新时代的胜任力，如适应力、复杂沟通能力及社会技能、非常规问题解决能力、自我管理和自主发展能力、批判性思维和系统思维等。

②科学教育者培养体系不完善且理念落后。

职前理科教师培养体系方面，从课程结构上看，比较重视学科基础知识、学科教学法知识和学科教学实践能力。目前，理科教师教育主要还是围绕"学科教学法"设计的，针对未来教师所必备的科学素养能力、与科学素养相关联的整合性信息技术技能的培养未得到足够重视，信息化学习环境支撑等方面也有待加强，科学哲学、科学史等与理解科学本质有关的课程开设不足。本科层次的科学类教师培养，大多设立在某一理科院系里。甚至教育硕士层次科学类教师培养，过分偏重分科的理科教学法，学科间相对封闭。这样的培养模式难以满足现代科学发展对高素质、能融合创新的科学师资的要求。

在职教师专业发展方面，小学科学教师专业背景复杂，并以文科为主，且与科学学科专业关系不大。调查表明，专业背景为汉语言文学（含师范）的小学科学教师占比最高，超过五分之一（23.6%）；其次为小学教育（全科），占比13.3%；数学与应用数学（含师范）占比8.4%，英语（含师范）占比5.4%，其他专业各自占比不及4%[①]（图6-11）。在职教师培训课程中，针对科学文化素质提升的内容较少，教师很少有机会在真实科学场景中体验和参与科学。教研发展活动比较重视基于学科内容知识的教学技能研讨和对新型学习方式流程化的关注。教师对科学过程和科学本质的理解不到位。信息化促进教研发展的活动设计，但其缺乏先进理念的指导，存在信息化基本建设落后、信息技术门槛过高或欠灵活、教师难以运用于教学等问题，严重阻碍教师创新意识和科学文化素质的提升。

③多主体参与科学教育并发挥作用还缺乏有力的机制保障。

家庭既是科学教育的对象，也是校外科学教育的重要组织单元，在儿童和青少年科学兴趣的培养上起到重要的保障作用。对科技创新人才的早期培养，家庭的参与更是不可或缺。通过家庭科学工作坊[②]，让家庭及社会参与到科学教育之中，是欧美积极探索的新方式。我国家庭参与科学教育还未引起足够重视，儿童和青少年及家庭接触科学家的机会也不充分。

---

① 郑永和，杨宣洋，王晶莹，等. 我国小学科学教师队伍现状、影响与建议：基于31个省份的大规模调研[J]. 华东师范大学学报（教育科学版），2023，41（4）：1-21.

② MCCLAIN L R, CHIU Y C, ZIMMERMAN H T. Place-based learning processes in a family science workshop: Discussion prompts supporting families sensemaking and rural science connections using a community water model[J]. Science & education, 2022, 106(3): 645-673.

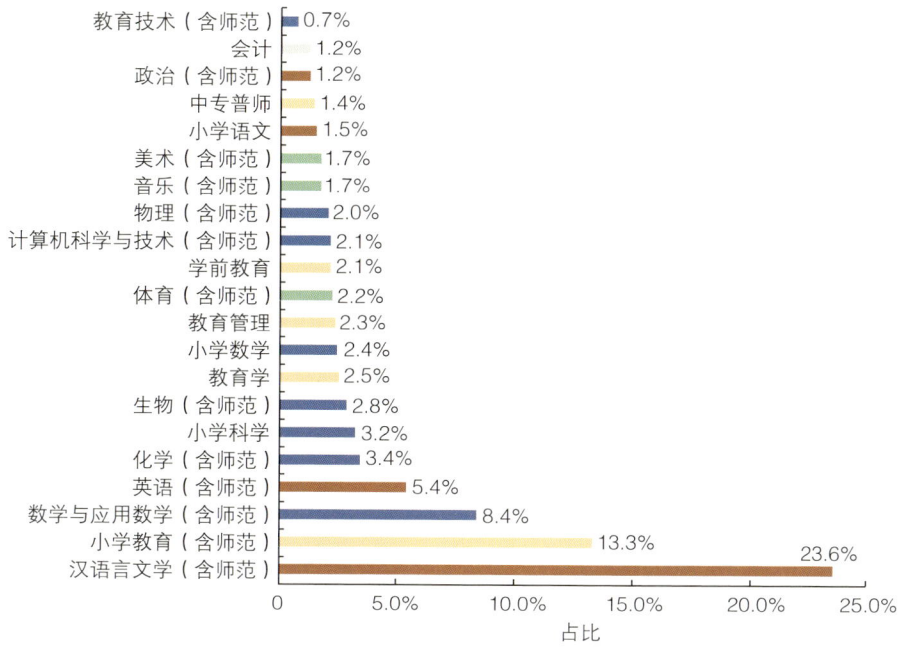

图 6-11 中国小学科学教师专业背景占比（排名前 21 位）

我国的一些高校、科研机构、科技场馆等社会主体积极投身于全国科普教育基地的建设①，并联合探索面向公众的特色主题科普活动，如基于大科学装置的科普展览（图 6-12）。但是在扩大科学的开放性，将公众科学项目、青少年科学研习课程项目日常化、专业化方面还有较大的提升空间。将科普纳入科学研究工作的组成部分，在许多科技发达国家已得到充分认可，但我国还缺乏相应机制对此加以有力推动和落实。

---

① 中国科协关于命名 2021—2025 年第一批全国科普教育基地的决定 [EB / OL]. [2024-08-09]. https://www.cast.org.cn/art/2022/4/2/art_51_182771.html.

图 6-12　世界最亮极紫外自由电子激光装置"大连光源"

"天宫课堂"是为发挥中国空间站的综合效益推出的首个太空科普教育品牌。科技馆体系多方协同，深度参与"天宫课堂"策划组织，助力其成为成效特别突出的全社会科普传播活动，成为我国教学教育活动中覆盖面广和参与公众多的一次重大科普实践（图 6-13）。2021 年 12 月和 2022 年 3 月，"天宫课堂"地面主课堂活动连续两次在中国科技馆举办，此外，200 余个实体科技馆、700 余个流动科技馆站点、500 余辆科普大篷车和 800 余个农村中学科技馆收看直播并开展现场活动，依托科技馆体系，全国各地的学校和地方一起参与到天宫课堂中来，共同分享太空授课的乐趣和收获，共同推动我国航天科普事业的发展。4 次"天宫课堂"演示的 19 项科学实验中，中国科技馆自主设计开发实验 10 项，在授课实验中占比超过 50%。其中，天地互动对比是"天宫课堂"的最大特点，通过构建沉浸式的学习环境，鼓励学生动手参与，在地面课堂老师的引导下同步开展地面实验。通过天地对比现象差异，直观了解实验背后的科学原理，完美匹配航天员在天宫中开展的实验。

图6-13 "天宫课堂"现场

此轮变革催生的智能社会为我国开启了难得的发展窗口期。历史上，英国借第一次工业革命兴起为世界强国时，人口在1000万人左右；美国在第二次工业革命崛起为强国时，人口在1亿人左右。我国"四化同步"的并联发展将为智能化发展提供巨大的成长空间，这是其他国家都难以比拟的优势。此次科技产业变革，无论从产业形态还是发展走向看，都向有利于我国释放综合优势的方向发展。抓住此轮颠覆式创新的机遇，把拥有十几亿人口的大国带入智能社会，将是人类发展进程中具有空前意义的伟大工程，也是实现中华民族伟大复兴的关键。塑造新时代的创新者要以创造之教育培养创造之人才，以创造之人才造就创新之国家。习近平总书记在党的二十大报告中关于教育、科技、人才一体化部署，整体性推进的重要论述，为我们在新时代新征程开启科教兴国、人才强国、创新驱动伟大社会历史运动新篇章提供了"根与魂",为新时代科学教育事业全面深化发展、为创新人才的涌现指明了方向。

5 科技馆呈现分科-综合-系统整合的科学图景

如果科学是一座山,各个学科就是站在山下不同之处望向这座山。跨界、综合、系统审视,才能看到山本来的样子。跳出还原论,从整体、系统的视角理解并展示科学图景和自然秩序的博物致知,是科技馆在科学教育、科学文化培育中不可替代的重要角色。

学校科学教育主要有学科教育和综合课程两种主要形态,也越来越强调多学科综合课程的作用。学科教育中的学科划分以分类学为基础,这是人类的一种认识现象①。学科教育在课程设置上有物理、化学、生物、地理、信息科技等,这些学科的划分是科学系统的不同层次在教育内容上的表征。通过"科学"的学科教育,人类可以获得对科学及科学研究差异化构面的认识,但需将其统一于对自然世界的整体理解。

学科教育具有科学分科和标准化两个特点。分科的优势是能最大化巩固学科知识,其弊端则是人为地对学科进行了划分,不利于学习者采取更为系统的视角来理解科学的整体意义,也局限了学习者运用多学科知识解决具体问题的可能性。标准化则是以"课标"和"知识点"为代表,所有的教学、考核内容都围绕知识点展开,然后根据知识点设定标准答案。这种模式虽有助于学生对知识的掌握,却割裂了"知识"与"真实世界"的有机联系,科学实践被大大忽视。

在科学、技术、工程及各领域融合发展的态势下,学科教育已然不能满足时代的需求,学校对于多学科融合的需求逐渐突出。为了满足这一教育需求,国际科学教育界探索出科学综合课程,力图缓解科学课程间的分离状态。科学综合课程通常以综合实践课程、研学课程、校本课程等形式出现。科学综合课程充分考虑到了科学的系统

---

① 裴新宁.重新思考科学教育的若干概念与实施途径 [J].中国教育学刊,2022(10):19-24.

性，为学生提供科学经验，帮助学生进一步深度理解科学知识，加强学生应用科学知识解决问题能力的培养，以便提高学生的科学素养和知识应用能力。科学综合课程教学侧重科学经验、科学技能、科学应用等方面，以合作探究、问题解决、项目式教学、融合式教学等具有实践特征的教学方法开展具体的教学活动。

突破课程区隔，走向系统整合是当今处理科学教育的综合和分科关系的国际共识。当今国际范围内对科学教育的共识性理解已经超越了单纯课程形态意义上的综合与分科之争，各国的学校课程中综合性科学课与分科的物理、化学、生物、地理、信息科技等课程将长期并存，但在课程标准、课程目标、课程内容与学习方式等方面将不再各自为政，而是在学习科学的理论基础之上，系统整合于科学文化境脉与科学实践逻辑之中。推动这一统合进程并保障其健康发展，不能仅仅依靠学校科学教育的支持，还需要科学家、政策制定者、科学教育研究者及校外的科学教育主体等构成的科学教育实践共同体协同参与①。尤其以科技馆为代表的校外科学教育主体，是科学教育走向系统整合的重要力量。

科技馆中的科学教育以系统整合凸显了不可替代的优势。科技馆（science and technology museum）的英文原意是科学技术博物馆，既是由内部各类结构要素相互作用、相互协调所构成的有机整体，又与外部社会科技进步、经济发展、文化繁荣等相互联系、相互影响。科技馆三大主要功能为教育功能、研究功能、服务功能，最核心的功能是教育功能，主要体现在观众个体通过参与科技馆的展览与活动后所获得的科学素养的提升及其对社会进步发展的推动作用中。科技馆作为校外教育的重要场所，以参与体验的方式向社会公众传播科学知识，是科学教育的社会性载体，也是社会教育的重要组成部分。科技馆

---

① LINN M C, GERARD L, MATUK C, et al. Science education：from separation to integration[J]. Review of research in education, 2016, 40（1）：529-587.

学习能够显著提高学习者的认知、情感和社会技能[1]。

相对于其他场所的科学教育，基于科技馆的科学教育呈现出其自身的特征，对这些特征的描述是基于科技馆的科学教育如何尽可能地把科学实践化、概念化并让参与者认知科学。科技馆学习环境对学习者培养积极的科学兴趣、科学态度和身份认同起到了重要作用。这些特征还强调科学学习的结果，包括知识、技能、态度和思考的习惯等。

科技馆科学教育的六大特征如图6-14所示。

图6-14 科技馆科学教育的六大特征

（1）充分激发学生的兴趣和动机

动机、好奇心、情感参与及自愿坚持都是科技馆环境中科学学习的重要因素。学习者在与自然、物理世界互动时，体验到激动、兴趣及学习的动机就意味着正在发生科学学习。科技馆的教育强调开放式、主动式、启发式的学习，通过展览展陈、教育活动、交互式体验等方式提升公众的科学素养。科技馆学习是自由而愉悦的，不受约束，也没有考试的压力，观众能够自主地选择感兴趣的展品进行互动，并且自由地与他人进行交流。学生每一次基于科技馆的科学学

---

[1] 伍新春，谢娟，尚修芹，等.建构主义视角下的科技场馆学习[J].教育研究与实验，2009（6）：5.

习，都能基于先前的知识储备和学习经验，建构新的概念和方法体系。

(2) 促进学生理解科学内容和知识

在科技馆环境中接受科学教育，学习者开始形成、理解、记忆及使用与科学有关的概念、模型与事实。学习者还需理解主要的科学概念之间的关系，并用它们建立一种批判性的科学思考。基于科技馆的科学教育包括学习者在生活中使用科学知识的能力，其科学知识和科学活动是密切相连的，而非零散的科学性事实。因此，基于科技馆的科学教育活动在展品设计、互动活动项目和内容等方面都要注重变化，充分发挥科技馆环境的现有资源，通过观察、动手操作、合作交流、访谈等方式使学生在科技馆环境中获得科学新知。例如，吉查德 (Guichard) 研究调查了交互性展品的效果[①]，展品是一辆观众可以骑的固定住的自行车，车旁装有反射玻璃窗，该展品是为了帮助观众理解人类骨骼的结构和功能而设计的，当观众踩动自行车脚蹬时，玻璃窗中就会反射出正在运动的骨骼，以吸引观众关注下肢骨骼的作用和结构。结果发现，即使没有任何其他干预，这一展览体验也促进了儿童对人类骨骼结构及其功能的理解。

(3) 促进学生参与科学推理

在基于科技馆的科学教育活动中，学生经常会进行科学推理。科学推理是指基于证据的推理，包含设计和分析调查问卷，并基于数据进行分析和推理，从而得到结论。当数据不足以推理出结论时，则要明确回答问题所需的数据，以进行进一步的调查。许多科技馆环境都会为学习者提供观察、操作、提问、预测、探究、质疑等实践机会，在这些科技馆中，学习者根据问题开展一系列探究从而获得回答问题的数据，继而基于数据进行推理，从而回答和解释对自然现象的疑问。众所周知，相较于学校开设的科学教育课程，科技馆科学教育具备较大的自由度，能够为学习者提供独立思考与实验的机会。此外，

---

① GUICHARD J. Designing tools to develop the conception of learners[J]. International journal of science education, 1995, 17 (2): 243-253.

科技馆科学教育还具有交互性，学习者对展览施加作用力的同时，展览也在悄无声息地影响着学习者的认知体系①。例如，Koran等发现，移去贝壳展中展品的玻璃封盖，观众便有机会停下来拿起贝壳观察，这增加了驻足的观众人数和停留时间，提高了展览的互动性、观众的参与感及学习深度②。

（4）促进学生认知科学本质

在科技馆中，学习者通过参与科学活动，激发学习动机和兴趣，理解科学知识形成概念并记忆概念，对抽象事物进行逻辑推理。在日常生活中，学习者通过观察、实践和交流所获得的知识往往是隐性的。而在科技馆场景下，科技辅导员通过引导学习者对科学与自然、社会的关系等问题展开深入思考，能够有效提升学习者对这些隐性知识的理解程度。因此，在基于科技馆的科学教育中，认知并理解科学为一种学习方式，特别关注概念、学习过程与学习场景。研究发现，人们不能很好地理解科学的本质③，主要有以下两个方面原因：一是无从了解科学知识的建构原理；二是简单实施科学调查并不能自动导向对科学性质的了解。大量证据表明，观众在被提问时能够深入思考他们自身的学习。例如，琼斯（Jones）在总结性评价中使用访谈询问观众，是否存在以前他们不知道或不重视的内容，结果发现观众能够并确实深入思考了他们自身的学习④。

---

① MCLEAN C P, HOPE D A. Subjective anxiety and behavioral avoidance：gender，gender role，and perceived confirmability of self-report[J]. Journal of anxiety disorders，2010，24（5）：494-502.

② KORAN J J, KORAN M L, LONGINO S J. The relationship of age，sex，attention，and holding power with two types of science exhibits[J]. Curator：The museum journal，1986，29（3）：227-235.

③ OSBORNE J，COLLINS S，RATCLIFFE M，et al. What "ideas about science" should be taught in school science？ A delphi study of the expert community[J]. Journal of research in science teaching，2003，40（7）：692-720.

④ JONES. Huntington botanical gardens summative evaluation conservatory for botanical science[R].2005：52-63.

（5）促进学生参与科学实践

通过参与基于科技馆学习的科学教育，学习者可以重建他们所掌握的语言和对科学工具的理解。科技馆科学教育活动不仅要求参与者交流科学语言和概念，而且还要求他们使用实验器材、研究工具和测量工具。例如，在明尼苏达科学博物馆举行的"细胞实验室"展览中，参与者在参观生物实验室时，有机会使用很多科学仪器和工具，包括显微镜、照相机、检测器、载玻片、试管、孵化器、干式恒温器和紫外线探测器等[①]。研究交流和讨论是一种普遍的科学实践形式，对科学教育十分有益，成功的科学教育取决于学习者对各种形式的科学共同体交流和推理过程的参与[②]。

（6）促进学生认同科学事业

基于科技馆的科学教育的作用之一是让参与者开始改变自我认识的方式，以及他们与科学的关系。每个参与者在与他人交流时，可重新定义自己，并以新的身份来看待研究问题。学习和身份认同是一体的、互相影响的，参与者把自己看作科学学习者并形成身份认同，以对科学做出贡献。美国有学者探讨了参与科学项目与选择专业之间的关系，发现参与科学项目对参与者的专业选择有着重要影响[③]。科技馆科学教育的长远目标之一就是随着时间的推移，不断更新个人对科学的理解与认同。

当前，科技馆在科学教育中的角色定位从最初的展示场所到提供活动的教育机构，走向具有批判性、创造性氛围的学习中心，拥有丰富的信息，注重创新、交流、互动、参与性、实践和虚实结合，

---

① MUÑOZ-BULLÓN F, SANCHEZ-BUENO M J, VOS-SAZ A. The influence of sports partici-pation on academic performance among students in higher education[J]. Sport management review, 2017, 20（4）：365-378.

② OSBO R NE J. Book reviews：taking science to school：learning and teaching science in grades K-8[J]. Eurasia journal of mathematics, science and technology education, 2007, 3（2）：163-166.

③ FORRESTER J H. Competitive science events：gender, interest, science self-efficacy, and academic major choice[M]. Raleigh：North Carolina State University, 2010.

在目的、形式、内容、场景上都发生了明显变化,正在与学校中的科学教育一道走向系统整合。当代科技馆科学教育的特征如图 6-15 所示。

科学素养
促进公民的责任意识、批判思维和行动力,重点关注科学本质(NOS)、科学、技术、社会和环境(STSE)、社会科学议题(SSI)及社会尖锐问题(SAQ)等

参与性
邀请公众作为文化参与者积极参与,而不是将其作为被动的消费者,参观者可以在这里学习、创造、分享、相互联系,并完善自我

跨学科
旨在不同学科和社会利益相关者之间的知识整合,围绕具体的、大规模的现实世界问题,协作并创造性地设计解决问题的新方法

虚实结合
打破或区别于过去的实践或惯例,为在各种背景下进一步学习、实践和体验开辟新的可能性

图 6-15 当代科技馆科学教育的特征

智能时代的科学发展与数学和信息技术的关系愈发紧密,许多欧美国家在科学教育政策上的一个显著特点是,开始强化科学教育与技术教育、工程教育与数学教育的跨学科融合。1986 年,美国国家科学委员会(National Science Board,NSB)发布报告《本科的科学、数学和工程教育》(Undergraduate Science, Mathematics and Engineering Education),进一步拓宽了科学教育的内涵和外延,并逐渐演化为 STEM 教育。目前 STEM 教育没有一个公认的定义,每个国家或组织都有不同的理解。在已有研究的基础上,STEM 教育的内涵如下。

第一,STEM 教育应纳入国家创新型人才培养战略。目前,我国许多产业仍处于全球价值链的中低端,一些关键核心技术受制于人,科技人才队伍大而不强,领军人才和高技能人才缺乏,发达国家在科学前沿和高技术领域仍然占据明显领先优势。在这样的背景下,把STEM教育纳入国家创新人才培养战略非常必要。从国家层面顶层设计,统筹考虑国家产业发展、人才储备、各级各类教育,形成需求、政策、制度、内容、评估、经费相配套的一体化战略,既能有目的地培养创新人才,也能提供适宜于创新人才成长的环境[①]。

第二,STEM教育是一场国家终身学习活动。STEM教育旨在通过全社会力量的参与,以多种形式的活动吸引青少年热爱科学,参与STEM实践活动,了解STEM职业,提高全民科学素养,提高公众认知科学的能力。2016年联合国教科文组织发布了《变革我们的世界:2030年可持续发展议程》报告,提出"确保全纳、公平、有质量的教育,增进全民终身学习的机会"。STEM教育不仅仅是培养科学、技术、工程等方面的人才,同时也是让每个公民都具有STEM素养,能够适应未来社会的发展,能够自如应对科技带来的生活变化,并能够运用科技知识保持生命的健康,过上幸福的生活。

第三,STEM教育是跨学科、跨学段的连贯课程群。培养学生运用所学知识创造性解决问题的能力是STEM教育的主要目标。完成这一目标,不是单一课程能够实现的,因此,STEM教育需要一个系统化设计的课程群,打通学段设计,保证完整知识结构的建立和系统思维方法的培养。在我国现有的课程体系中,技术、工程类课程和综合类课程还明显不足。因此,我国STEM教育的课程设计要重点突出技术、工程类学科,特别是高中阶段完全可以与大学的某些学科打通,设置一些先修课程,加强与高等教育相对接,形成一以贯之的人才培养体系,便于STEM人才的培养和迅速成长。

第四,STEM教育是面向所有学生培养综合素质的载体。21世纪

---

① 中国教育科学研究院.中国STEM教育白皮书(精华版)[D].北京:中国教育科学研究院,2017:6

人才最重要的不是知识，而是能力。国际社会提出了 21 世纪技能[①]，各国均出台了相关的关键能力框架，尽管在细节上略有不同，但总的方向基本一致，都强调要培养学生的批判性思考能力、创造力、与人沟通的能力、与人合作的能力等。2016 年，教育部发布《中国学生发展核心素养》，提出了中国学生的核心素养，包括理性思维、批判质疑、勇于探究、勤于反思、劳动意识、问题解决、技术运用等。STEM 教育倡导在真实的任务中学习，强调在动手实践中学习，这种更加综合的学习将是培养学生核心素养的重要途径。

第五，STEM 教育是全社会共同参与的教育创新实践。STEM 教育内涵丰富、涉及面广，贯穿了不同学段，在课程内容和组织形式方面也与传统的学习方式不同，甚至还打破了原有行业机构间的条块分割，这种特征决定了 STEM 教育很难靠任何一方的力量来实现突破。STEM 教育的深入实施需要全社会力量的共同参与，政府、企业、高校、研究机构、社会团体等都从不同的角度贡献力量，构建协同创新的 STEM 教育生态，才能保证 STEM 教育从政策措施到课程研发、从活动组织到教学实施的全面落实。

为落实党的二十届三中全会关于统筹推进教育科技人才体制机制一体改革的重要部署，中国科技馆 2024 年策划推出"科学方法特训营"项目，淬炼公众特别是青少年科学思维。项目基于真实的科学研究情境导入，围绕科技前沿方向设置活动主题，打造面向未来的科学畅想场景；以学年为单位，每学年推出一项前沿科技主题的大型综合性任务，组织青少年广泛参与，并联动科学家、工程师、教育专家、科技教师队伍指导青

---

① 21 世纪技能"的主要思想：在总结经验教训的基础上，学校需要整合传统的 3R（Reading, wRiting, aRithmetic，即读写算）课程目标，注重学生 4C 技能的培养，包括批判性思维和问题解决技能（Critical Thinking and Problem Solving）、沟通技能（Communication）、合作技能（Collaboration），以及创造力和创新技能（Creativity and Innovation）。

少年活动过程，共同形成相对完善的活动作品（图6-16）。

图6-16　科学方法特训营现场

科学方法特训营在"科学、技术、工程三元论"的基础上，结合STEAM教育理念，突出跨学科学习、项目式学习。在实施层面，采用"线上大师课＋线下营地"的教学模式，将科学家大师课和小组项目式营地活动相结合，打造体系化、高质量、创新性的科学教育内容，推出综合性、现象级、引领性的科学教育活动。

科学方法特训营推动中国科技馆展教研一体模式发展，以实践推进科学教育模式创新，将学生的实践成果进一步转化为能够向公众展出的大型科学演示作品，促进项目成果的工程转化和教育效果的充分发挥。特训营以"科学思维和方法"的训练与培养为核心目标，激发青少年好奇心、想象力和探求欲，培育具备科学家潜质、愿意献身科学研究事业的青少年群体，助力创新人才早期培养；同时发挥科技馆平台优势，广泛联系和服务科技工作者，凝聚各方合力，打造家校社协同育人新模式。

近年来，随着 STEM 教育的快速发展，STEM 还有了很多不同的扩展，主要包括 STM（科学、技术和数学，或科学、技术和医学）、STEAM（科学、技术、工程、艺术和数学）、STREM（科学、技术、阅读、工程和数学）等。在走向系统整合的大背景下，STEM+ 教育将成为科学教育发展的主要趋势。在中国的社会语境下，STEM 教育不仅关注融入人文艺术领域和阅读、写作等技能，更加重视将家国情怀、社会责任感、科学家精神等态度层面的核心要素融入其中。

2011 年，美国《K-12 科学教育框架：实践、跨学科概念与核心概念》（*A Framework for K-12 Science Education：Practices, Crosscutting Concepts and Core Ideas*）（简称《框架》）的发布及一年后基于《框架》制定的《下一代科学教育标准》（*Next Generation Science Standards*）的出台，激起了国际科学教育界的大讨论。尽管众说纷纭，但大多数学者认为《框架》的出台标志着西方世界科学教育进入了将以"探究"为核心理念转化为以"实践"为核心理念的新阶段[①]。

6 像科学家一样思考和实践，科技馆情境学习为科学教育新浪潮注入活力

科学教育的演进与创新正面临着前所未有的机遇和挑战，需要开拓新的发展空间，通过更加互动、沉浸式的学习体验，实现个性化和互动化的学习环境。促进跨学科学习，特别是科学、技术、工程、艺术和数学（STEAM）的综合，通过整合不同学科的知识和方法，促进人的全面发展和创新能力的培养，促进人与科学研究和社会问题的直接参与，使其能够在快速变化的世界中掌握方法，并解决复杂的问题和挑战。20 世纪的生物学和心理学研究已经表明，学习是一个全身心（whole-body）投入的过程，其所涉及的情感系统、认知系统和神经运动系统紧密结合且无法分割。约翰·福克（John Falk）认为，21

---

① 唐小为，丁邦平. "科学探究"缘何变身"科学实践"？——解读美国科学教育框架理念的首位关键词之变 [J]. 教育研究，2012，33（11）：141-145.

世纪的博物馆参观量呈指数型增长，不能单纯用博物馆实践的变化来解释。人们普遍认为博物馆能提供舒适宜人的高质量学习体验。约翰·福克认为，博物馆可以在学习型社会的构建过程中争取与学校平等合作的伙伴地位。

人类理解世界的方式难以脱离与他人的互动而孤立存在，学习的过程除涉及个人意义生成外，还受到社会文化因素的影响。作为一个社会文化建构的产物，科技馆本身就代表了一类"实践共同体"（community of practice），各种不同的"学习者共同体"在此交流互动。约翰·福克依据"学习者共同体"这一概念进行了博物馆学习的社会文化情境分析，认为学习行为是个人、社会文化和物理情境三者同时作用的达成，学习无法跟随环境自动转移的特性（tansfer is not automatic）本质是"情境认知"（situated cognition），学习是情境随着时间推移而无休止的融合与互动，从而产生意义的过程①。教育学教授让·莱夫（Jane Lave）和独立研究者爱丁纳·温格（Etienne Wenger）归纳了情境学习的两条学习原理：第一，在知识实际应用的真实情境中呈现知识，把学与用结合起来，让学习者像"专家""科学家"一样进行思考和实践；第二，通过社会性活动和协作来进行学习②。实践不是独立于学习的，而意义也不是与实践和情境脉络相分离的。"实物"是创设"情境"的基础，科技馆"实物"本身及其所携带的历史、文化、社会相关信息是"情境"的重要组成元素。"情境"是"实践"自然发生的条件，科技馆基于展品的学习应变成类似于科学家进行科学实验、科学考察的过程，即变为科学探究的实践过程，使观众通过体验获得认知（"直接经验"）。"实践"是科技馆科学教育不可或缺的关键元素，而探究与体验是主要的科技馆学习方式。

《STS科技教育与科技馆展示》报告将STS科技教育与科技馆的展

---

① 邱文佳.建构博物馆情境学习模式：评《学自博物馆：观众体验与意义生成》[J].自然科学博物馆研究，2024（4）：13-19.
② 刘哲，蔡一超.基于情境学习理论的科技博物馆教育活动策划设计：以"创客营"活动为例[J].自然科学博物馆研究，2021（4）：28-33.

示这一论题放到社会、科技、教育发展的大背景下进行讨论,分析了科技与公众、科学与文化的关系,剖析了科技教育、科学素养、STS 的内涵,探讨了科普教育的模式和科技馆的展示模式,认为科技馆应该遵循 STS 科技教育理论。基于 STS 科技教育理论来规划科技馆的展示教育主题,强调的是问题的综合性、知识的系统性、科技的双重性,尤其强化在科学方法、科学技术的社会性及科学精神方面的展示①。

面对全球气候变化、资源枯竭和生态退化等挑战,科学教育将不断强调可持续发展的概念。通过整合可持续发展教育(ESD),未来的科学教育不仅关注科学知识的传授,更重视培养学生的环境意识、社会责任感和全球公民意识。ESD 促进本土文化与全球视角的融合,重视多元文化的理解和国际合作,以及强调将科学教育与学生的现实生活经验相连接。教育者需探索如何将本土知识和联合国可持续发展目标(SDGs)融入课程设计和教学实践中,促进学生对科学与社会、环境之间关系的深刻理解。

科技馆情境学习将科学家的工作场景作为"实践"的发生环境,让学生、公众在真实的科学家工作环境中以真实的科学家身份开展科技实践,从而引导他们产生与当时科学家相同的所感所思所得,"以生动形象的场景,激起学生的学习情绪,作用于学生的心理,从而促使他们主动积极地投入整个学习活动"②。凭借藏品、展品配合多媒体设备以呈现多感官体验的现象,激发学习兴趣与情感,营造积极的学习氛围。"情境"之中蕴含真实问题及潜在的认知线索,学习者在情境中体验现象、思考、提出问题,探究、反思、厘清线索,从而解决真实问题并实现认知升级。当学习者在科学家或工程师的工作环境中,饱含探索热情,在

---

① 李象益. 提升科学教育理念 推进科普场馆创新 [J]. 科学中国人, 2004 (1): 6-7.
② 李吉林. 情境教学的理论与实践 [J]. 人民教育, 1991 (5): 27-33.

积极的科研氛围中,通过认知线索的引导,像科学家一样思考,与科研同伴朝着共同的目标努力时,基于实践的探究式学习就会自然发生。

科技馆科学教育本质上是针对"人"的教育,以独特的实物、实践、情感、历史、文化与社会教育资源,展现科学生活情境,联结情境中的物质实体、历史文化与社会生活信息,帮助学习者理解历史、文化、社会、科技之间的紧密联系,推进一切物质实体情境、历史文化情境、社会生活情境的融合,呈现科学现象,实现多感官体验科技发现的一般规律。引导学习者像科学家一样思考、工作,进行实验、考察、辩论、交流等探究活动。

> 在新一轮科技产业变革下,开放实验室是我国科技馆建设的一种创新形式,是科技馆可持续发展的需要。通过设计充分重视实验探究性的开放实验室实验项目,科技馆逐步引导参与者在实验过程中受到教育,启发参与者的创造力。这种探究性有可能带来与预期相反的结果,但正是这样,实验者认识了科学的特点和精神气质,激发了公众想象力[①]。

科技馆 STEM 教育项目通常包括 6 个环节,即选定项目、制订计划、活动探究、作品制作、成果交流及活动评价。在项目各环节遵循 3 个原则:一是坚持知识关联原则,即项目中的问题要与学生所储备的科学知识联系起来,与学生的认知结构产生有效互动;二是坚持思维可视化原则,即通过信息技术为学生提供多元化表达方式,帮助学生观测到科学思维运用和科学探究的过程;三是坚持社交互动原则,引导学生自由表达观点,相互学习、相互批判,帮助学生形成科学思辨的思维习惯。

---

① 韩俊.我国科技馆设置开放实验室的初步探讨[J].广东教育学院学报,2007 (3):110-112.

通过完整的项目式学习，学生围绕生活中的真实问题进行任务探究，体验了从问题提出到解决方案设计、从模型构建再到测试优化的科学探究过程，对培养学生解决复杂问题的综合能力激发学生科学探究兴趣和培养学生科学素养发挥了重要的作用[①]。

科技馆学习情境应尽力让真实的科学现象从书本和大众传媒的束缚中解脱出来，通过物质实体情境呈现真实、直观、丰富、富有认知冲突的科学现象，给学习者带来多感官的冲击，使得学习者体验和关注其中的现象，实现体验式学习。将科学家科学实验、科学考察的过程转变为科技馆基于实物资源（尤其是展品、藏品）的科学探究的实践过程，使学习者通过体验获得认知。通过历史文化情境的创设带领学习者"穿越"到科学家的时代，在其文化、政治、经济等背景下，进行调查研究与科学实践，从而获得科技新发现，建立理论和模型，帮助学习者在此过程中，收获科学知识、科学方法、科学精神、科学思想等直接经验，并通过社会生活情境，延伸科学认知，帮助学习者更好地理解当今的世界[②]。

在庆祝新中国成立75周年之际，中国科技馆与中国煤矿文工团携手打造的沉浸式舞台剧《华夏之光·文明的烛火》在中国科技馆连续演出10余天（图6-17）。演出现场，时空交叠、古今对话、技艺交融的精彩呈现赢得观众的阵阵掌声和赞叹。该剧以浩瀚宇宙中的"天关客星"与"蟹状星云"之间的神秘联系拉开帷幕，从遥远的浩瀚星空到四川甘孜海子山藏地高原，从宋代水运仪象台到现代高海拔宇宙线观测站"拉索"，该剧以物理学领域的一个小切口"宇宙线"，架

---

① 韩莹莹，朱赫宇，贾晓阳. 运用PBL教学法开展STEM教育活动的思考与实践：以长春中国光学科学技术馆科学教育活动为例[J]. 自然科学博物馆研究，2019（3）：9.
② 孟佳豪，郝琨，柳絮飞."情境-体验/探究-认知"：科技类博物馆学习情境营造模式[J]. 自然科学博物馆研究，2021（4）：1927.

图 6-17 舞台剧《华夏之光·文明的烛火》剧照

起了古今"追光前行"的对话桥梁，展现出"向光而行"的时代探索，描绘出跨越时空的科技发展画卷。

该剧生动展现了北宋天文学家苏颂奉旨组建"详定制造水运浑仪所"，他带领团队经过3年多努力制造出的以漏刻水力为驱动，集天文观测、天文演示和报时系统于一体的大型自动化天文仪器——水运仪象台，成为中国古代天文仪器制造史上的高峰，被誉为世界上最早的天文钟。苏颂在建造时遇到的艰难困苦，在戏剧冲突中展现得淋漓尽致。中国科学院高能物理研究所高海拔宇宙线观测站的乔真、陈曦燃、小林等科技工作者不畏高原反应和天寒地冻，守候着来自宇宙的神秘"信使"——宇宙线，因为它们携带着宇宙起源、天体演化、太阳活动及地球空间环境等重要科学信息，科技工作者为人类探索宇宙、解码"信使"基因，贡献青春与智慧。

苏颂等先贤与当代科技工作者在"向光而行"的时空隧道中进行对话与交流，构建起连接历史与当下的人文科技桥梁，使中国古代天文与现代科技交相辉映，展现了中华文明开放包容、求实创新的时代意义和对世界文明发展的重要影响。

从宋代水运仪象台、胶泥式活字印刷术、记里鼓车、指南车的发明创造，到现代宇宙超高能伽马射线探测器、载人航天神舟飞船等高科技创新创造，从古至今，科研人员年复一年、日复一日克服重重困难，奋斗在工作岗位上，为国家富强、人民幸福贡献力量。《华夏之光·文明的烛火》通过沉浸式演出再现了北宋天文学工作者记录"天关客星"及苏颂攻坚克难、汇聚八方人才、建造水运仪象台的过程，还有中国科学院高能物理研究所高海拔宇宙线观测站工程建设、招兵买马、数据采集的奋斗历程。

"海拔4410米""零下30 ℃""氧气稀薄""女博士应聘""穿加绒皮鞋""套三层袜子"，从几位演员生动对话的关键词中，观众感受到严寒下科研人员为了捕捉宇宙射线辛勤耕耘的"高能"与热情。这种沉浸式的生动表达，将激发广大科技工作者和科技爱好者胸怀科技强国之志、忠心爱国之心、矢志报国之情，把个人小我融入国家大我，锐意进取、迎难而上、追求卓越、精益求精，在实现高水平科技自立自强中锤炼强国之技、实现个人价值、展现人生风采。

《华夏之光·文明的烛火》融科技与戏剧、古代与当下、内容与形式于一体，从宋代器物展陈摆放到"拉索"实验室布置，从宋代人物服饰到现代科研人员着装，从预示国运昌隆、润泽后世的"祥光"到赢得国际宇宙线研究话语权的"拉索"探测，以及沉浸式纱幕全息投影呈现出的虚拟、朦胧、梦幻视觉效果，观众在近距离、沉浸式、体验式小剧场中感受剧中人物穿越古今的传奇经历，思考古今科技的时代气象与发展历程。这是中国科技馆在科学教育、文化艺术领域的一次跨界融合和重要探索，也是"两个结合"视域下开展文化传承、讲好科技故事的一次生动实践，为激发公众的科学兴趣、展现科学的可见性和传播力提供了创新表达和探索路径，实现了科普对象的情感共鸣和审美共情。

剧中反复在说，"热爱，真的能发光吗？"浩瀚宇宙广阔无垠，似乎很遥远，但"拉索"很近，宇宙线就在身边。向光而生、追光前行，千年后的今人和古人同看一片宇宙星云，仰观宇宙之大、体验文明之光、同享科技之美，相信热爱一定能够发光[①]！

约翰·福克在分析不同的"学习者共同体"如何完成群体内外的社会文化协调时，提出博物馆与大众传媒之间有诸多类似的功能，

---

① 张利国. 胸怀强国之志，笃定追光前行：评舞台剧《华夏之光·文明的烛火》[EB/OL]. [2024-10-06]. https://www.cflac.org.cn/syhdx/202410/t20241007_1329739.html.

包括信息获取、娱乐休闲、塑造共同的文化意义等，群体之间的社会互动不仅能带来新信息的共享、建立新的社会文化纽带，还能维持原有的社会关系、巩固原来的社会文化纽带。科技馆打破空间限制，因地制宜共享资源，融合家庭教育、场馆教育与社区教育，共筑服务体系，服务居民科学学习需求，探索构建科技馆社区科普服务新体系，以科技展示、教育活动、资源共享、体验式学习、交流互动、反馈机制和持续改进等要素结合居民和社区实际，共同构建多元化、互动和包容的科学学习与交流平台，激发全民对科学的热情，鼓励探求科学奥秘、在日常生活中理性决策的社会风尚。

科技馆汇聚"实践共同体""学习者共同体"，多元化的学习形式和资源平台为前沿科技的学习和体验提供了保障[1]。研究前沿、展示前沿、塑造前沿，前沿科技与科技馆展项深度融合正成为发展趋势。以中国科技馆为代表的国内科技馆日益注重前沿科技成果的发现过程，依托相应的展品或借助于科技馆的活动室和实验室，科学教育活动再现科技探索的过程，鼓励观众探究式学习，在探究过程中有所发现和获得启示。随着智能时代创新的复杂性和非线性互动日益突出，中国科技馆体系应主动融入社会进程，从内"破壁"，把自己的"围墙"打破，真正和产学研融合起来，和学校教育融合起来，成为"一所没有围墙的大学校"，吸引科研机构、高等院校、企业、非政府组织乃至国际合作伙伴等多元主体参与，促进各主体互动，推动形成面向前沿、深度协同的情境学习系统。

---

[1] 孙小莉，何素兴，吴媛，等. 科技馆开展青少年前沿科技体验活动的探索：以北京科学中心的展教实践为例 [C] // 第十二届馆校结合科学教育论坛论文集. 北京：中国科普研究所，2019：363-370.

第七章
流动的风景线：消弭发展鸿沟

科技创新是经济社会发展的关键动力,科学文化素质是国民素质的重要组成部分,是社会文明进步的基础。我国地域广袤,地区之间、城乡之间的经济社会发展水平差异较大。消弭科技发展和科学文化素质鸿沟,是缩小地区经济社会发展鸿沟、促进不同社会群体共享发展成果的内在要求和重要着力点。流动科普具有机动灵活、触达性强等优势,自出现以来便引起了各国科技博物馆界的广泛关注。从2000年开始,中国科学技术协会积极探索流动科普服务新模式,在提升科普公共服务的普惠性、弥合发展鸿沟方面取得显著成效,流动科普已成为中国大地上的一道美丽风景线。面向未来,缩小家庭、社会及经济环境差异带来的影响,深入推进公平普惠,持续放大流动科普资源网络效应,让泛在化引领流动科普发展方向,为终身学习时代的科学教育开拓无处不在的新空间。

1 科普"轻骑兵"架设知识流动桥梁,有效扩大受众面

流动科普是一种特殊类型的科普,是校外科学教育的重要组成部分,是科技博物馆的重要载体。流动科普理念和实践受到科普理念、科学教育理念和博物馆发展理念的共同影响,在这个过程中,流动科普理念也循着这三方理念和模式的转型而不断演化。

科学普及作为一种面向公众普及科学技术知识、倡导科学方法、传播科学思想、弘扬科学精神的有组织社会活动,最早出现在19世纪下半叶[1],主要形式就是用浅显的语言向公众介绍科学知识和科技进展,促进人们了解科学、尊重科学、支持科学。近几十年来,随着人们对科学与公众关系及对科普实践活动规律认识的深入,认识到科学的传播是一个复杂的社会过程,涉及不同相关者之间的互动。因此,科普模式也越来越需要向鼓励公众和科学家对话的公众参与科学模式转变[2]。虽然公众参与科学模式在理论和实践层面仍然面临诸多问题,但其理念和模式已在科学传播界达成很强的共识[3]。近几十年来,科学教育被越来越多的国家提升至科技发展和人才培养非常重要的战略位置,科学教育也越来越强调要以学习者为中心、尊重科学学习规律,越来越重视学校之外的各种科学学习的作用,强调形成多主体参与、社会大协同的大科学教育生态。

科技博物馆展教理念和模式深受博物馆发展理论的影响,如参与式博物馆[4]、多感知博物馆[5]等。第一代科技博物馆通常是固定物理空间中的实物收藏和展示。参观者与被展出物之间保持着一定的距离,

---

[1] 石顺科. 英文"科普"称谓探识[J]. 科普研究,2007(2):63-66,80.
[2] 费尔特. 优化公众理解科学:欧洲科普纵览[M]. 上海:上海科学普及出版社,2006.
[3] 谭一泓,贾鹤鹏,严雯羽,等. 作为文化的科学传播:以四大主要国际科学会议为例[J]. 科学与社会,2021,11(1):152-168.
[4] 西蒙. 参与式博物馆[M]. 喻翔,译. 杭州:浙江大学出版社,2023.
[5] 莱文特,帕斯夸尔-利昂. 多感知博物馆[M]. 王思怡,陈蒙琪,译. 杭州:浙江大学出版社,2020.

其作用局限在思考者和观察者的范围内。第二代科技博物馆通常也是在固定物理空间内，它的突出特征是更加关注互动型的展览和演示，目的是通过调动所有的声像传播手段来吸引参观者，并将他们带入主动沟通的关系中，进而改变第一代科技馆那种分离式、被动式的展览模式。第三代科技博物馆致力于丰富科技博物馆与人的沟通体验。通过对复杂环境的重新组合和构建，试图完成对真实情景和境况的展现。这种形态的科技博物馆，改变了过去那种各个展出部分相互依赖的观念，将各个部分融为一个更为复杂的有机整体[①]。可以看出，在科技博物馆的演变过程中，世界各地的科技博物馆一直在探索新的运作方式，一直在尝试更好地服务更广泛、更多样的公众，也一直在寻找更加体现以"人"为中心的、更加符合科学学习规律的"科技博物馆—大众"关系模式。

博物馆发展过程中，还出现了流动博物馆（mobile museum）这一专门形态。从其主要功能来看，流动博物馆大致包括展览导向型（exhibition focused）、促进导向型（facilitation focused）及收藏导向型（collection focused）3种类型。这些类型并非完全相互排斥，很多情况下，流动空间作为促进交流的功能会与其收藏或展览功能相结合。

① 展览导向型。这类流动博物馆使用移动的展示空间来举办教育性展览。它们可以进一步细分为可及展览（accessible exhibitions）和独立展览（independent exhibitions）。前者由现有的博物馆或机构制作，目的是将其藏品、展品或教育使命从实体博物馆扩展到服务不足的、难以接触到文化资源的社区。后者通常并不隶属于任何固定的博物馆，而是以流动博物馆拖车为主要展览空间，它们通常关注某个特定且高度聚焦的主题或议程。

---

① 希尔，科斯特. 当代科学中心[M]. 徐善衍，欧建成，石顺科，等译. 北京：中国科学技术出版社，2007：314-316.

② 促进导向型。这类流动博物馆更侧重于在移动空间内促进某种体验，这种体验可以是对话、艺术项目、聚餐、讲座或课程等形式的活动。这种方式非常适合博物馆做外展活动，它提供了与其他社区组织合作的机会，从而扩展博物馆实践，增加相关者的数量和类型，加强社会联系并提升公共形象。

③ 收藏导向型。这类流动博物馆利用其移动能力收集更广泛的样本。需要指出的是，3 种类型的流动博物馆都有其独特的使命和运营方式，但它们共同的目标是扩大受众群体，让文化、历史和科学更加普及化[①]。

受多重理念和模式转型的推动，以及流动科普自身实践的丰富，全球流动科普突出公平普惠理念，持续扩大对不同人群特别是科技博物馆等实体科普设施覆盖不足人群及青少年群体等科学教育重点人群的覆盖；更加注重展教方式和活动创新，结合资源和实际条件，探索提高流动科普服务质量的方式方法；更加注重对"流动"理念的理解、探索促进知识流动的新领域和新方式，开辟流动科普的新前沿。

从实践形态来看，"巡回展览"（traveling exhibitions）是全球流动科普的主要形式。按照流动博物馆类型划分，巡回展览属于旨在增加展览可及性的展览导向型流动博物馆。从发展历程来看，科技博物馆的巡回展览出现较晚。20 世纪 50 年代末 60 年代初[②]，美国俄勒冈科学与工业博物馆开始探索到学校、野外、居民区开展科普展教活动，随后将展教活动搬到实体馆外进行，这种做法逐渐在国际科技博物馆界扩散开来。国外科技博物馆的巡回展览主要面向缺乏实体科技博物馆等相关设施的边远地区公众和青少年群体等，有以下几个方面的突出特点。

---

① REES J M. A brief history of the mobile museum: what it is, what it was, and what it can be[R/OL]. https://kuscholarworks.ku.edu/server/api/core/bitstreams/ab5bd4f6-6487-4287-9228-e42a4319db4c/content.
② 樊庆，程军，杨军，等. 国外科技类博物馆巡回展览运行管理的经验与启示：中国现代科技馆体系研究[M]. 北京：中国科学技术出版社，2014.

一是以大范围流动实现对科技博物馆覆盖不足人群的全覆盖。从目标受众来看，国外科技博物馆的巡回展览，一方面，特别注重为边远地区、少数族裔、教师等提供服务。例如，运行超过30年的澳大利亚科学马戏团巡展范围超过500个城镇[1]，其中包括90多个原住民社区，开展科学秀表演超过15 000次，举行的职业提升培训班让超过5000名科学教师受益。另一方面，特别重视面向青少年群体开展科学教育活动，有一些项目甚至专为中小学生设计。

科学马戏团是一个由澳大利亚国家科技中心（Questacon）、澳大利亚壳牌公司（Shell）和澳大利亚国立大学（Australian National University，ANU）联合发起的流动科技馆项目。该项目是澳大利亚最大的流动科学展览，其表现形式与科普大篷车相似，主要通过科普大篷车将位于澳大利亚首都堪培拉的国家科技中心内的固定展品装载运输到全国各地进行展出。至今，科学马戏团已走遍了澳大利亚每一个角落，它成为澳大利亚运作时间最长、行程距离最远的科学中心外展服务项目（图7-1）。

比利时佛兰德省科学中心有一辆名为"Experion"的移动科普大篷车，内部设置地理、气象、电路、音乐、生物等9个与学校课程有关的实验，以故事、提出问题等形式设计并进行。服务对象为13岁学生（初中一年级），每年在15个地点进行巡回展出，大约有6000名学生参加活动[2]。

二是以模块化的资源开发方式敏捷响应不同地区、群体的差异化需求。

---

[1] 苑楠. 澳大利亚国家科学中心：懂理论有实践的"科学马戏团"[N]. 科普时报，2019-11-15（8）.
[2] 中国科协青少年科技中心. 科普大篷车"十二五"发展规划研究报告[R]. 中国科协青少年科技中心，2010.

图 7-1　澳大利亚科学马戏团照片（由科学马戏团创始人 Stuart Kohlhagen 拍摄）

纽约豪斯海兹的教育科学发现中心有 1 辆名为"流动科学实验室（Mobile Science Laboratory）"的科普大篷车，主题是"H_2O to Go"，主要展示关于水的知识，配备了 40 个实验项目，服务对象为 4~12 年级的学生。

德国的 Lumbricus 环保巴士项目主要面向青少年，主张以行动和体验为导向的教育方法，丰富学生们的实践经验。每次任务的时间约为 3 小时，涉及主题包括水生生态系统（静态和流动水域）、土壤和森林、动物、植物、景观（包括季节性）及噪声。环保巴士配备了野外测量分析设备，如土壤、河流、湖泊的生物化学分析仪器和噪声测量仪等。项目负责人、环境教育家 Ottmar Hartwig 认为，该项目成功的秘诀在于实用性，学生在体验中可以用所有的感官捕捉和研究自然，即使学生可能忘记了细节，但会在脑海中留下印象。这是除认知知识之外的一种发自内心的意识，他们会认识到未受污染的栖息地是非常宝贵的，必须保护地球上还存在的这样的地方。

三是以社会化运营方式调动各方资源。从资金、人力投入和具体运营来看,国外科技博物馆的巡回展览经常采用社会化运营模式。

美国国家自然博物馆有天文学(探索宇宙)、人类学(结构和文化)和古生物学(恐龙的古生物学)3辆移动科普大篷车,配备5个互动工作站,包括光、红外望远镜、数字影像、3-D宇宙模型、重力实验、脊椎动物实验室等,主要为学生提供天体物理学、建筑学、古生物学等科学教育。该系列科普大篷车从1993年起陆续投入使用,现已拓展为在全国范围进行巡回科普展览。1台车1年的预算大约为65万美元,其资金来源结构为:40%来源于私人基金会;40%来源于合作基金会;20%来源于州和市政府[①]。

四是以国际巡展推动科技人文交流。从巡展范围来看,一些国家的科技博物馆积极开展跨国巡展,有效促进了国家之间的科技人文交流。例如,澳大利亚科学马戏团是澳大利亚政府重要的外交名片,曾前往中国、日本、印度、韩国等国家开展科普巡展。再如,法国发现宫巡回展览队足迹遍及欧洲、非洲和美洲。虽然巡回展览规模较小,但采取与巴黎本部一样的展教方法,而且注重物色和培训当地教师或大学生并将其作为表演人员。比利时科技馆名为"神秘快车"的科普大篷车,也先后在荷兰、丹麦、西班牙和葡萄牙等国进行展出。

"大篷车"最早起源于19世纪初的欧洲,通常被称为"caravan"。1810年左右,法国出现带篷马车;1820年以大篷车为主的马戏团在英国开始出现,既方便去各地进行表演,又能够简单地解决衣食住行。20世纪初期,随着汽车的发明,

---

① 李小瓯,盛业涛,邢金龙,等.国内外流动科普装备综述[J].科普研究,2007(4):56-65.

北美将这种形式发扬光大,"以车为家"的形式,在欧美各地逐渐流传开来,应用于各行各业。欧美博物馆也因此受到启发,将展品、标本、实验等装载到大篷车上,深入社区或离博物馆更远的地区开展教育活动,各种主题、形式多样的科普大篷车在美国、加拿大、澳大利亚等国家被巧妙地应用于教育行业,延展博物馆的服务边界。

当前,我国流动科普设施主要有科普大篷车和流动科技馆两种类型。

2000年,中国科协为解决基层科普设施短缺的问题,正式启动实施科普大篷车项目,通过特殊改装的车辆和互动科普展品,结合参与体验式的教育活动,面向基层,尤其是乡村地区开展公共科普服务。作为一项惠民工程,科普大篷车定位为把优质科普资源送到田间地头,突破科普服务的"最后一公里",努力提升基层科普公共服务能力,覆盖更广大的乡村人群。在服务范围上,主要定位为向偏远地区、边疆地区、经济落后地区倾斜,着力缓解基层科普设施存在的短缺及分布不平衡状况。

2000年至今,科普大篷车成功研制4种车型。2000年Ⅰ型科普大篷车研制成功;2001年Ⅱ型科普大篷车研制成功;2002年科普大篷车实现量产;2003年科普大篷车配发范围扩展至24个省份;2004年首次采用公开招标的方式采购制作;2005年中国科协印发《科普大篷车管理暂行办法》;2006年全国科普大篷车配发总量超过100辆;2007年首次组织科普大篷车全国联合行动;2008年Ⅲ型科普大篷车研制成功;2009年Ⅳ型科普大篷车研制成功,科普大篷车配发范围覆盖32个省份;2010年首次年度配发车辆数量超过100辆;2012年拓展Ⅳ型科普大篷车展教功能,成功研制组合式壁挂展品;2013年纳入科技馆体系;2015年科普大篷车累计配发车辆突破1000辆,新疆维吾尔自治区实现科普大篷车全覆盖;2016年车辆实现标准化改装,内蒙古自治区、西藏自治区实现科普大篷车全覆盖;2018年新Ⅰ型科普大篷车研制成功,开展社会化运行单位试点工作;2020年组织全国科普大篷车开展抗击疫情应急科普工作;2021年启动车载资源主题化创新研发;2022年实现基层"点单式"主题资源批量制作和配发。

科普大篷车项目发展初期,主要配发以Ⅰ型车、Ⅱ型车为主。随着基层对科普大篷车的需求逐年增多,结合经费和交通实际条件,Ⅰ型车需求减弱,体量适中、展示效果较好的Ⅱ型车和灵活轻便的Ⅳ型车受到基层的欢迎。目前Ⅱ型车和Ⅳ型车是配发的主要车型(图7-2)。

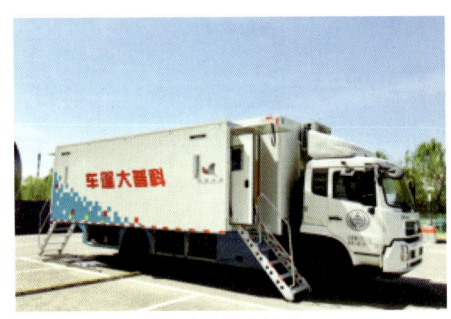
Ⅰ型科普大篷车

Ⅱ型科普大篷车

Ⅲ型科普大篷车

Ⅳ型科普大篷车

图7-2 四代科普大篷车

20余年来,科普大篷车深入科普工作"最后一公里",从城镇到乡村,从校园到社区,走遍了中国的大江南北,始终坚持服务基层、服务乡村,助力精准扶贫和乡村振兴等国家战略在乡村地区的实施,提高了乡村地区公众的科学文化素质、激发了孩子们的好奇心和科学兴趣,促进了地方经济社会发展,被基层公众亲切地称为"科普轻骑兵"。20余年来累计面向全国配发科普大篷车1809辆，行驶里程约5835.9万千米，开展活动44.8万次，服务公众约3.73亿人次（图7-3、图7-4）。

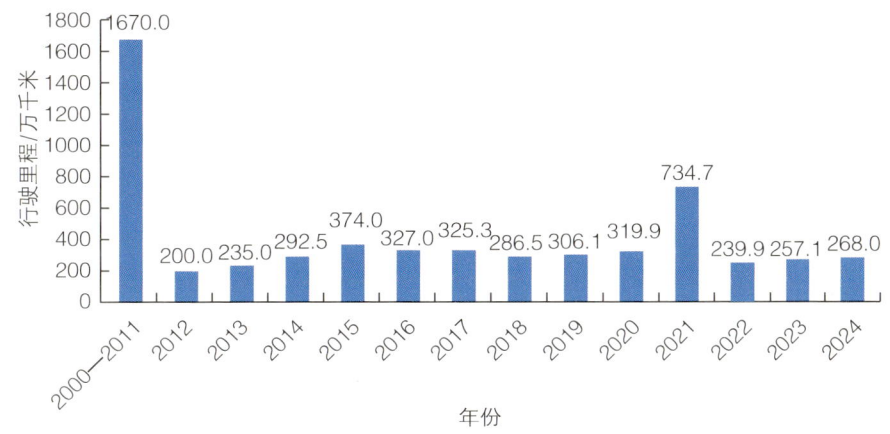

图 7-3　科普大篷车历年行驶里程

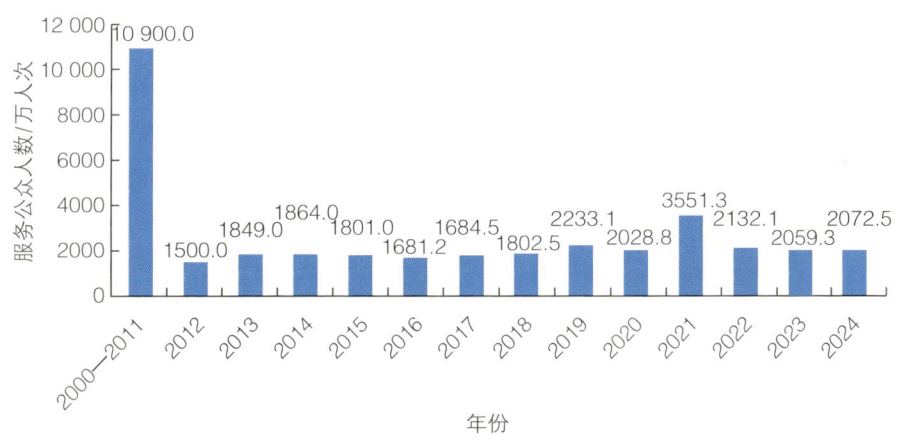

图 7-4　科普大篷车历年服务公众人数

我国科技馆建设始于 20 世纪 80 年代初，比欧美国家晚近百年。2000 年，全国仅建成 16 家达标科技馆，科普基础设施较为薄弱，公民的科普需求难以满足。部分科技馆特别是县市级科技馆，由于人力、财力等资源限制，互动性展品资源匮乏，长期得不到更新，难以吸引公众的兴趣[①]。为加大科普资源开发与共享工作力度，2009年山东省启动"流动科技馆县县通工程"试点，把科普资源送到基层，为山东省各县市的青少年提供参与科普活动的平台，社会反响热烈，得到了中国科协领导的高度重视。在借鉴山东省经验的基础上，中国科协决定启动"中国流动科技馆"项目，面向全国推广。

2010年，中国科协将流动巡展工作纳入重大项目实施范畴，并将其正式命名为"中国流动科技馆"项目，由中国科技馆负责项目的具体实施。经过认真研究论证，最终将"中国流动科技馆"定位为：以"参与、互动、体验"为教育理念，以经过模块化设计后的科技馆展品和活动为载体，以巡回展出的方式，将展览资源送到尚未建设科技馆的地区，为公众特别是青少年提供免费的科学教育服务，解决我国基层科普设施不足和科普资源配置不足的问题，以便加快科学知识及科学观念在边远地区、贫困地区的传播速度，加大覆盖广度，促进公民科学文化素质薄弱地区公众科学文化素质的提高，实现科普资源的公平和普惠。

2011年7月，首批开发了9套流动科技馆展览资源，在山东、四川、贵州、云南、陕西、甘肃、青海、宁夏、新疆9个省份启动全国巡展试点。2014年，中国科协与财政部联合印发《中国流动科技馆实施方案》，进一步明确了职责任务和分工，促进了各级财政经费保障，积极推动项目可持续发展。2015年，启动实施流动科普展品首台（套）研制，设立展品研制专项经费，搭建开放工作平台，广泛发动科普企业、高校等社会力量参与流动科普展品内容设计和创新，成功研制创新展品百余件，推动展览内容更新迭代。2016年，完成中国县域第一轮全覆盖，次年以全新的形象开启第二轮全国县域巡展。2018年，首次走出国门，将流动科普的中国故事带到缅甸、柬埔寨、俄罗斯等"一带一路"共建国家，促进了国际双边科技文化交流。2020年，启动"创

[①] 中国流动科技馆项目"十四五"发展规划课题研究报告[R]. 中国科技馆，2020.

新展览资源研发"项目,推动项目供给侧改革,自主研制创新多种不同主题展览模块,以适应资源配置多样性需求,满足新时代基层公众科普需求。

"中国流动科技馆"项目从试制到定型,从展品创新到展览开发,从标准化到主题化、模块化,历经了3次展览资源更新迭代,始终以内容为王,响应公众需求,不断优化创新发展(图7-5)。

2010年流动科技馆研制之初,分别从展览展品的内容、规模、造型、材质等方面多方尝试,进行了Ⅰ型、Ⅱ型、Ⅲ型流动科技馆的研发,寻找适合流动科普展示方式的道路,最终形成以"体验科学"为主题,涵盖数学、力学、声光、机械、电磁等七大主题展区50件基础科学展品的第一代中国流动科技馆(图7-6)。

2015—2020年,从首台(套)展品创新到标准化制作,均建立流动科技馆首台(套)研制机制,采用"众筹"工作模式向社会征集单件展品创新方案,带动高校、学会、企事业单位等共同参与,探索创新研发新模式,同时逐步实现箱体展架标准化、结构外观标准化、零部件及制作工艺标准化,最终形成了"展品+科学实验装置+球幕影院"的第二代中国流动科技馆(图7-7)。

自2020年至今,从单件展品迭代到主题化、模块化展览创新。首次以主题化的方式开展流动科技馆展览资源开发,实现模块化组合、菜单式定制。通过自主创新与集成开发,汇聚了涵盖前沿科学、现代生活、生命健康、战略发展、基础科学等系列规格的60余套不同主题的展览资源,每套资源包含3套菜单式选择的小型主题展览模块、1套教育活动资源包与1台讲解服务机器人,形成"N+1"式第三代中国流动科技馆(图7-8)。

发展历程

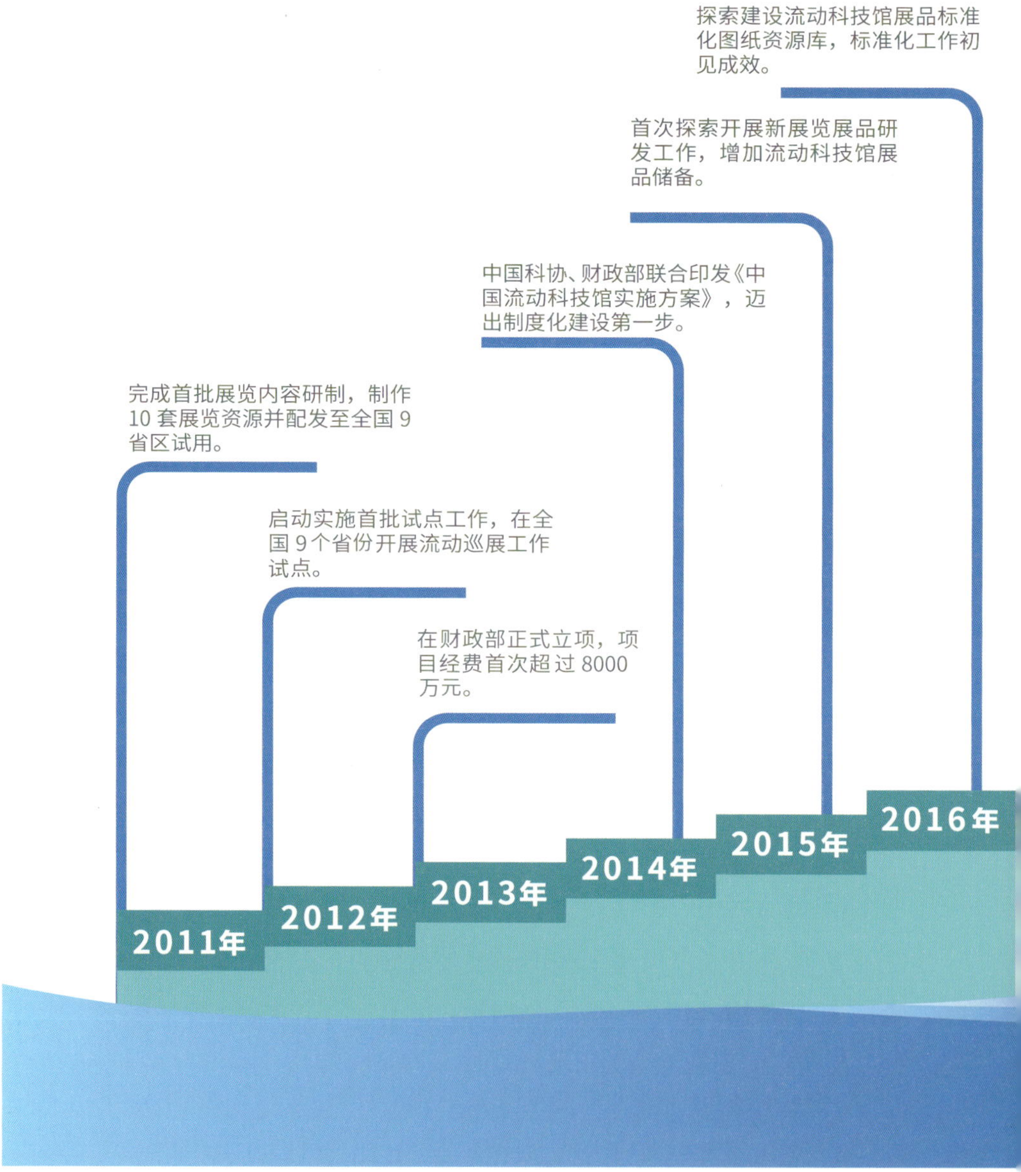

2011年 完成首批展览内容研制，制作10套展览资源并配发至全国9省区试用。

2012年 启动实施首批试点工作，在全国9个省份开展流动巡展工作试点。

2013年 在财政部正式立项，项目经费首次超过8000万元。

2014年 中国科协、财政部联合印发《中国流动科技馆实施方案》，迈出制度化建设第一步。

2015年 首次探索开展新展览展品研发工作，增加流动科技馆展品储备。

2016年 探索建设流动科技馆展品标准化图纸资源库，标准化工作初见成效。

图 7-5　流动科技馆发展历程[①]

① 资料来自《流动微光　点亮梦想——流动科技馆项目10周年纪念（画册）》。

第七章 流动的风景线：消弭发展鸿沟

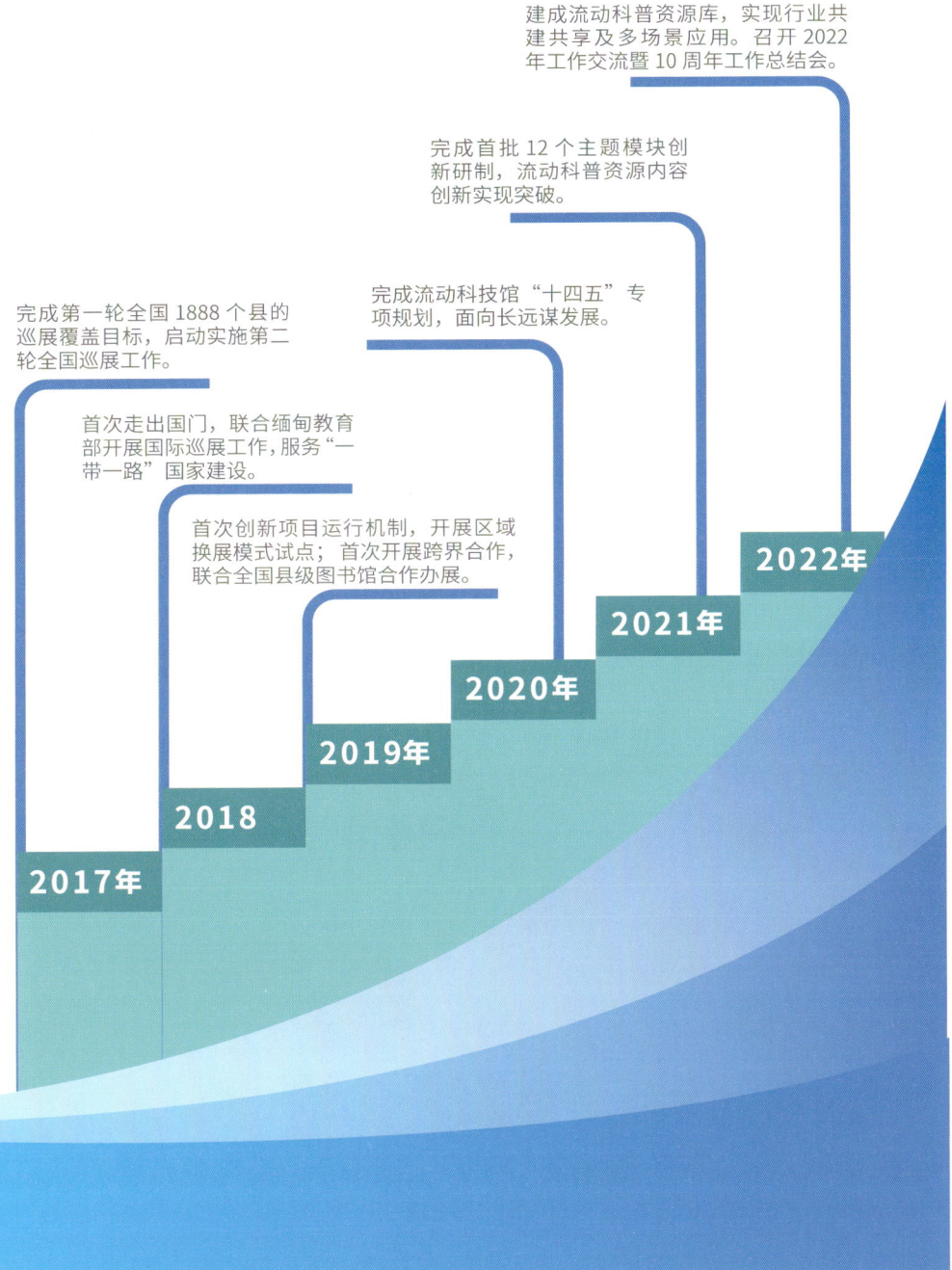

2017年：完成第一轮全国1888个县的巡展覆盖目标，启动实施第二轮全国巡展工作。

2018：首次走出国门，联合缅甸教育部开展国际巡展工作，服务"一带一路"国家建设。

2019年：首次创新项目运行机制，开展区域换展模式试点；首次开展跨界合作，联合全国县级图书馆合作办展。

2020年：完成流动科技馆"十四五"专项规划，面向长远谋发展。

2021年：完成首批12个主题模块创新研制，流动科普资源内容创新实现突破。

2022年：建成流动科普资源库，实现行业共建共享及多场景应用。召开2022年工作交流暨10周年工作总结会。

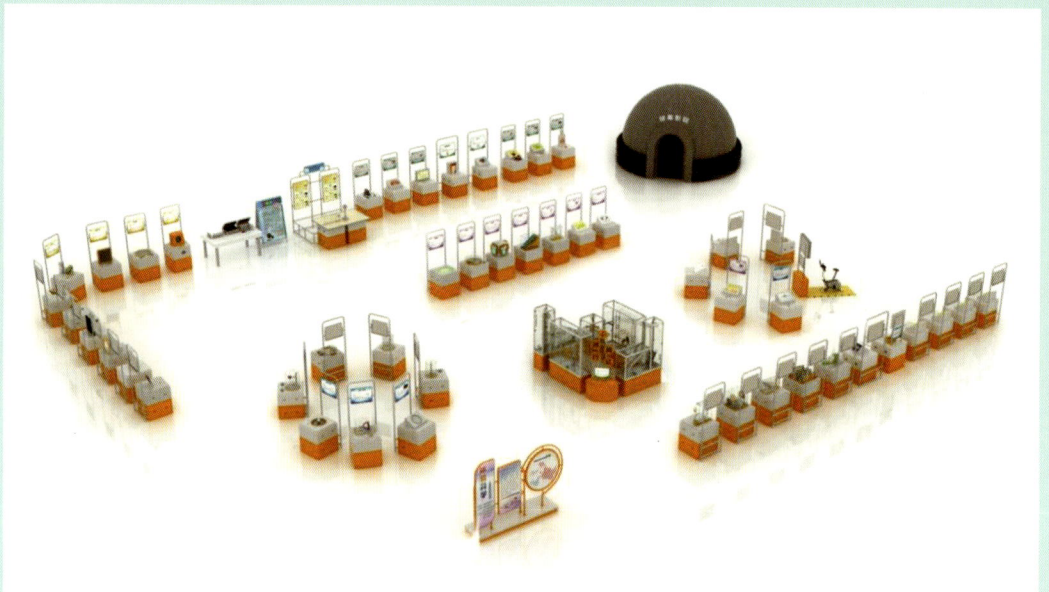

图 7-6　第一代中国流动科技馆

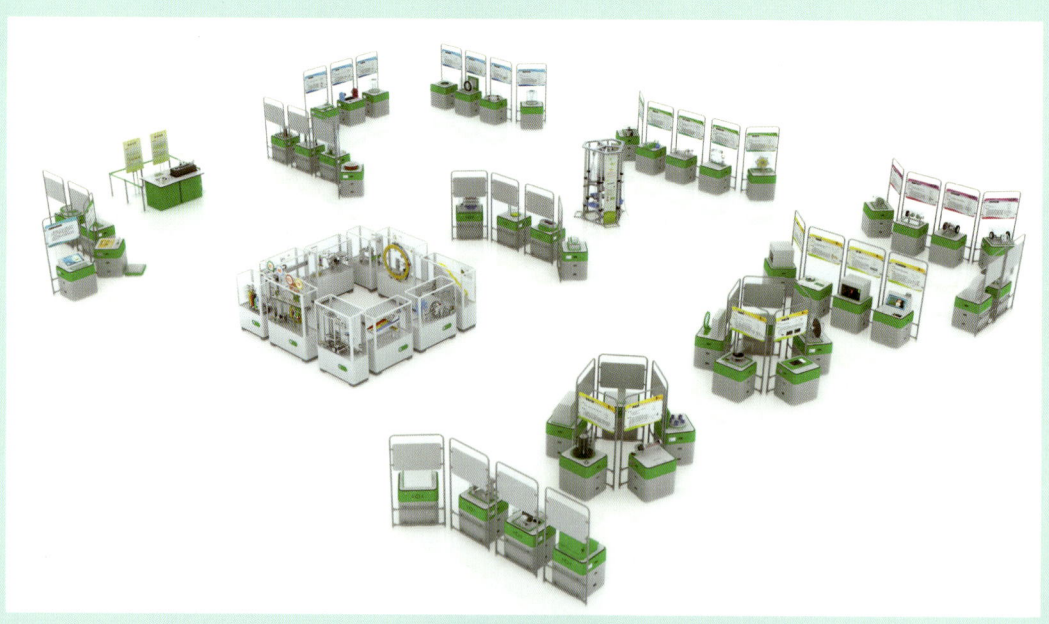

图 7-7　第二代中国流动科技馆

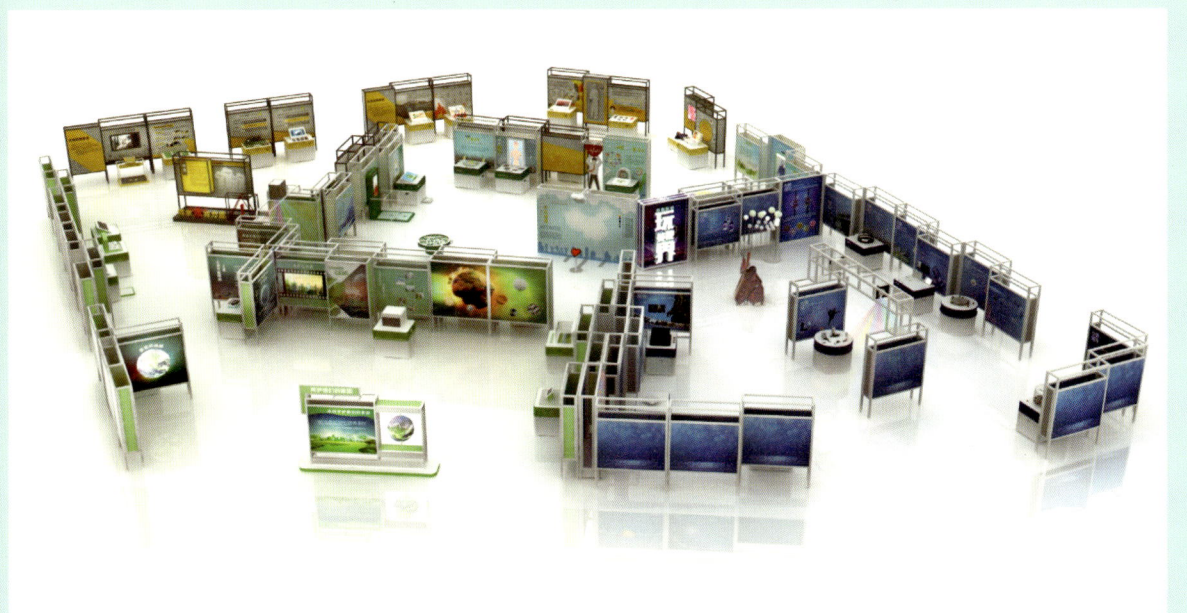

图 7-8　第三代中国流动科技馆

　　10 余年来，中国流动科技馆资源从西南边陲到北疆大漠，从小桥流水到广袤草原，从繁华都市到偏远乡村，翻越过悬崖峭壁，穿越过江河湖海。它走进校园，激发孩子们对科学的好奇心与求知欲；它深入社区，为居民们带来生动有趣的科普体验；它更多在偏远地区停留，为那里的孩子们打开一扇通往科学世界的窗户。它以独特的方式，见证了祖国的广袤与多样，也见证了科学普及事业的蓬勃发展，如同一座流动的桥梁，连接着过去与未来、连接着城市与乡村、连接着每一个渴望知识的心灵。截至 2024 年，全国配发中国流动科技馆展览资源 763 套，服务公众 2.18 亿人次，巡展 7008 站（图 7-9、图 7-10）。

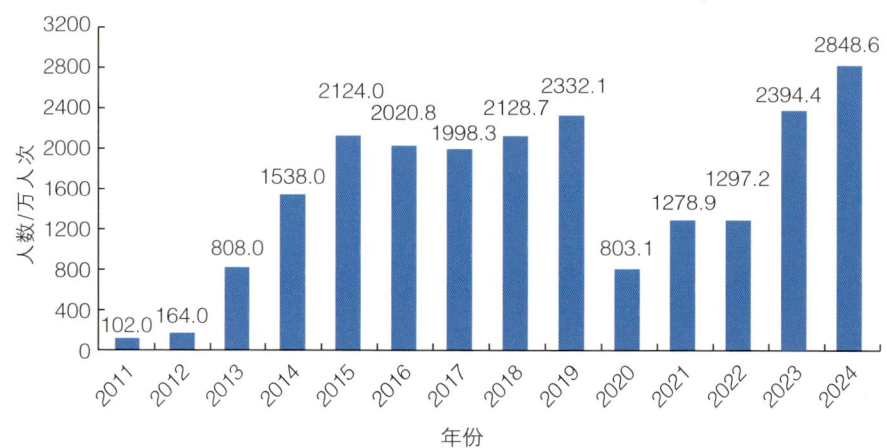

图 7-9　流动科技馆服务公众人数

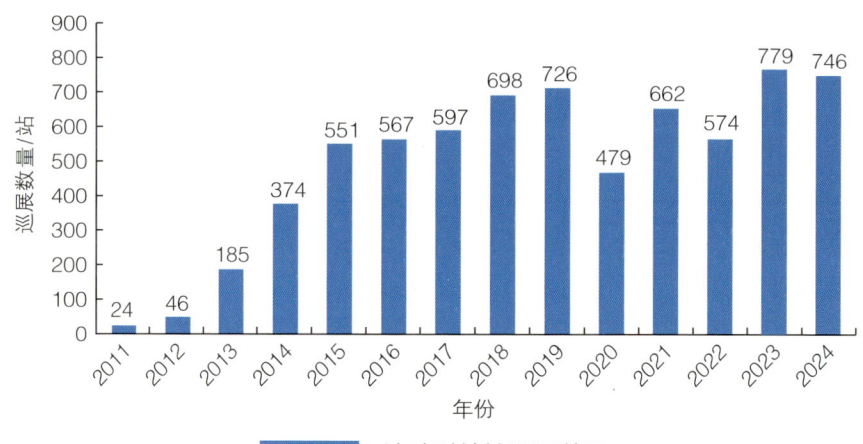

图 7-10　流动科技馆巡展数量

2　深入推进公平普惠，持续放大流动科普资源网络效应

2021年，中国科技馆依托省级科协试点，建设科普大篷车资源共享中心，放大流动科普资源网络效应。通过各级科协联动机制，建立省级科协统筹、地市科协调配、县级科协实施的车载资源共享轮换机制，推动项目配置内容上形成主题化创新、菜单式选择、差异化配置的良好生态，运行机制上形成统筹发展、资源共享、协同增效的发展

模式。已陆续面向广西、四川、云南、甘肃、宁夏、浙江、江西、内蒙、福建、湖北等12个省份建设区域资源共享中心13个,每个中心配发多套不同主题的车载资源,以提高科普大篷车资源运行效能。同时,创新流动科技馆资源共享方式,以常规巡展带动流动科普资源由点组网,采用中央、省、地市"三级联动"的方式,实现科普资源在纵向维度的有机整合与上下联动的工作机制,形成职责清晰、运行高效的全国县(市)级行政区的流动科技馆服务网络[①](图7-11)。

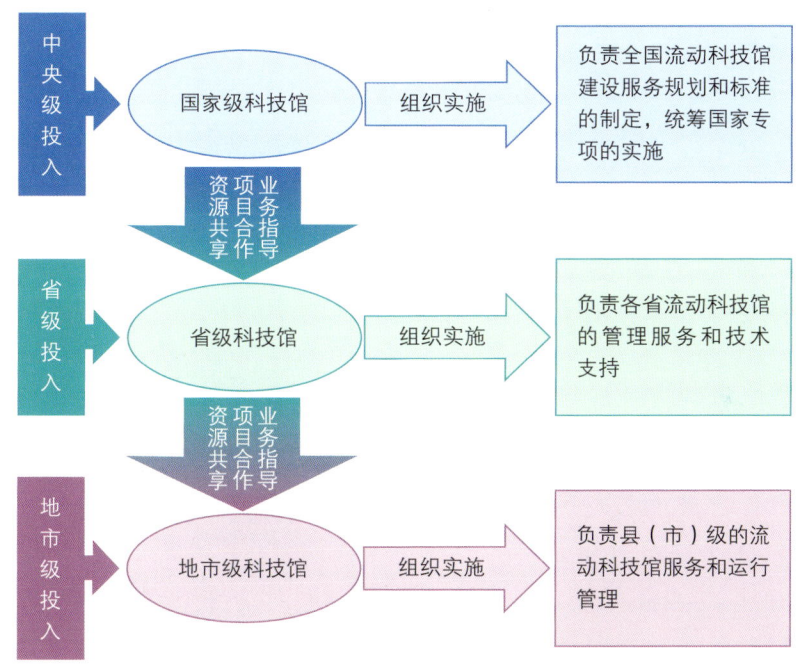

图7-11 流动科技馆"三级联动"机制示意

各省根据实际工作情况,积极探索符合当地需求的运行管理模式。一是以省科技馆为核心,统筹规划本省流动科技馆巡展。例如,四川科技馆作为巡展工作的具体执行单位,负责本省各站点的巡展服务,包括布撤展、运输、展品安装调试、展品维护维修,负责展教

---

① 束为. 现代科技馆体系时间与创新 [M]. 北京:中国科学技术出版社,2020.

人员的培训和展教活动的指导，监督各县（区、市）科协（巡展站点）场地的落实、巡展的安全运行、日常管理及媒体宣传等工作。二是由省科技馆牵头，依托地市级科技馆分区域组织实施巡展。例如，安徽省以安徽省科技馆为支撑，联合合肥科技馆、芜湖科技馆、蚌埠科技馆等，按责划片开展全省巡展工作，根据所在片区，负责流动科技馆布撤展、展品维护、运输、教育活动开展等工作，形成了中心馆辐射县域的管理模式。三是以省科技馆为主体，通过社会化运行管理模式，调动企业力量开展流动科技馆巡展。例如，广西科技馆积极探索与属地科协、企业共同合作。河北、陕西、四川、江苏等省，尝试采购社会化服务的方式来辅助巡展运行，将布撤展、展览运输、展品维护、展教服务等交由专业团队运行。科技馆负责项目的协调管理、监测督促，对公司承担的运行工作检查考评，实现社会化合作运行模式。流动科技馆的足迹已遍布全国各地，形成一张普惠基层的科普网络。

浙江省科技馆统筹省内流动科技馆资源，纵连各方优质资源，在"双减"中做好科学教育加法。通过科普大篷车、流动科技馆等多种形式，服务学校、服务社区，走进基层。2021年以来持续推出"科学有观""科学嘉年华""科学漫游日""科学牵手、山海连心"等馆校结合系列科普活动，把科学实验搬到科研院所、植物园、科普场馆等场地，为该省山区及县（市）的青少年送去科普资源，营造科学氛围，让更多山区学生收获科学知识，体悟科学思维，感受科学精神。

自2013年启动以来，中国流动科技馆河南巡展累计走过340个县（市）站点，接待观众超过2000万人次，部分县（市）已启动第三轮巡展工作（图7-12）。"十三五"以来，河南省科普大篷车累计开展科普活动9250次，行驶总里程69万千米，780多万人次受益。2018年以来，河南省科协策划

图 7-12　河南流动科技馆服务现场

实施科普大篷车进基层志愿服务活动，先后走进大别山区、伏牛山区、太行山区、黄河滩区、南水北调中线渠首的 23 个县区、520 所农村中小学校，85 万余名青少年直接受益，成为基层科普战线上的一道亮丽风景。

2019 年，为进一步丰富基层科普资源内容，积极探索流动科技馆区域换展模式。中国科技馆把不同内容的主题展览资源进行整合，形成内容不同的展览资源集群，配发到具备巡展条件的县级地区进行定期轮换展示。以区域换展的方式推动流动科普资源共建共享，使基层展览常展常新，打破资源流动的馆际壁垒，持续为基层提供科普服务。根据基层实际情况，每个共享的主题展览规模为 600～1000 平方米，约 40 件展品。

区域换展以地级市作为独立的巡展区域，依托区域内有展示条件的县区级科技馆或公共设施实施巡展，实现巡展资源区域内全覆盖。通过不同主题内容的展览资源在区域内轮换，让展览资源得到充分有效共享。近年来，通过打造流动科普设施区域共享的"样板间"，充分发挥区域共享示范带头作用，促进流动资源共享理念的宣传推广，截至 2023 年底，共计在全国 12 个省份 19 个区域（含 32 个地市）112 个县域开展区域换展。

2020年以来，为解决基层科普资源单一化、同质化问题，弥补全国各地科普基础设施发展不平衡、不充分的状况，中国科技馆以流动科普（中国流动科技馆和科普大篷车）为抓手，建设"流动科普资源库"，全面推动流动科普资源供给侧改革。通过自主开发推动资源库建立、联合共建促进内容创新、汇聚社会力量实现资源共建共享，不断创新科普内容、形式和手段，满足不同地区、不同人群对多样化、个性化、高质量和高精尖的科普内容需求。

中国科技馆在流动科普资源建设过程中，注重推动展教研一体化建设，联合高校、科研院所、学会、科技企业与科普企业等社会主体，通过自主创新与社会科普资源集成开发，完成主题化开发、标准化设计、模块化组合、菜单化选择和多场景应用，形成可推广、可复制的标准化流动科普资源库。目前，资源库已开发汇集展览资源81套，236种馆校结合展品，150套探究实验资源包，展品储备1000余件，覆盖面积超1万平方米，形成了一批标准化设计、易复制推广、可共享使用的资源内容，成功建成流动科普资源库。

流动科普资源库内容得到基层广泛认可，已广泛应用于中国流动科技馆、科普大篷车等流动科普巡展，应用于县级实体科技馆建设及各地社区科普建设，并依托信息化手段，建成流动科普资源共建共享服务平台，进一步推动资源供需对接，承担行业和社会资源汇聚和应用的中枢集散功能。

流动科普资源库为流动科普巡展提供了新的发展活力，对各地中小科技馆建设起到积极推动作用，并形成多级联动模式、协同模式和自有资源整合模式。2022年，依托流动科普资源库内容，协助中国科技发展基金会指导支持中国海油援建的海南省五指山市科技馆内容建设，成为全国首个"中小科技馆共建行动"样板间。截至2023年底，全国共有93家县级科技馆成功依托流动科普资源挂牌成立（图7-13）。

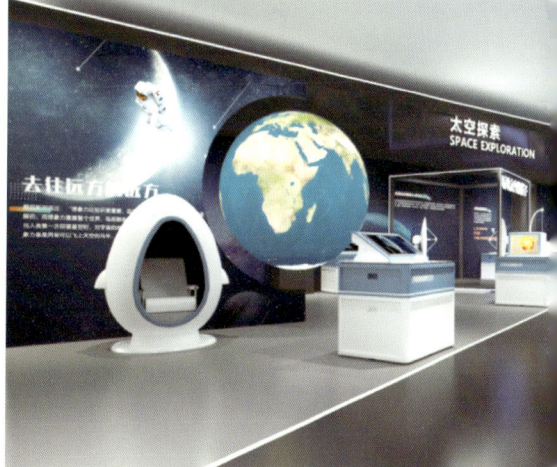

图7-13 流动资源库赋能中小科技馆建设——多级联动模式（以海南五指山市科技馆为例）

2023年，广西科协对全自治区实体科技馆建设进行统筹规划，按照各市县实际条件，分类分级设定建设目标，设立支持市县科技馆内容建设的专项支持。以三江侗族自治县为例，其科技馆建设由广西科协主导，场地、人员、运行等由地方配合实施。广西科协综合考察地方建馆意向及各地实情统筹建馆方案，从流动科普资源库中选取资源，按照"模块化＋个性化"的原则配置主题展览模块，仅用40天时间便顺利落成开放，极大节省了人力和时间成本。

2023年，广西百色市、玉林市两地在流动科普资源库展览内容基础上因地制宜地进行升级改造，建成了同时具有综合性和特色性的中型科技馆，大幅节省了地方基层科技馆建设经费支出（图7-14）。以玉林市科技馆为例，由玉林市科协统筹主导内容建设，在"模块化＋个性化"模式基础上，按照注重基础学科建设、适当放大重点展品、结合地方特色部分原创、辅助空间环境营造等方式实现资源库升级改造，进一步契合地方建馆需求。

图7-14 流动资源库赋能中小科技馆建设——协同模式（以广西百色市科技馆为例）

20余年来，中国流动科普已走出一条"节俭式科普"新路径[①]。流动科技馆和科普大篷车通过低成本高效能的科普服务方式，持续不断地将科普资源输送到基层。从财政资金投入产出看，科普大篷车累计投入 7.93 亿元，累计服务 3.53 亿人次，人均 2.25 元。中央财政为流动科技馆累计投入 9 亿元，累计服务 2.02 亿人次，人均约 5 元——大约一根"雪糕钱"（在项目前期试点阶段，试运行期间服务人数相对有限，每人次服务成本相对高一些，随着项目的全面铺开，每人次服务成本快速下降，如图 7-15 所示）。从各省服务人数来看，河南、四川、甘肃、云南、河北 5 个省份流动巡展年均服务超 100 万人次，其中河南省年均服务超 200 万人次，居全国首位。部分省份流动科技馆年均服务公众人数相当于一家省级大型实体科技馆。从平均接待人数来看，单套展览每站接待的参观人数每年可达 10 万人次，相当于一家中小型实体科技馆的年接待观众人数。

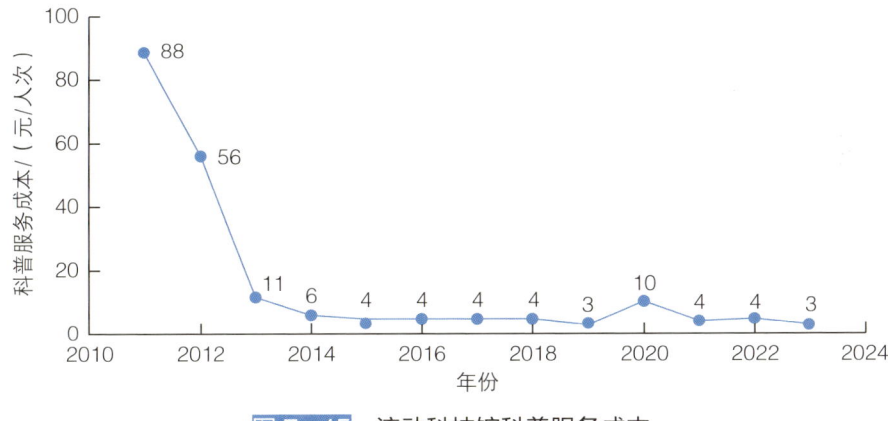

图 7-15 流动科技馆科普服务成本

流动科普非常重视展教模式创新，积极促进科普资源与教育活动的有效衔接。各地科协利用科普大篷车深入基层的优势，持续面向乡村地区开展科普活动，因展品互动性、参与性强，深受基层公众特别

[①] 所谓节俭式科普，是指一种用更少资源为更多人提供更好服务的科普，其理念与节俭式创新（frugal innovation）一致。

是中小学生欢迎。

  戴着VR眼镜体验仿真场景、操控无人机起飞降落、利用磁场让回形针翩然起舞……流动的科普大篷车，将妙趣横生的科普体验，送到乡村孩子身边，让大家感受科学的魅力。2001年初，随着第一辆科普大篷车从安徽省科技馆驶出，科普活动犹如跳动的音符，谱写出动人的旋律，在广袤的田垄阡陌间，点亮乡村孩子们的科学梦。清晨，不到8点，安徽省六安市金寨县南溪初级中学，校长张宏斌和几位老师已经站在门口等待……听说安徽省科技馆科普大篷车团队要来，他们从一周前就开始期待了。"科普大篷车是学生们最期待的项目之一。我们这里的孩子去科技馆的机会不多，科普大篷车能让孩子们尝试科学实验，激发学习兴趣，非常有意义。"张宏斌说。为了促进科学知识触达乡村，2000年，中国科协推出科普大篷车项目，让"移动科技馆"走到乡村孩子身边。2001年初，安徽省科技馆率先开出了科普大篷车，24年来，科普大篷车累计行驶近25万千米，遍及全省约90个区县、270个乡镇，开展活动约600场次，惠及公众180万人次。

  金寨县地处大别山区，群山环绕，沟壑相连。行驶在蜿蜒的山路上，越过莽莽峻岭，经过两个多小时的跋涉，科普大篷车终于抵达南溪初级中学。车一停稳，工作人员就下车忙碌起来。校园主干道两侧，团队负责人徐健和同事们将"公共安全"与"人工智能"两个主题的40余件科普展品依次排开，很快一座小型的"移动科技馆"搭建完成。操场上，两名工作人员开始调试无人机。"同学们，科普大篷车来啦！"随着校长的一声吆喝，老师们迅速组织各班同学从教室里出来，聚集在刚搭好的"移动科技馆"前。在"人工智能"主题展区，机械手通过传感器的信号传导，重复着孩子们的动作，引发阵阵惊呼；在无人机表演现场，孩子们纷纷排队，对体验无人机操控跃跃欲试……"过去，学习科学知识都是以书本为主，这还是我第一次体验和使用科普仪器，感觉很新奇。"七年级学生张晓宇说，他一直对理科感兴趣，科普活动让他更加坚定了努力的方向。不知不觉两个小时过去，看到孩子们的热情不减，徐健和同事打算延长展出时间。"孩子们很兴奋，我们也高兴，'拖堂'是常态。"徐健笑着说。2024年上半年，徐健带领团队在8个地市开展了31场科普大篷车进校园活动，受益学生6万余人次。"我们是一支'科普轻骑兵'，让科技馆动起来，把知识送进村，送到更多孩子面前。"徐健说[1]。

各地区大力开发和推广与流动科技馆相配套的科学教育活动，通过展品趣味教育、科学表演及科普剧、科学课及实验课等方式，为广大受众特别是青少年提供优质的科学普及和科学教育服务。一是围绕展品开展更有趣味的教育活动。不仅能帮助观众理解展品的科学内涵，提升展览的教育效果，而且能真正让观众参与其中，体验探究式学习的乐趣。二是联合学校开展可体验、丰富多彩的校外科学课及实验课。流动科技馆的展品大多是物理、化学、生命科学等基础科学的内容，与学校科学课程有着密切的相关性，可以作为学校课堂教具开展教学活动。三是围绕社会热点开展更具特色的活动。中国科技馆联合教育部宣教中心、抖音共同发起2024"流动科学课"，充分发挥中国科学馆体系的协同组织优势，构建新时代大科普工作格局，进一步推动资源整合、交流合作和融合发展，充分释放科普服务的效能，实现科普能力的系统提升，更好地发挥中国科技馆体系服务全民科学文化素质提升的作用，满足人民群众日益增长的科学文化需求。2024年2—6月，在广西、河南、甘肃、福建、吉林开展30余场线下活动，产生了很好的社会反响。

---

[1] 科普大篷车.让更多孩子爱上科学[N].人民日报，2024-08-15（6）.

黑龙江省流动科技馆巡展过程中，依托流动科技馆展品开发了《趣味科普教育活动指导手册》，针对数十件展品配套开展了10项相关互动教育活动，包括动手比拼、知识问答、展品仿制等活动。这些趣味科普教育活动具有知识性、趣味性、竞技性，使观众进一步了解展品中所富含的科学知识，获得了广大青少年的喜爱和良好的社会反响。

河南省流动科技馆开发了配套科学实验课，通过配套科普课的演绎，动手实验和配套知识讲解等过程让参与的学生们进行探究式学习，培养动手能力，激发探索精神和科学兴趣。

2020—2021年，利用"天宫课堂"优质教育活动资源，全国流动科技馆参与联动课堂，近800个县（市）站点的近200万名基层公众参加。新疆、西藏、四川、广西等地分会场青少年与中国航天员进行天地对话，开展天地比对实验，极大地激发了基层青少年对于航空科技的兴趣，在他们心中种下科学的种子。

针对"一带一路"共建国家科学教育资源不平衡、不充足等问题，"中国流动科技馆"项目启动国际巡展工作，推动中外科技人文交流。巡展工作面向"一带一路"共建国家推广中国流动科技馆模式，以成熟的国内流动科技馆展览为依托，整合全国优质流动科普资源，结合"一带一路"共建国家发展需求，对展览内容、教育活动资源等进行优化升级，形成主题鲜明、内容丰富的科技互动展览。自2018年至今，将自主开发的科技互动展览输送到缅甸、柬埔寨、俄罗斯、马来西亚等"一带一路"共建国家展出并配套开展教育活动，服务"一带一路"共建国家科学教育发展。为当地公众学习科学知识、了解科技发展前沿提供服务，得到当地政府和公众特别是教育机构及青少年的充分认可，获得各地政府高层领导人的赞许。在缅甸展出期间，服务当地公众10万人次。在柬埔寨展出期间，组织在科技展会、学校展出8场，并同步开展多场工作坊，服务当地公众近5万人次[①]。

2023年9月27日，中国流动科技馆马来西亚沙巴州国际巡展在位于沙巴州首府哥打基纳巴卢的州立图书馆正式开幕并面向公众开放。此次展览是中国流动科技馆国际巡展项目继缅甸、柬埔寨、俄罗斯之后，首次在马来西亚展出。马来西亚沙巴州科技与创新部部长阿里夫表示，流动科技馆打开了一扇重新认识科学教育的窗口。沙巴州官方媒体等多家主流媒体进行了采访报道（图7-16）。

缅甸国际巡展开幕期间，国内媒体参与报道的有53家。中央电视台在央视新闻新媒体平台进行了一小时的现场直播互动，观看人数接近10万人。缅甸国家电视台对当天活动进行了全程直播，引发了缅甸公众的热烈讨论和广泛关注；缅甸《金凤凰报》在活动当天即在其网络平台刊发展览开幕新闻，并进行了整版报道。

图7-16　流动科技馆在马来西亚巡展

[①] 数据来自中国科技馆《中国流动科技馆国际巡展服务"一带一路"实施成效报告》。

中国流动科技馆国际巡展是落实"一带一路"倡议的有效举措，是依托流动科普资源共享开展国际交流的有益探索，切实加强了中国与相关国家的科技人文交流合作，提升了当地公众科学文化素养。通过不断拓展流动科普资源科普服务范畴，推动科学传播和科学教育事业的发展和共赢，进一步加深中国与"一带一路"共建国家人民的友谊，架起了一座座促进互通互信和民心相通的桥梁。

3 泛在化引领流动科普发展方向：让科学无处不在

随着新一轮科技革命和产业变革的快速发展和广泛渗透，公众的科学需求已普遍存在于日常生活中。科普不再局限于特定环境，而是渗透到社会生产生活的各个方面，相关工作的重点也从知识、技能的普及，转向更深层次的对思维、精神和文化的培育。传统以科技馆展览为核心载体的科普模式正在经历变革，博物馆、图书馆、主题公园、游乐场、购物中心等众多行业机构，在面向公众的体验项目中都开始融入科学元素，参与、体验、互动的科普形式已不再为科技馆所独有。科技强国目标对加速提升人口素质的要求，几十年快速城镇化后人口分布和结构的重大变化，科技发展加速度对人的知识理解和知识建构能力的需求，以及科技、经济、社会的深度融合引发创新的复杂性和不确定性提升，都使得传统的流动科普亟待在时空边界上、模式机制上、内容组织上、资源整合上与时代同步，与公众迅速增长的科学文化需求同步。

流动科普资源网络化。未来的流动科普要满足公众愈加丰富、多样化的科普服务需求，而这就需要愈加多样的流动科普资源为其提供支撑。利用流动科普设施、流动科普活动设计及流动科普服务供给方式等方面的创新，将分散的知识单元、主题、科普大篷车、流动科技馆、科普服务人员等各类流动科普资源网络化，形成流动科普资源网络已初现端倪，并将在未来持续发展。在这个网络中，每一个知识单元、主题模块，每一辆科普大篷车和每一个流动科技馆等都可以被视为一个"节点"。这些节点通过网络化连接，形成了一个动态的知识网络和具有自我演化能力的科普资源网络。流动科普资源网络化的结构将增强其持续吸纳新的内容和主体的能力，新的节点可以轻松加入，旧的节点也可以根据需要进行升级或替换，以保持整个系统的新鲜度和活力。

流动科普运营社会化。未来的流动科普供给将从目前主要由"以科技馆为主、其他主体偶发式参与"的模式，转向社会化大协同的模式。各级政府、科技馆、大学、科研机构、企业、社区、社会组织，以及各个独立的个体，都可以利用自身的资源、以恰当的方式加入流动科普资源开发与整合及流动科普服务供给当中。构建流动科普社会大协作机制，政、产、学、研、社共同进行资源投入。在中央、省、地市"三级联动"的基础上，科普展品研制单位、有能力的科技馆、有关科研院所、大专院校、学会和企业、基金会等机构积极参与车载设备和展品开发。行业部门、企事业单位积极参与开发行业类、主题类、社区类科普大篷车或车载设备和展品，为其面向公众开展科普教育创造有利条件，并引导相关机构加入统一配发和运行体系。通过冠名、赞助、车辆及车载设备和资源的直接开发等多种激励方式推动地方有关机构研制具有当地特色的新型科普大篷车，并为各类组织和群体在科普大篷车的研制、配发、运行中发挥作用提供通道和依据。

中国科技馆与科大讯飞股份有限公司深度合作，于2023年和2024年连续两年开展前沿科技AI主题展览全国巡展活动。依托流动科技馆、科普大篷车平台，将最新的人工智能技术转化为流动科普展品直达基层、普惠公众。"AI星球奇遇记"科普大篷车历时两年，跨越12个省份，行驶里程超1万千米，服务公众超40万人次。依托各地科技馆资源，组织开展丰富多彩的科学表演、科普剧、科普讲座及"追星就追科学家"系列馆校结合活动，打造了中国科技馆联合企业实现资源共享、优势互补的优秀范例，是依托中国科技馆体系平台优势和高新技术企业专业优势，解决全国各地科普资源不平衡、区域间差异明显等问题，促进全国科技馆科普资源共建共享的有益探索（图7-17）。

图7-17　2024年"AI星球奇遇记"全国巡展

壮大行动者网络，优化流动科普人才队伍。通过多种形式吸引热心于科普事业的科技工作者、教师、科普创作人员、科技传媒记者和编辑、科普场馆工作人员、科普理论研究工作者、青少年科技辅导员、大学生等加入科普大篷车、流动科技馆兼职工作人员和志愿者队伍，发展城市社区、乡村科普志愿者队伍，培养科普宣传员，并进一步提高科普大篷车和流动科技馆工作团队素质（图7-18）。

互联网、社交媒体、大数据、人工智能等新的媒体和信息技术将持续深刻改变知识生产方式、科学传播方式和公众学习方式，通过更加精确化、智能化、低成本地打破流动科普物理边界和时空边界，为流动科普提供新的推动力和发展空间。

社区化是流动科普的服务趋势之一，是科技馆提高公共服务辐

图 7-18　流动科普志愿服务讲解员

射度和满意度的必由之路。深入社区的流动科普应以展品特点和社区群众文化基础为依据，让社区个体参与到策展、布展和宣传的各个环节，达到展品自我表达、观众自我嵌入的目的，使社区作为一个有效链接，科普资源惠及更多公众，真正地下沉到公众身边。

搭建流动科普与国家公园体系、植物园体系相联通的开放性平台，将科技馆的展品资源与国家公园丰富的活动相融合，形成优势互补；利用重大节日，将国家公园的科普资源搬入科技馆，共同打造专题展览。充分运用高校的学术积淀和专业优势，将其作为泛在科技馆的重要组成部分，充分发挥其在科学教育方面的重要功能。

图书馆、商场中的 VR 设施等前沿技术体验也是流动科技馆的一种探索。应急科普的泛在形式可以体现在公共安全馆、遗址地科普馆、学校安全体验教室、消防主题公园等。在产业园区、工业厂房、城市公园等多种类型的场所，在建筑、交通、环保设施、生态规划等方面充分体现相关知识、技术和成效，形成公众随时随地可感知的泛在展示系统[①]。

泛在化重新界定科技馆未来的发展方向，泛在化的流动科普让

---

① 魏蕾，唐罡，王二超，等. 科普新格局下的泛在科技馆构建："中国科技馆第五期'论道科普'展览创新沙龙活动"侧记[J]. 自然科学博物馆研究，2024（4）：89-93.

公众无论是在居住地还是在学习、工作场所，都能便捷地接触到科技馆的服务，为终身学习时代的科学教育开拓新的空间。打造开放、协同、多元的科普新生态，以多方合力为公众提供更具吸引力的科普服务，扩大科普的辐射范围，创造无处不在的全新的学习场景，让科普空间全面融入公众日常生活的场景之中，让科学成为一种生活态度和文化自觉，提升全民的科学文化素养，为中国式现代化奠定坚实基础。

第八章
无尽的展陈前沿

未来的科技博物馆必将是支持和引领大众科学发展的博物馆，否则博物馆就没有未来。今天的生活斗争不以自然力量为主要关注对象，而应关注人类文明的优势和不足。未来的科技博物馆不能把自己局限在纯粹的自然科学或科技进步的展览上，永恒的自然原理和规律、新的科学发现与产业赛道、科学在个人生活中的应用、人与整个自然的关系、人类在全球范围内的相互依存应该反映出来。

　　新一轮科技革命和产业变革加速演进，中国式现代化建设加速推进，中国科技馆需要勇担时代使命和历史责任，始终牢牢把握住未来发展方向。深刻理解世界之变、时代之变、历史之变，坚持目标导向和问题导向，通过破壁、升维、跨界、协同，让中国科技馆体系更好地融入社会发展进程、更好地符合人类的认知和学习规律、更好地满足人民日益增长的美好生活需要。

1 拥抱"博物馆热":在中国式现代化的宏大场景中打造泛在的终身学习与科学教育阵地

什么是博物馆?穆泽利斯(Mouzelis)[①]讲道:博物馆是宏观的参与者,也就是说,它们的决定贯穿了时空,影响着数百万人的情感[②]。20世纪80年代,大约40%的美国人至少参观过一次某种类型的博物馆。到了2000年,这个数字已经突破了60%——仅用一代人的时间,这一比例就增加了50%[③]。近30年来,博物馆已经成为知识时代休闲领域的代表。博物馆之所以能在当前休闲、学习浪潮中乘风破浪,是因为公众认为博物馆是最适宜自由选择学习的地方,是休闲和学习交汇之地。公众自由选择学习不是基于学校的目的,即掌握一门学科或是能够向他人说明对事实和概念的理解。休闲学习的动机似乎更加个人化。研究发现,观众开展许多与休闲学习相关的体验是因为他们看重和享受学习的过程[④]。

党的十八大以来,我国博物馆事业快速发展,"博物馆热"日益成为一种新的社会现象和文化潮流。《2023年文化和旅游发展统计公报》显示,截至2023年末,全国登记备案博物馆、纪念馆达到6833个。2023年,全国各类文物机构共举办陈列展览3.0万场,其中,基本陈列1.3万个,临时展览1.7万个,接待观众140 266万人次,同比增长119.3%,其中未成年人32 203万人次,同比增长101.2%,占参观总人数的23.0%(图8-1)。从国家层面看,博物馆是厚植家国情怀、维护

---

① 穆泽利斯著有《后马克思主义的抉择:社会秩序的建构》,将后马克思主义的方法引入社会学与政治学,提出用理论化实用主义的方法来重新诠释社会的形成、构造和转变,为马克思主义在社会学和政治学维度上的拓展开辟了新的视野,也为了解马克思主义者在社会学和政治学上的思想踪迹提供了一条重要线索。
② 莎伦·麦克唐纳,戈登·法伊夫.理论博物馆:变化世界中的一致性与多样性[M].陆芳芳,译.杭州:浙江大学出版社,2020:181.
③ 约翰·H.福克.博物馆观众:身份与博物馆体验[M].郑霞,林如诗,译.杭州:浙江大学出版社,2022:132.
④ 同③31.

国家文化安全的重要阵地，是弘扬中国精神、凝聚国家认同、增强历史自信的文化卫士[1]。"博物馆热"不是一时的潮流，还会持续升温，表现为文化事业和文化产业发展供需两旺。一方面，随着经济发展水平的提高，政府和社会各界加大了对博物馆事业的投入力度；另一方面，随着收入水平和教育水平的普遍提高，我国公众的成长性需求、文化需求持续攀升[2]。

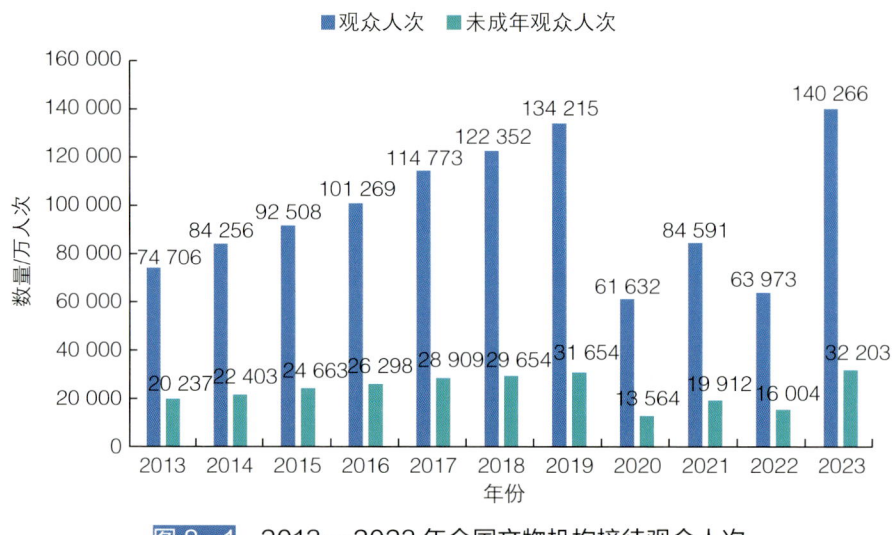

图 8-1　2013—2023 年全国文物机构接待观众人次

"博物馆热"的实质，是在知识经济高度发达的当下，个体终身学习的需求愈加凸显；在全球范围内学习型组织、学习型社会建设浪潮中，校外学习的地位日益突出[3]。博物馆作为一种特殊的校外教育机构吸引了越来越多的普通公众。与此同时，作为一种公共空间，博物馆也被人们赋予了更广泛的功能。现代博物馆已不仅是藏品馆、展示

---

[1] 尤越. 致广大而尽精微 [J]. 中国博物馆，2022（3）：25-29.
[2] 波利·麦肯纳-克雷斯，珍妮特·A. 卡曼. 博物馆策展：在创新体验的规划、开发与设计中的合作 [M]. 周婧景，译. 杭州：浙江大学出版社，2021.
[3] 妮娜·莱文特，帕斯夸尔-利昂. 多感知博物馆 [M]. 王思怡，陈蒙琪，译. 杭州：浙江大学出版社，2021.

馆，越来越成为一种复合性物理空间和社会空间，它是学习中心、交流中心、社交中心、休闲中心甚至是疗愈中心，它给人们提供的是包含了感觉、智性、审美、社交等多方面的综合体验①。

自然科学类博物馆缘何惹人爱？怎样才能让它们更好地发挥教育功能，彰显科学之美？2024年4月8日，中国自然科学博物馆学会第八次会员代表大会在中国科技馆举行，记者采访了多位自然科学类博物馆馆长、专家。

持续"大热"，它们为何如此吸引人？"在这里，能身临其境感受科学的魅力，以书本加实践的方式加深对科学的理解。"辽宁省科技馆馆长刘晓峰说，"我们将科技成果和创新知识以直观、互动的形式呈现给观众，这不仅为科技成就提供了展示窗口，也能激发大家的科学兴趣、涵养科技创新精神。"

国家自然博物馆首席科学家孟庆金认为，持续升温与近年来我国自然科学类博物馆发展迅速有关，这里让人们拥有了"触手可及"的机会，可以更便捷地"亲近"科学。

作为连接科学、教育与社会公众的重要桥梁，自然科学类博物馆受追捧的背后，是老百姓对优质科学教育场所的渴求。"自然科学类博物馆是国家科技发展的重要标志和文明进步、文化繁荣的重要载体。"自然科学类博物馆要在全民终身教育中扮演好自己的"角色"，为公众提供终身、连续教育。

"在新的科技革命和科学教育形势下，更迫切地需要科技馆及其他自然科学类博物馆发挥校内教育无法替代的作用，用独特的资源创设自然科学体验场景，用独特的理念激发公众特别是青少年的好奇心和创新力。"中国科技馆馆长郭哲

---

① 妮娜·莱文特，帕斯夸尔-利昂.多感知博物馆[M].王思怡，陈蒙琪，译.杭州：浙江大学出版社，2020.

说。据介绍，中国科技馆已与北京市200余所中小学校签约合作，共建"馆校结合基地校"。在2023年秋季学期，中国科技馆服务学校团体学生4.5万人次，在2024年春季学期还推出面向不同学段学生的35条主题研学路线。

尽管我国自然科学类博物馆建设已取得很大成就，但面对时代发展、社会需要，尚有很大发展空间。在孟庆金看来，与国际一流同类博物馆相比，我国的自然科学类博物馆在藏品数量、科研力量、展陈内容、新技术利用等方面仍有不少短板。

"藏品收藏数量太少，需扩大藏品收藏范围，重新构建藏品收藏体系；科学研究力量薄弱，需加大投入，加强科研队伍建设，增加博物馆核心竞争力；展陈内容单一且出现同质化现象，需注重博物馆建设整体规划和顶层设计，以凸显特色；新技术利用不当，虽然数字技术为博物馆带来了无限可能，但技术应用应适度、适当。"孟庆金分析说。

与此同时，隶属关系复杂多样、地域分布不均衡、建设标准有待完善等问题，也使自然科学类博物馆的功能发挥受限。"应当加强国家馆引领全国同类博物馆发展的机制，没有自然科学类博物馆的省市应建设新馆，另外也需要出台相关政策法规，规范自然博物馆的建设指标及设计要求。"孟庆金呼吁①。

2024年6月，习近平总书记在全国科技大会、国家科学技术奖励大会、两院院士大会上发表重要讲话，提出把"坚持培育创新文化，传承中华优秀传统文化的创新基因，营造鼓励探索、宽容失败的良好环境，使崇尚科学、追求创新在全社会蔚然成风"作为新时代科技事业发展实践的规律性认识、积累的重要经验，并指出人才成长和发展离

---

① 詹媛. 自然科学博物馆缘何惹人爱[N]. 光明日报，2024-04-10.

不开创新文化土壤的滋养,要持续营造尊重劳动、尊重知识、尊重人才、尊重创造的社会氛围。

文化是影响国家科技创新能力的深层次力量。一个国家的科技发展目标、科研组织方式、科学职业的社会声望,以及公众对新思想、新知识、新技术的认知和态度等,都深受其社会文化影响。世界科技发展历程表明,科技革命的发生与科学文化的兴起和发展相生相伴,世界科学中心都是科学文化繁盛之地。要成为世界科技强国、屹立于世界民族之林,离不开科学文化的肥沃土壤。科学作为当代经济社会发展的关键动能,不仅在社会经济系统变迁上发挥着重要作用,也通过其特有的活动方式深度参与物质文化、制度文化和精神文化的塑造,进而影响社会发展的方方面面。

中国式现代化关键在科技现代化,本质是人的现代化。满足人民日益丰富的美好生活需要、满足人民日益增长的物质和文化需要,促进人的全面发展,本身就是中国式现代化的目的。人的现代化涉及思想观念、思维方式、行为方式、生活方式等各个层面,是人的素质的全面提升,是人的美好生活需要和全面发展需要的有效满足。越来越多的人认识到个人职业选择和事业发展更加取决于自身科学文化素质和职业技能,健康生活、安全等问题的解决也必须依靠科学技术的发展,学科学、用科学越来越成为广大人民群众的内生需求。

科技博物馆作为科学文化融入大众的重要场所,和现代化之间具有内在、天然的联系。科技博物馆作为科学文化生产的场域,是展示社会关系和国家立场的空间,与科技、经济、文化紧密交织,推动公众以特定的方式来适应世界、适应时代。科技博物馆作为一种科学建制中的结构,将经济、社会、文化与新的科技成就联系起来,并推进与公众的互动,提升了现代化的社会收益①。

在以中国式现代化全面推进中华民族伟大复兴的新征程上,科技

---

① 莎伦·麦克唐纳,戈登·法伊夫.理论博物馆:变化世界中的一致性与多样性[M].陆芳芳,译.杭州:浙江大学出版社,2020.

馆相关工作者必须深刻理解文明演化的底层逻辑，紧紧抓住当前以数字化、智能化为牵引的技术革命与产业变革给文化传承和发展带来的机遇和挑战，拥抱"博物馆热"。把握教育科技人才贯通发展的时代规律，深刻把握科技革命和产业变革的发展趋势，发挥校外科学教育的重要行动者和赋能者作用，深入研究和运用教育学、传播学和学习科学理论成果的同时，加强对博物馆情境下的认知和学习规律研究，让科技馆的学习情境和学习体验成为公众科学学习的重要组成部分[①]，突破物理边界和时空边界，为科技博物馆成为校外科学教育生态中更重要的服务供给者提供广阔空间，推动形成"大科学教育"格局，在全社会塑造以科学致科学、以思想创思想的正反馈，推进中国式现代化始终把发展基点建立在亿万科技工作者和广大人民群众的创新创造实践之上，筑牢高水平科技自立自强的根基。

2 科技博物馆发展趋势：最根本的变化在于服务大众的信念

最早的博物馆是为少数精英建造的，那些文艺复兴时期的私人珍宝柜（private cabinets of curiosities）通过挑选、组织、分类和呈现的方式揭示着收藏家对自然的控制。19世纪末，博物馆的定义得以扩充，将教育与公众服务作为主要职能，而且具有社会化和文明开化的功能，其从收藏为主要功能到以教育为主要功能的演变历程实则是"从关于事到为了人"。在20世纪，博物馆被赋予了保护、阐释和传播学术研究的新功能。在如今科技驱动的快节奏社会中，公众可以通过互联网获得信息，去博物馆亲眼见证的特别之处在哪儿呢？在21世纪的博物馆中，公众体验是最重要的。肯尼斯·哈德森（Kenneth Hudson）在联合国教科文组织的杂志《国际博物馆》中总结道："在过去的半个世纪，对博物馆最有影响的根本变化……是其普遍存在的服务大众的信念。"

---

① 周婧景.溯源：略论博物馆现象的内在逻辑及其研究价值[M]//波利·麦肯纳-克雷斯，珍妮特·A.卡曼.博物馆策展：在创新体验的规划、开发与设计中的合作.周婧景，译.杭州：浙江大学出版社，2021.

> 我们已经从祖先那里继承了对统一的、包罗万象知识的强烈渴望……但是在过去的百年里，各种各样的知识分支在宽度和深度上的传播使我们陷入一个古怪的困境。一方面，我们清楚地意识到，我们已开始获得可靠的资料，将所有已知事物紧密结合成一个整体；另一方面，仅凭单一的头脑来控制其中一小部分专业内容几乎是不可能的。在我看来，要摆脱这个困境（以免我们真正的目标永远消失），需要我们之中的一些人冒险着手开展一些事实和理论的综合，尽管其中一些是二手的、不完整的知识，而且冒着让自己出洋相的风险[①]。
>
> ——E. 薛定谔（E.Schrodinger），1944 年

在 21 世纪，科技博物馆不再仅是提供公共服务的机构，它还是社会互动和科技参与的平台，是帮助公众发现自我与发现科学文化和时空的地带，强调共享的甚至是共同建构的科学文化体验。思维理解方式的革命性转变也表明，认知是情境性的，环境不再是简单的学习背景或学习过程的潜在因素，而是一个不可缺少的组成部分。思想和知识建构是"与其相关的活动、环境及文化的部分产物"。从某种程度上说，知识是由环境建构的，同时，人也是科技博物馆环境和科学知识建构的重要一环[②]。科技博物馆的展陈和活动在纵向上展现了自然、传统文化与当代生活之间的因果联系和相互作用，代表的是一个广泛探索和发现的空间，而不是一个满足特定结果的空间[③]，将呈现以下几个发展趋势。

（1）面向新领域新赛道设计前沿展陈和参与式体验

数字化、智能化、低碳化加速融合渗透，新一轮科技革命和产业

---

① 约翰·H. 福克. 博物馆观众：身份与博物馆体验[M]. 杭州：浙江大学出版社，2022.
② 妮娜·莱文特，阿尔瓦罗·帕斯夸尔-利昂. 多感知博物馆[M]. 王思怡，陈蒙琪，译. 杭州：浙江大学出版社，2020.
③ 约翰·H. 福克. 博物馆观众：身份与博物馆体验[M]. 杭州：浙江大学出版社，2022.

变革引发的激烈竞争，将从科技、经济层面迅速扩展至社会、治理空间。数字经济、生物经济、能源经济、太空经济蓬勃兴起，开辟变革式技术和商业模式创新的主战场，重塑全球创新版图和经济结构。推动以科技创新为核心的全面创新，必须充分激发全社会的创新创造蓬勃热情，积极适应不断演化的新领域新赛道，以大众化、体系化优势奠定创新创造的社会基础。当今科技馆不仅是一个展示科技成果、解读科学规律的场所，更是传递科学精神和未来愿景的重要平台。展陈设计将更多具备前瞻性，预见未来科技的发展趋势，并创造与观众兴趣和能力相一致的体验。不再强调机构的主动灌输和观众的被动接受，而是邀请公众参与，允许人们从不同的层次和角度进行理解，让观众选取对其有意义的方式开启智力导航体验，在过程中实现身份"翻转"：公众成为前沿领域展陈、实验交流系统的重要创建者、故事的一部分，因此更容易被展陈、实验所吸引，完成对前沿探索的理解、思考和意义构建[①]。并且，在展陈过程中，促进公众声音被"收集"、智能被众筹，更多人愿意走进科技馆完成与自己有关的科学体验。

自2001年起，日本科学未来馆与科研机构密切合作，在该馆展览区走廊的对面开辟"研究区"，由多个研究机构以较低的租金在此设置研究项目并开展研究活动。其空间设计很独特，在研究室走廊一侧的墙壁或门上装有玻璃，供观众观看科研人员工作。日本科学未来馆还为这些机构提供展厅空间，让其可以通过演示实验与观众开展科学交流。同时，设立主题研究项目，日本科学未来馆会组织听证会筛选合适的项目予以批准。其鼓励4个主题的方向，分别为："生活：每个人都以自己的方式生活"（多样性和包容性，食品、健康、医疗）、"社会：更加智能化的人与社会"（人工智能、机器人、智慧城市、物联网、移动性、计算、数字社会、VR）、"地球：在这个地球上富足地生活"（能源、资源、气候变化、灾害风险、生物多样性）和"前沿：挑

---

① 约翰·H.福克.博物馆观众：身份与博物馆体验[M].杭州：浙江大学出版社，2022.

战未知领域"(太空、深海和知识前沿)。目前在馆的项目包括"阿凡达共生社会""X多样性""运动技能发展与拓展""从儿童视角探索神秘世界""网络生活实验室""可持续生物技术""智能软制造革命""人类类器官"等。

美国俄亥俄州科学与工业中心(Center of Science and industry,COSI)和俄亥俄州立大学(Ohio State University,OSU)在COSI创建了科技馆中的科学研究中心[①]。科学研究中心旨在将大学或研究机构进行的学术研究工作、与科学相关的知识、实践活动及与这些研究和科学活动紧密相关的高等教育机构的推广活动融入公众,特别是融入学生的家庭日常体验。

一是大学研究人员、教师和学生每天都通过各种线下、线上渠道与观众进行互动。COSI与OSU各院系密切合作,培训科学、技术、工程和数学(STEM)专业人员,向公众传播科学知识。他们设立了"公众门户计划"。

二是OSU研究人员与COSI的教育工作者紧密合作。COSI的教育工作者负责提供培训,帮助OSU的研究人员通过参与式的互动体验与公众分享自己的研究成果。具体来说,COSI与语言、心理和教育学院合作,开设了交流课程,提供在校外场所有效交流科学研究的培训,特别是经验分享和演讲技巧的提升。药剂学专业的学生则在"生命实验室"的药理学室进行轮岗实习,通过与观众互动,进一步提高他们向公众传播科学和药物信息的技能。

三是向公众展示科研成果。COSI每季度举办"科学日"活动,研究人员也会向公众展示其研究成果。COSI在"生命"展区内设有3个由COSI和OSU共同创建的独特可见的研究实验室。这些实验室是美国首批设立在科技博物馆内、处于活跃状态的研究实验室(图8-2、图8-3)。

---

① BELL J, CHESEBROUGH D, CRYAN J, et al. Museum-University partnerships as a new platform for public engagement with scientific research[J]. Journal of museum education, 2016, 41 (4): 293-306.

图 8-2　研究实验室和 COSI 室内展厅

  安大略科学中心曾有一个名为"直面火星"(Facing Mars)的巡回展。在这个展览的入口处和出口处都设置了一个问题："你想去火星吗？"问题下面是两道门，一道门标着"想去"，另一道门标着"不想去"。观众根据自身的喜好，穿过不同的门，带着不一样的心情来参观展览，这无疑是一种个性化的体验。"直面火星"巡回展主办方还在每道门上装了一个 LED 显示屏，上面显示的是目前有多少观众选择了走这扇门。每位观众在走过一道门的时候，都可以清楚地看见屏幕上的数字增加了 1。观众在回答"你想去火星吗？"这个问题时不仅享受了个性化的体验，而且他的答案也成为整个展览的组成部分，甚至影响了其他观众的选择。在该展览入口处，大概有 2/3 的观众选择"我想去火星"，然而在出口处仅有 1/3 的观众选择"我想去火星"。集体智慧（collective intelligence）告诉观众一个道理：很多人一开始想去火星，而当看完展览知道火星上的"真相"时，就改主意了。这一现象很有趣，也出乎意料。而且，以这种形式传递的信息具有一定的说服力，因为它的数据来源于观众在展览中的现场参与[1]，虽然这种信息无

---

[1] BELL J, CHESEBROUGH D, CRYAN J, et al. Museum-University partnerships as a new platform for public engagement with scientific research[J]. journal of museum education, 2016, 41 (4): 293-306.

图 8-3　直面火星（示意图）

法跟展览中说明文字的可靠度相提并论①。

（2）"人工智能驱动的科技博物馆"模式加速发展

随着科技革命的爆发和智能时代来临，科技博物馆再次面临转型挑战②。如何不断构建可持续的传播策略、保持创新互动能力、维持公众的兴趣和参与度成为博物馆蜕变的当务之急③，数字工具、智能工具成为可行之策。安装基于移动技术的语音导览系统能极大提高游客满意度④。它针对视觉偏见问题，引发"引导式观看"使游客流连忘返，

---

① 妮娜·西蒙. 参与式博物馆[M]. 喻翔，译. 杭州：浙江大学出版社，2018.
② KÉFI H, PALLUD J. The role of technologies in cultural mediation in museums: an actor-network theory view applied in France[J]. Museum management and curatorship, 2011, 26 (3): 273-289.
③ KIDD J. Enacting engagement online: framing social media use for the museum[J]. Information technology & people, 2011, 24 (1): 64-77.
④ TESORIERO R, GALLUD J A, LOZANO M, et al. Enhancing visitors experience in art museums using mobile technologies[J]. Information systems frontiers, 2014, 16 (2): 303-327.

提供令人难忘的参观体验①；马蒂（Marty）通过调查发现，博物馆线上网站具有补充实体访问的功能②。作为一个强大的信息传播新工具，它有效促进和加强了与游客的互动③；扎根于互动环境的游戏亦是行而有效的对策，引人入胜地实现教育目标④；增强现实和虚拟现实技术也是关注的焦点⑤。它们使参观者将文物的虚拟图像视为真实文物，提供了壮观的沉浸感，帮助博物馆提供真实的体验并寓教于乐服务大众⑥；鲁索（Russo）等支持了社交媒体对科技博物馆发展具有积极作用的观点，认为其有助于及时收集社会公众的良好反馈意见⑦，弗莱彻（Fletcher）等也肯定了社交媒体的多路沟通策略的正确性⑧，不断更新迭代的智能工具吹响了新时代博物馆蜕变的号角。

在旧金山探索馆，一线工作人员称自己是"探索馆解惑员"（exploratorium's explainers），他们从2007年就开始写关于其工作内容的博客，话题从最喜欢的展品、幕后的辛苦工

---

① HUTCHINSON R, EARDLEY A F. Inclusive museum audio guides: "guided looking" through audio description enhances memorability of artworks for sighted audiences[J]. Museum management and curatorship, 2021, 36 (4): 427-446.

② MARTY P F. Museum websites and museum visitors: before and after the museum visit[J]. Museum management and curatorship, 2007, 22 (4): 337-360.

③ CAPRIOTTI P, CARRETÓN C, CASTILLO A. Testing the level of interactivity of institutional websites: from museums 1.0 to museums 2.0[J]. International journal of information management, 2016, 36 (1): 97-104.

④ MORTARA M, CATALANO C E, BELLOTTI F, et al. Learning cultural heritage by serious games[J]. Journal of cultural heritage, 2014, 15 (3): 318-325.

⑤ SHAHAB H, MOHTAR M, GH A, et al. Virtual reality in museums: does it promote visitor enjoyment and learning? [J]. International journal of human-computer interaction, 2023, 39 (18): 3586-3603.

⑥ LEE H, JUNG J H, IOM DIECK M C, et al. Experiencing immersive virtual reality in museums[J]. Information & management, 2020, 57 (5): 103229.

⑦ RUSSO A, WATKINS J, KELLY L, et al. Participatory communication with social media[J]. Curator: the museum journal, 2008, 51 (1): 21-31.

⑧ FLETCHER A, LEE M J. Current social media uses and evaluations in American museums[J]. Museum management and curatorship, 2012, 27 (5): 505-521.

作到与观众在现场进行的有趣互动等，几乎无所不包。博客文章的口吻常常是无厘头的，不过他们把对探索馆的爱与探索馆的活力发到了网上，展现了一群热爱探索馆的人善于把握机会为探索馆代言。一位名叫莱恩·詹金斯（Ryan Jenkins）的解惑员兼博主在谈到写博客的经历时说："最后，我想说的是，写博客让我觉得当一名解惑员是很骄傲很自豪的事，而且我会把探索馆这个神奇地方的革新精神传承下去①。"

未来的博物馆将是人工智能驱动的博物馆（AI for museum）。人工智能技术为科技博物馆的现代化、高质量发展提供了巨大机遇，推动展教理念和方式的深刻变革，并整体重塑科技博物馆的管理和运营方式。例如，开展交互式展览，利用 AR 和 VR 等技术让访客能够以沉浸式的方式与展览互动；提供个性化导览，通过智能手机等智能设备，为用户定制内容和个性化导览；改变科技博物馆管理和运营模式，帮助科技博物馆实现藏品管理智能化转型，实现对藏品的实时监测和智能管理；帮助分析访客在科技博物馆内的移动、互动等多模态数据，并自动发现问题和生成改进建议，包括创新科学教育方式、运用人工智能根据受众特征定制教育内容，为公众创造个性化、沉浸式的学习体验。

"科记大畅想"（Scichallenger）游戏构建的玩家对话平台，是在各种思维中取得对话与沟通的游戏平台。未来研究所②于2009年启动了该项目，旨在帮助普通玩家预言未来。"科记大畅想"是一个可为文化机构所用的集思广益工具，组成结构很简单，它就是供玩家对话的一个留言板。

---

① 妮娜·西蒙.参与式博物馆[M].喻翔，译.杭州：浙江大学出版社，2018.
② 未来研究所（Institute for the Future）是美国智库兰德公司（RAND Corporation）的一个派生机构，创立于1968年，总部位于加州帕罗奥图，主要研究领域为未来学。

这个游戏的工作原理是工作人员先展示一段所谓2019年是什么样子的视频来激发玩家的兴致,然后向玩家发问:"如果未来上太空跟现在上网一样方便,你打算怎么做?"视频里还会解释:"2019年,立方体卫星(cubesats)——一种比鞋盒还小的人造卫星相当便宜,而且非常流行。只要100美元,任何人都能发射一颗属于自己的卫星到近地轨道上。"然后,弹出一个简单的问题:"未来的世界与现在的世界有什么不同呢?"

玩家不能给出很笼统折中的答案。他们要么"积极想象"(positive imagination,往最好的方面想),要么"消极想象"(darimagination,往最坏的方面想)。写在卡片上的答案要精练,看上去跟索引卡片(index cards)一样。游戏的设计者简·麦克尼格尔把"科记大畅想"叫作"微预言",并称其设计初衷是"让玩家以一种简单易行的方式尽快地分享他们对于未来的一点看法"。

玩家可以快速浏览这些写着积极和消极想象答案的卡片,然后挑一张自己感兴趣的进行回复。玩家可以回复任何人的卡片,而自己的卡片又可以被其他人所回复,这样就形成了一棵长长的"讨论树",卡片都被交织在一张网里,通过对话这条线把众多话题点给串联起来。游戏管理者会把每天写得最有意思的卡片展示出来,并对那些虽然不可能实现但很有创意的"外行"观点进行嘉奖。"科记大畅想"所建构的机制和框架将玩家对于未来集思广益的成果放在了首位。

字数限制可以方便玩家迅速浏览卡片,选择那些最能激起他们回复欲望的卡片。积分系统能促进人际交流,回复别人和被别人回复的越多,就能累积越多的分数。个人答复鼓励玩家尝试不同的讨论方法,而不是固守自己经常使用的方法。对"外行"观点进行嘉奖,并放在显眼的位置,让更多玩家打开思路、大胆想象。"科记大畅想"是一个有明确指导理念、结构合理的交互平台,它的目的在于收集玩家对于未来的各种想象和看法,很好地体现了未来研究所"帮助人们对未来做出更好、更有利决策"的理念。这也是很多公共机构和文化机构的理念,无论是对于社区问题的专家头脑风暴还是众包对话(crowdsourced dialogue),"科记大畅想"都可以被借用过来[①]。

(3)科技博物馆泛在化,无处不在地提供科学学习的情境和场景

未来的科技博物馆将融入科普设施泛在化、科普服务泛在化、公众科学学习泛在化的大生态。为服务人的全面发展、推进科技强国和文化强国建设,科技博物馆主动打开"围墙",与各类基础设施功能性交融,积极探索通过各种方式激活诸如工业、农业、信息、地质、地震、消防、邮电、汽车、电影等专业和行业博物馆(纪念馆)等场所,以及更灵活、适应性更强的社区博物馆[②]的科普功能,并强化赋能,将科普功能泛化至公园、文化场馆、社区文体活动中心等空间,真正无处不在、触手可及,为面向全体公众的、泛在化的科学学习和全民科学文化素质提升、知识的高效流动及国家创新体系效能的提升助力。

> 福建省科协在全国首创"科技馆总分馆制",由福建省科技馆牵头整合社会优质科普资源,开展总分馆体系建设(图8-4)。目前福建科技馆体系各级分馆已达83家。省科技馆挖掘整合社会优质科普资源,整体布局、分批遴选建设行业性分馆,联合高校、科研院所、重点实验室、企事业单位、科技社团等社会力量,遴选认定人工智能、核电科技、化学、海洋科普等38家行业分馆。管理方式上变"松散"为"紧密",建立总分馆联动互动机制。传播方式上由"单一"

---

① 妮娜·西蒙.参与式博物馆[M].喻翔,译.杭州:浙江大学出版社,2018.
② CASSIDY C A. Digital pathways in community museums[J]. Museum international, 2018, 70 (1-2): 126-139.

图 8-4　福建总分馆联合科普活动

转"多元",对不同来源、各具特色的内容资源进行融合开发,以线上线下多渠道传播方式,为不同年龄、不同地域公众提供不同层次的科普服务,更好满足公众对科技文化生活的新需求。绘制总分馆电子地图,提供菜单式服务。集中调配分馆场地、人力等资源,联合打造科普活动品牌。

深圳光明区科学公园定位紧扣科学主题,是集生态、科普、健康、娱乐、运动、休闲、游览等功能于一体的大型综合性城市公园,核心区主要功能为科技休闲。公园通过开发科学路线、打造天然剧场,展现了自然之美,诠释了生态文明思想,实现了自然教育和科学教育的融合。例如,公园开发了科普教育之径、科学历史之径、科学互动之径 3 条科学主题登山道,通过自然再野化的设计手法对山地进行低影响开发,将自然与科学完美结合。科普教育之径围绕光明区三大科学产业,打造生命科学、信息科学、材料科学之径,在自然中传播科学知识、激发探索热情;科学历史之径涵盖从古至今生命、信息、材料科学的重大发现、理论演进、技术突破的重要轨迹,让人们了解科学如何发展起来;科学互动之径通过艺术与科学知识相结合的设计手法让科学更具活力与生命力,使人们更深入了解到科学就在生活的各个角落。同时,公园基于自然元素构建天然剧场,开展基础学科户外教育。以柴山山林作为载体,植入自然科学内涵,抽取自然界中的水、木、雾、声、丘、月等元素,打造大自然剧场,充分展示大自然的魅力与奇妙。声浪剧场设计了可互动的声波装置，当高铁轰鸣而过时，装置将会振动，形成波纹视觉效果，生动形象地将声音可视化。

合肥骆岗公园最大限度地保留了现有水系林地，且具有丰富的科学资源，打造面向世界的科技交流平台、合肥综合性国家科学中心集中展示窗口。一是积极开放技术应用场景，将前沿科创成果运用于公园的"建、管、游"，成为新技术的试验场。骆岗公园已落地新技术、新产品超100个，打造了50多个具有显著示范性的应用场景，联动了500多家科创企业，极大地推动了新材料、新工艺、新科技的应用与推广。预计到2025年底，将形成以骆岗全域为载体的场景试验田，每年吸引1000万人次参观体验场景，新增20个新技术产品及20个具有显著示范性的应用场景。二是打造全域感知智慧园区。骆岗公园采取开放式管理，不设实体围墙栅栏，与科大讯飞合作为园区管理装上"智慧大脑"，将能耗管理、安防管理、消防应急、园区级安全生命线等智慧应用嵌入公园智慧运营系统，实现对园区安全管理、智慧运营、游客服务等的实时监测、瞬时响应。游客从入园、饮食、游玩到运动、科普、停车都能真切体验到高新技术造福生活，感受城市的科技创新成就。骆岗公园在2023年9月26日开园至2024年4月23日期间，累计入园人数已超过1000万人（图8-5）。

苏州虎丘湿地公园依托青苔科学家村规划建设，聚焦生态优先、科技引领、人文融合的发展理念，打造集山水实验室、城市实验室、能量实验室于一体的科学公园，为科学教育和自然教育提供实践课堂，包括虎丘湿地的科学发展绿廊、可观察探索的自然生态湿地、极目抒怀的科学水链、思考科学的冥思小径、科学剧场（雾森剧场、微丘剧场）、体现科学产业的主题片区，预期达到"一心三力"（生产好奇心，培养求知力，激发创造力，增强观察力）效果。其中，广场

图 8-5　合肥骆岗公园设施图示

和雕塑等可为信息科学提供场景式学习条件，生态廊道可为生命科学提供科普便利，互动装置和流动图书馆可为材料科学普及提供条件。公园内还设有多个生态观察站和科普教育基地，让游人在欣赏美景的同时，也能了解湿地生态的重要性和保护方法（图 8-6）。

图 8-6　苏州虎丘景区

（4）科学文化正快速成为人民群众新的消费热点

越来越多的证据表明，高阶心理过程实际上可能依赖并（部分）受生理感觉和感觉网络的驱动[①]。多重感官体验还能以相互促进的方式加深对事物的理解和感受。各国发展经验表明，随着经济发展和国民教育水平的提高，人们对于科学理解和文化生活的需求将日益增加。随着我国社会主要矛盾发生深刻变化，大力发展文化事业和文化产业，让公众感受到科学之美、文化之美，满足人民群众日益增长的科学文化需求，既是培育创新文化的内在要求，也是扩大消费的重要举措。依托泛在化的科普设施为人们提供多样化的科学文化产品和服务，是满足广大人民群众文化消费需求的重要方式。科技博物馆是泛在化科普设施的主要形态，是优质科学文化产品与服务供给生态中的重要行动者，是科学文化消费的重要空间和场景，在持续增强我国科学文化产品与服务供给能力、满足广大人民群众日益增长的科学文化消费需求方面大有可为。

携程发布的《2024暑期旅游市场预测报告》显示，2024年暑期亲子游成为市场主流，占比高达48%，家长更加注重体验与教育的结合。据某在线旅游平台统计，暑假期间，含有科普教育、文化体验等元素的旅游产品预订量显著上升。近年来，研学旅行作为一种新兴的教育方式，迅速在学生群体中走红，新兴的科技探索、工业研学、农业体验等，各种主题鲜明、特色突出的研学项目层出不穷。这些项目不仅注重知识的传授，更强调学生的实践能力和创新思维的培养。研学旅行不仅是一场简单的旅行活动，更是一种具有体验意义和社会价值的教育方式。它打破了传统课堂教学的束缚，让学生在实践中学习、在体验中成长。通过研学旅行，学生

[①] 莱文特，阿尔瓦罗·帕斯夸尔-利昂. 多感知博物馆[M]. 王思怡，陈蒙琪，译. 杭州：浙江大学出版社，2020.

可以更加直观地感受社会、了解国情、认识自我，可以培养其独立思考、团队协作、解决问题的能力，还可以增强其社会责任感和公民意识。截至 2024 年 9 月，与研学相关的企业近 2.7 万家，其中，2024 年新增注册相关企业 1639 家，2023 年起呈现出明显增长态势[①]。数据显示，2023 年中国研学游行业的市场规模达 1469 亿元；2024 年市场规模达 1791 亿元，同比增长 21.9%；预计到 2028 年，中国研学游行业整体市场规模将突破 3000 亿元。调查显示，开阔眼界（36.72%）和获取知识（30.49%）被受访者视为研学游最重要的目的[②]。

公众越来越注重体验消费，以体验为导向的文旅经济、研学经济等成为公众消费的新热点新潮流。"体验"是消费者融入供给者创设的场景而获得的一种"感觉"。当前，公众的消费观念逐渐向重体验转变，体验不仅可以是消费产品的附加服务，也可以是公众愿意为之付费的消费内容本身。调查数据表明，当被问及"哪些方面的数字化转型显著优化了购物、服务和产品使用体验"时，39.4% 的受访者选择了"数字文旅，如线上文博、沉浸式场景"。在体验消费的偏好方面，当前公众更喜欢具有浓厚文化气息的旅游目的地，对研学经济也具有偏好。调查结果表明，公众对"相比自然景观，作旅游抉择时更看重人文要素""研学旅游比普通旅游更有收获感和教育价值"的认可度均为 3.27 分（满分 5 分），处于较高水平[③]。

---

① 新消费观察. 学生教育与娱乐消费呈一体化新趋势[EB/OL].（2024-09-01）[2024-11-16]. https://baijiahao.baidu.com/s?id=1808977014581365733&wfr=spider&for=pc.
② 张译丹. 研学游如何实现"研学优"？[N]. 今晚报，2024-8-21（12）.
③ 三川汇文化科技. 当前公众消费新特点与新趋势调查报告（2024）[EB/OL].（2024-10-18）[2024-11-16]. https://m.163.com/dy/article/JEQIVNFK0519CS5P.html?spss=adap_pc.

（5）新的受众群体重塑"博物馆-大众"关系，构建未来科技学习新模式

我国在2010年正式进入中等偏上收入国家行列，并逐步向高收入国家行列迈进。除基础教育之外，家庭有更多余力为孩子在兴趣培养和眼界开阔方面投入成本，让其探索自我发展有更多可能。2016年，随着AlphaGo战胜人类棋手，人工智能迎来发展高潮。2022年底ChatGPT推出，α世代成为第一批用户，是真正的AI时代原住民。同时，文化自信让α世代更早、更深接触中华优秀传统文化。我国科技博物馆的受众群体特征已发生深刻变化，必须做好主动迎接α世代的准备。α世代成长于高度数字化的世界，生活方式、思维方式和行为习惯等都与之前的世代存在显著不同，表现出较强的自主意识和个人主张。他们从小就开始使用智能手机等智能设备，信息获取多元而广泛，逻辑思维能力强，更倾向于体验式消费，对定制化体验、个性化服务有着较高的需求，喜欢灵活多样的学习方式。他们塑造了博物馆场所内科学学习的趋势：为了好玩而学习；学习要比其他事情更令人愉快；参观者要被吸引到一个包含学习的体验中；要有发现或着迷的感觉；要有吸引多感官、学习不费力的最佳场所[1]。当这一代人越来越多地走进科技博物馆进行科学学习，以及进行科学文化消费时，他们将对科技博物馆的展教理念和方式、科学学习设计和体验、科学文化产品和服务的供给等提出前所未有的新需求，未来的科技博物馆会是一种更加以观众和各类参与者为中心的参与式文化机构（participatory cultural institution）[2]。

伊利奇在其1971年出版的《非学校化社会》（*Deschooling Society*）中提出一种一对一的联网教学模式，用一本电话簿把每个人的技能都收录进去，从修汽车到吟诗作赋，任何技能都可以。这本电话簿就相当于一张课程表，人们可以根据电

---

[1] 约翰·H.福克.博物馆观众：身份与博物馆体验[M].郑霞，林如诗，译.杭州：浙江大学出版社，2022.
[2] 妮娜·西蒙.参与式博物馆[M].喻翔，译.杭州：浙江大学出版社，2023.

话簿上提供的技能说明和电话、地址等信息与相应的人取得联系，并主动接受其指导。伊利奇认为，这种由社区成员推动的教育模式比学校体制更能给社区带来实用价值。参与式平台的设计都有很多通用的评判标准，那伊利奇的电话簿是不是也如此呢？电话簿是不是按技能、指导者的地址、指导者的姓名来分类呢？电话簿里会不会包括每个人的相关从业经历和技能证书呢？学习者要不要给自己的学习体验打分，并根据打分后的排名来重新调整电话簿的顺序呢？要不要专门留出一个反馈板块来展示人气老师？还是设计出一个平台，尽可能地在学习者中公平分配学习资源？①

英国埃克塞特科学中心（The Exeter Science Centre）开展ESC直播项目，为公众、本地研究机构及相关产业构筑桥梁，帮助研究机构将它们的研究工作与不同年龄和背景的人联系在一起。例如，中心为研究机构及相关企业提供展览平台、设计和推进公众咨询、在YouTube上直播等，研究机构和企业可以参与中心举办的公共活动或合作开展项目，可以在其社交媒体上分享最新信息，中心还可以为员工、学生提供定制培训，让公众有参观实验室的机会、参与到研究工作中。中心设立了ESC直播项目，将学校的孩子与工程师联系在一起，带领学生在线上参观英国西南部的能源生产设施，与选定的学校和学院进行现场连线，并为每次活动制作配套课程资源。

2007年，游戏设计师肯·艾克隆德（Ken Eklund）发行了一款名为"没有石油的世界"（world without oil）的游戏，玩家被假定在一个能源有限的世界对这场虚构的但合情合理的石油危机做出回应。游戏很简单：每天，一家网站会发布汽油、柴油和喷气式飞机燃料的价格和所剩数量，价格和所剩数量成反比。玩家通过提交如何在这场石油危机中生存的

---

① 妮娜·西蒙. 参与式博物馆[M]. 喻翔，译. 杭州：浙江大学出版社，2018.

办法来玩该游戏。玩家通过写博客、发视频、发微信来交流。很多人还制作了实物,并记录这场虚构的石油危机是如何影响自家的加油站、农贸市场和交通系统的。玩家总共提交了1500份方案,被发布在"没有石油的世界"的官网上,而且被疯狂转发。玩家通过把各自的意见和建议交叉、融合,形成对石油危机问题的集体回复。一位自称是肯尼迪政治学院(KSG)的玩家如此说道,除了让人"思考"这个问题外,"没有石油的世界"还让一大群热心玩家通过游戏里的博客和游戏外的浸入式虚拟现实游戏论坛来传递和交流各自的想法。这款游戏也给玩家提供了创意空间,激发人们思考如何才能采取一种更好的生活方式来适应这个没有石油的世界。推测问题常常被比较严肃的博物馆所不屑,但是还有很多问题像"没有石油的世界"里提出的问题一样,不仅与日常生活息息相关,而且为不久的将来打开了一扇窗,是需要文化机构和观众一起探讨的[1]。

科技博物馆日益多样化多元化,以多学科交叉融合视角为人的全面发展提供支持,进行自然科学研究及传播[2]、作为文化资源的一种行使文化角色功能[3]、吸引游客来促进他们的学习[4]、展示社会包容

---

[1] 妮娜·西蒙. 参与式博物馆[M]. 喻翔,译. 杭州:浙江大学出版社,2018.
[2] OPPENHEIMER F. A rationale for a science museum[J]. Curator:the museum journal,1968,11(3):206−209.
[3] DUBUC É. Museum and university mutations:the relationship between museum practices and museum studies in the era of interdisciplinarity, professionalisation, globalisation and new technologies[J]. Museum management and curatorship,2011,26(5):497−508.
[4] WELSH P H. Re-configuring museums[J]. Museum management and curatorship,2005,20(2):103−130.

性[1]、跨机构合作形成网络机制[2]、促进知识大众化[3]、为当地提供经济动力和经济复原力[4]、保护历史遗产、为公众提供科学体验和研讨交流的机会[5]。作为令人信赖的科学文化机构，科技博物馆在重新定义公众与博物馆之间的距离，推动接纳不同群体[6]，积极欢迎公众访客[7]，在推进公共政策的理解[8]和公共科学教育[9]中发挥越来越重要的作用。

3 破壁、升维、跨界、协同：面向未来的中国科技馆体系致力于社会创造力、凝聚力的强化

习近平总书记曾指出，中国各类博物馆不仅是中国历史的保存者和记录者，也是当代中国人民为实现中华民族伟大复兴的中国梦而奋

---

[1] MCPHERSON G. Public memories and private tastes：the shifting definitions of museums and their visitors in the UK[J]. Museum management and curatorship，2006，21（1）：44–57.

[2] GUO C，ACAR M. Understanding collaboration among nonprofit organi-zations：combining resource dependency，institutional，and network perspectives[J]. Nonprofit and voluntary sector quarterly，2005，34（3）：340–361.

[3] ACHIAM M，SØLBERG J. Nine meta-functions for science museums and science centres[J]. Museum management and curatorship，2017，32（2）：123–143.

[4] GUO C，ACAR M. Understanding collaboration among nonprofit organizations：combining resource dependency，institutional，and network perspectives[J]. Nonprofit and voluntary sector quarterly，2005，34（3）：340–361.

[5] OPPENHEIMER F. A rationale for a science museum[J]. Curator：the museum journal，1968，11（3）：206–209.

[6] STAM D C. The informed muse：the implications of "the new museology" for museum practice[J]. Museum management and curatorship，1993，12（3）：267–283.

[7] BLACK G. The engaging museum：developing museums for visitor involvement[M]. New York：Routledge，2005.

[8] JANES ROBERT R，GERALD T C. Looking reality in the eye：museums and social responsibility[M]. Chicago：University of Calgary Press，2005.

[9] BARRETT M J，SUTTER G C. A youth forum on sustainability meets the human factor：challenging cultural narratives in schools and museums[J]. Canadian journal of science，mathematics and technology education，2006，6（1）：9–23.

斗的见证者和参与者①。在人类进入"人机物"三元融合的万物互联共生时代，中国科技馆服务全民终身科学学习，聚焦数字、生物、能源、太空等国际科技竞合赛场，深化研究和教育功能，面向公众为新发展格局提供充分的科技供给展示，与人民群众共同寻找科学、探讨科学、创造知识，共享科学体验及其发现的意义，推动我国加速成为场景牵引的"全球科技产业变革枢纽"。最大限度地发挥中国科技馆体系组织内外关系的灵活性和独创性②，破壁、升维、跨界、协同，融入社会进程，为人民群众创造更多接触科学技术的机会，大力度培养提升学生的科学探究能力，推动人民群众在体验科学、融入科学、开启科学中实现全面发展，充分发挥"博物馆是一所没有围墙的大学校"作用，从中国科技文明的守护者、记录者转变为科学文化的生产者、创造者，推动科学文化成为大众文化，夯实中国式现代化的社会基础。

未来博物馆是什么样？中国科技馆"北辰对话"解码博物馆新趋势，探究"博物致知"。2024年5月18日，国际博物馆日来临之际，中国科技馆"北辰对话"推出特别节目——《来博物馆吧，博物致知》，由中国科技馆馆长郭哲担任话题召集人，以"博物致知"为核心议题，邀请中国科学院院士、古生物学家周忠和，清华大学艺术博物馆常务副馆长、中国博物馆协会副理事长杜鹏飞，中国人民大学附属中学物理教师李永乐共同探讨博物馆在现代社会中的新定位与发展趋势。

专家一致认为，博物馆作为教育与研究的重要平台，对于塑造公众世界观具有不可替代的作用。周忠和院士认为，博物馆是一本百科全书，它不仅仅是一个展览、教育和研究的机

---

① 尤越. 致广大而尽精微 [J]. 中国博物馆，2022（3）：25-29.
② 约翰·H. 福克. 博物馆观众：身份与博物馆体验 [M]. 杭州：浙江大学出版社，2022.

构，更是一个社会活动场所，应兼具教育和娱乐双重属性，让公众来博物馆成为一种喜爱、一种体验、一种生活方式。郭哲馆长表示，在当今世界科技革命的驱动下，博物馆一方面要向公众提供高品质展览展品；另一方面要加强其教育和研究功能，深耕创新融合，推动公平普惠，通过破壁、升维、跨界、协同，融入社会进程，真正实现"博物馆是一所没有围墙的大学校"。杜鹏飞副理事长提出，教育的核心在于培养完整的人格，博物馆是一座城市的文化殿堂。李永乐教师从教学经验出发，分享了博物馆如何帮助学生跨学科整合知识的实践案例，认为博物馆是一部浓缩的纪录片，应该让更多的孩子参与进来，亲眼看到、亲耳听到、亲手触到、亲身感受到自己喜爱的东西。

"北辰对话"作为中国科技馆精心策划的对谈栏目，聚焦科学文化领域前沿观点和热点话题，在对话和交流中探寻科学文化的北辰之光。节目开启全新的"线上＋线下""对谈＋互动"模式，邀请跨领域专家学者共享观点、洞察本源、引发思辨，通过精品影视产品，为高水平科技自立自强提供文化滋养。观众可通过中国数字科技馆及微信、微博、抖音、快手等中国科技馆官方账号搜索《来博物馆吧，博物致知》节目，沉浸博物馆之魅力，领略智慧交融之精彩。

(1)"破壁"推进科技馆体系泛在、联动，构建产学研各主体融合平台

今天的科学、技术与创新之间的界限越来越模糊，自然科学和社会科学之间的关系越来越复杂，大尺度和小尺度研究之间由于数字科学的发展也趋向融合。当代科学的研究对象呈现了跨边界、跨领域和跨模态的新特征。从历史发展的角度看，人类获取知识的方法从自然哲学思辨式、工匠试错获得经验，发展到广泛依靠实验、教学获得更加精确、系统的知识。这个演变过程的重要特点在于对人类认知行为的技术

性替代不断加强。16—17世纪开始用技术手段进行更加精密的科学研究，使科学研究社会化、组织化。而当前人工智能对于人类认知行为的技术性替代开始从肢体上升到头脑，AI技术用于学习、模拟、预测、优化自然和社会现象，使得科学研究的范式从经验试错范式发展到理论范式，又进一步发展到今天的计算范式、联系驱动发现范式。

2018年，来自社会科学、计算机科学、物理学等不同领域的十多位学者在《科学》杂志发表了题为《科学学》（Science of Science）的综述文章，提出一种新的"科学观"：科学可以被描述为一个复杂的、自组织的、不断进化的网络，它由学者、论文和思想组成。文章认为，科学学提供了对于不同空间和时间尺度的科学单元之间相互作用的定量理解，让我们了解"创造力"背后的条件和科学发现的过程，其最终目标是发展一系列能加速科学研究的政策和工具[①]。如果当代科学已经呈现出这样的范式，那么研究、展示科学，驱动知识快速生产和流动的科技馆，又将如何自我革命，真正成为变革时代中国家创新系统的重要一环。

突破科技馆的时空之壁，打造泛在的科技馆体系。打通中国科技馆与各省科技馆之间、区域科技馆之间、省市县科技馆之间空间壁垒，资源共享、协同行动。在大力赋能"非传统"科普设施的过程中走向泛在化，激活专业与行业展馆和场所的科普功能。鼓励有条件的地区，将科普功能嵌入自然灾害、公共卫生、智慧城市等各类专业展馆和场所。鼓励科技馆联合本地消防、气象、安全、食品、卫生等部门，共同研发多种形式的科普资源，强化相关专业与行业展馆和场所的科普功能。将科普功能泛化至"非传统"科普设施。探索依托公园、文化场馆、社区文体活动中心等公共空间，开发面向公众开展科普活动、支撑公众科学学习的功能模块，推动实现科普设施、科普功能、科普活动泛在化。

构建跨界协同平台，广泛联系政产学研用各个主体，通过更高水

---

① 李正风. 当代科学的新变化与科学学的新趋向[J]. 世界科学，2024（8）：41-44.

平的馆校合作，构建泛在化、高效率的校外科学学习空间，与高校、科研院所、企业等各类科技创新主体在资源共建共享、科技资源科普化等方面开展深度合作，聚焦产业发展为高校、科研机构企业等创新主体与产业链上下游各环节的创新活动提供专业化服务。

（2）"升维"汇聚科技资源探寻前沿主题，塑造展教研一体化的内容生产策源地

全球科技创新竞争空前激烈，颠覆性科技加快涌现，技术迭代周期越来越短，新领域新赛道快速演进。新的科学知识生产方式中包含新的世界图景、新的价值观念和新的思维方法，并随着科学体制化过程沉淀、固化在制度、社会文化之中[1]。中国科技馆作为科技馆体系的策源者、驱动者、分发者、转化者和集聚者。立足前沿的高水平理论和内容生产，展现和解读当代科学、产业新的图景和方法，是赋能中国科技馆体系的关键。大力推动科技馆展品研发和展陈模式创新，将中国科技馆打造成为科学传播和科学教育领域的理念引领者、理论建设者、资源创新者、模式输出者和效果评价者。

建设前沿科技体验基地/研究中心，推动优质科普资源和服务供给。围绕重大科技创新成果，聚焦人工智能、量子信息、生命健康、脑科学、生物育种、空间科技、深地深海、民生健康等前沿领域，开发多种形式的科普资源，及时推广重大科技创新成果和科学方法。鼓励、支持和指导高校、科研机构、企业等推进开放科学（open science）理念[2]，通过多元化方式参与新领域新赛道的科普资源开发。拓展科技基础设施的科普功能，鼓励科技类场馆、重大科技基础设施运营管理方等机构开放科学资源。设置专业人员开展科技前沿讨论的公共区

---

[1] 武晨箫，李正风.科学文化与后发追赶国家的科学体制化[J].自然辩证法通讯，2021（6）：106.

[2] 开放科学被认为是一种新的研究范式和创新理念，主要方式就是通过提高科学研究内容、工具、进程和成果的开放性，推动形成更加开放和包容的创新生态、更良性的科学与社会关系，进而提升科学研究、科学传播和创新成果扩散的效率与成效。在核心内容方面，开放科学主要包括开放获取、开放数据、开放科学评价和公众参与科学等。

域，拓展体现科学文化的新展品和展览设计、前沿科技展示空间，聚焦国家战略与时俱进创设现代科学与公众实时交互的信息界面和情境。

中国科技馆"机器人与人工智能"常设展厅中设置"追踪前沿"短期展区。展区面积220平方米，已成功举办5期展览。2021年12月，联合腾讯科技（深圳）有限公司推出"腾讯T-DAY"短期展览，汇集腾讯在人工智能领域的最新研究成果和新奇有趣的应用，包括AI换声、语音识别、手势识别、人体关键点识别及五官定位等，通过趣味的互动展示形式，为观众带来丰富的AI体验（图8-7）。

2023年2月，联合哈工大机器人集团股份有限公司隶属企业推出"国产机器人技术"短期展览。汇集多款具有代表性的优秀国产机器人产品，包括智能仿生扑翼机器人、排爆机器人、水上机器人、水下机器人等，展示机器人在众多复杂场景中的应用前景（图8-8）。

2023年8月，联合美的集团（上海）有限公司推出"遇见服务机器人，预见智慧生活"短期展览。内容包括服务机

图8-7　中国科技馆"腾讯T-DAY"短期展览

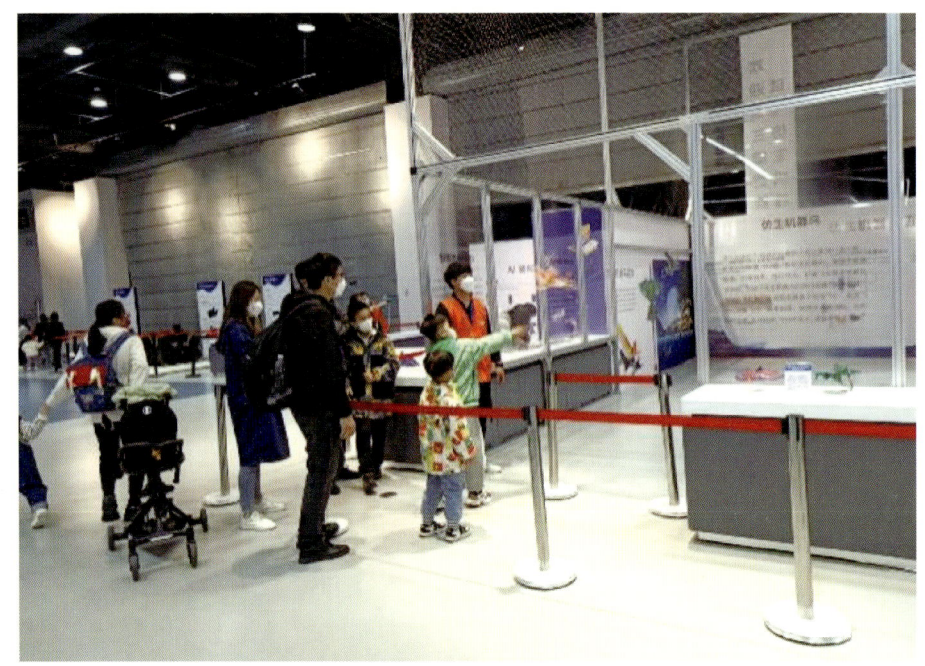

图8-8 中国科技馆"国产机器人技术"短期展览

器人关键技术解读、功能组件展示、语音互动体验、场景表演等，由美的集团综合型家庭服务机器人提供现场服务演示，让公众感受有温度的科技。

2024年2月，联合北京小米移动软件有限公司推出"科技，未来，与我——'人车家全生态'未来生活展"。集中展示智能科技在人们工作和生活中的众多应用，内容包括小米澎湃OS操作系统、仿生四足机器人等，为观众呈现多场景应用，让公众感受更智能、更无缝的全新操作体验（图8-9）。

2024年8月，联合科大讯飞股份有限公司推出"人机共创未来"短期展览。基于科大讯飞在智能语音、计算机视觉、自然语言处理、认知智能等方面的国际领先技术，为公众展示人工智能的多种功能、应用及技术原理，呈现我国人工智能行业的发展水平（图8-10）。中国科技馆还将继续聚焦新领域新赛道面向全社会公开甄选优质展览内容，持续为公众提供能够代表技术前沿的高质量科普展览。

图8-9　中国科技馆"科技，未来，与我"短期展览

（3）"跨界"搭建社会力量动员协调枢纽，打造终身进行科学学习的实时"加油站"

马克思曾对生产力范畴有过相对明确的描述。一切生产力即物质生产力与精神生产力。知识经济的出现标志着当代社会的发展从以物

图8-10　中国科技馆"人机共创未来"短期展览

为中心的价值取向转向以人为中心的价值取向。在知识经济中主要的生产要素是知识、人才。资源开发的重心由物力资源开发转向知识资源、人才资源，经济增长主要依赖知识、智力投入，与此相应，人将改变对物的从属地位，成为经济的主导力量[1]。当前，智慧经济是创新性知识在知识中占主导、创意产业成为龙头产业的知识经济形态，是完整的、真正意义上的知识经济形态[2]。"尊重劳动、尊重知识、尊重人才、尊重创造"成为社会发展的必然要求。

科技馆广泛联动产学研用各主体，其对公众所处的生产生活世界所做出的解释是在一个复杂、大部分连贯的系统中呈现的。科技馆为人们提供了一个本地与全球之间、个人生活世界与科学世界之间的永久持续连接[3]，不仅有效推进着人的知识体系的现代化，更在于呈现了多种创新主体交互关系的解释系统，情境式地启发和推动人的观念、思维等现代化。

科技馆应换一种方式看自己，把自身视为一个通道和枢纽，一个促进知识学习、知识生产的"加油站"[4]。打造跨界协作平台、资源汇聚中心、家校社共育的枢纽，推动科学传播和科学教育方式方法现代化、情景化，创造一个个合适的氛围与场域，营造一种与科技展览的特点和本质相呼应的氛围，来"放大"或提升展品的存在感[5]，让公众在其中与主题、信息进行感知碰撞，并产生疑问与探索欲，成为科学教育理论与实践研究的重要场域。打造分布式、泛在化的科学传播和科学教育资源平台，开展科普资源共建共享开发，实现科普资源在科技馆体系内外的有序流通与高效利用。依托网络直播、远程交互

---

[1] 张传香.论知识经济与精神生产力[M].哈尔滨：黑龙江大学，2004.
[2] 陈世清.对称经济学[M].北京：中国时代经济出版社，2011.
[3] 莎伦·麦克唐纳，戈登·法伊夫.理论博物馆：变化世界中的一致性与多样性[M].陆芳芳，译.杭州：浙江大学出版社，2020.
[4] 约翰·H.福克.博物馆观众：身份与博物馆体验[M].杭州：浙江大学出版社，2022.
[5] 莱文特，阿尔瓦罗·帕斯夸尔-利昂.多感知博物馆[M].王思怡，陈蒙琪，译.杭州：浙江大学出版社，2020.

等方式，开发线上科学课程，拓展教育活动形式，为公众提供更加智能化、个性化、精准化的科普服务。建设数字科技馆传播矩阵，动态反映前沿科技的创新成果、科学发展特征规律及其对经济社会发展影响，推动全行业行动、全地域覆盖、全媒体传播、全民参与，精准定位科普受众、内容、活动，有效满足社会公众对科学的认知需求有助于其终身学习生活方式的养成。

（4）"协同"构筑高水平科技自立自强的"科学文化高地"，引领时代风尚

坚定文化自信是树立创新自信的基础和前提。世界科学中心从来是科学文化繁盛之地，科学文化和科学成就交相辉映，绘制了人类历史创新发展的灿烂图景。加快实现高水平科技自立自强，培育和弘扬创新文化，中国科技馆体系要充分响应社会发展和人民需求的深刻变化，主动适应知识生产方式、学习方式变革，坚持生态化发展路径，实现从"馆系统自我运转"向"面向社会协同化发展"转变，实现产学研各类主体共同参与、广泛连接、协同，以泛在化实现功能和效能的蝶变，发展出一种从仪式性到感召性的新方式来构筑科学文化空间的功能[①]。

打造科技馆实验室体系，让公众零距离体验科学、感受科学、创造科学。以往的信息线性传达已被多向传达所取代，越来越多的公众已经习惯和正在习惯参与式学习体验，不再满足于"围观"科学活动或是仅仅局限于迈进科技馆的大门。文化形成过程的实质在于参与，创造出来再不断分享、传播、接纳、再分享、再传播、再接纳，这样循环往复形成规模[②]。应深入研究沉浸式科学体验的情境学习、自主科学探索的个性化学习、主动科学追求的探究式学习，给不同类型的观众创造体验的机会，构建科学精神、科学家精神传播的重要情境，帮助公众树立探索未知领域的信心，并使理想的个性化实验体验并不因

---

① 莱文特，阿尔瓦罗·帕斯夸尔-利昂.多感知博物馆[M].王思怡，陈蒙琪，译.杭州：浙江大学出版社，2020.
② 妮娜·西蒙.参与式博物馆[M].喻翔，译.杭州：浙江大学出版社，2018.

离开科技馆而结束[①]，持续构建"从我到我们"的有效、有趣、有探索意识的集体价值体验。

打造集科技创新、科学普及和生态文明建设于一体的科学公园。以为公众提供科学文化服务为主要目标，依托知名科技工程装置、自然地理资源、城市文化综合体等基础设施，以新技术引领沉浸式内容供给，将科学与自然、科学与文化、科学与产业、科学与文旅、科学与未来有机融合，打造多种要素融合的国家科学名片。发展催生更多新业态、新模式，服务科技创新突破，引领科学文化传播，不断拓展中国科技馆体系更好满足人民群众日益增长的科学文化需求的新型公共空间，把中国科技馆体系打造成为高水平科技自立自强和文化强国的文化高地。

4 以大众科学的蓬勃开展，掀起科技强国建设的社会动员热潮

2035 年建成世界科技强国，时不我待、只争朝夕。历史发展反复表明，社会越进步人的主体地位和作用就越突出。马克思、恩格斯曾说："任何人类历史的第一个前提无疑是有生命的人的存在。"科技文明从一定意义上讲，就是要全社会学科学，爱科学，讲科学，用科学。当前科技文明又走回了"实践先于理论"的发展阶段。科技如水流泄般渗入社会的方方面面，并在海量的社会实践中"淘洗"至最佳状态。就像物理学界内部打趣的："发现新超导材料的第一定律是远离理论物理学家。"只有最广范围的科技创新，才能为"淘洗"构筑发现基础。未来，科技创新调动起"人民行动的汪洋大海"，让人民"在市场投票"，将成为科技创新降本增效、去伪存真的不二标尺和必由之路。

唯一不会过时的技能是学习新知识的基础。新知识的重新配置作为一个知识过程，是与原始生产一样令人兴奋的。大众化为知识产业

[①] 妮娜·西蒙. 参与式博物馆 [M]. 喻翔，译. 杭州：浙江大学出版社，2018.

的兴起提供了基础，对知识传播过程具有最特殊意义的是终身教育的大幅扩大以及由此带来的学习型社会的兴起。随时准备学习的心态大大提高了公众对飞速的技术革新的适应能力，这与支持技术革新的创新成果以及驱动技术革新的竞争市场相比，是同等重要的①。"创造活动可以被看成具有双重的作用：它增添和开拓出新领域而使世界更广阔，同时又由于使人的内在心灵能体验到这种新领域而丰富发展了人本身"②。知识可以改变某些事物或某些人的信念或使之成为行动的基础，推动个人（或机构）具备采取不同和更有效行动的能力。

科技强国立基于先进文化和深厚的民族精神。百年之前的"李约瑟之问"、世纪之初的"钱学森之问"，都需要我们在科学文化上给予回答。从五四新文化运动提出"德先生""赛先生"，到新中国成立后大力发展科学普及事业，提升全民科学文化素质，核心目标就是要更好地推动人的现代化。新一轮科技革命和产业变革深入发展，科技馆要主动参与、积极作为科技强国征程中社会文化和人民群众生活学习方式的塑造，持续推动科学的大众化和创新的泛在化，以大众科学推进人的全面发展，提高公众终身学习能力，不断丰富人民精神家园，投射中国人自己的科学价值体系，形成与科技强国地位相称、与中国式现代化建设需求相适应的中国科技馆体系，成为高质量校外科学教育服务提供者和大众科学浪潮蓬勃兴起的发动者和组织者，塑造全面动员的创新共识。

（1）引领理论创新、跳出中西"二元思维"，推动科学文化创新发展

卡尔·古斯塔夫·荣格（Carl Gustav Jung）③说，如果你前面的道路非常清晰，你恐怕是在属于别人的路上。中华五千年文明所创造

---

① 迈克尔·吉本斯，卡米耶·利摩日，黑尔佳·诺沃提尼，等.知识生产的新模式：当代社会科学与研究的动力学[M].陈洪捷，沈文钦，等，译.北京：北京大学出版社，2011.

② S.阿瑞提.创造的秘密[M].钱岗南，译.沈阳：辽宁人民出版社，1987.

③ 卡尔·古斯塔夫·荣格（Carl Gustav Jung，1875—1961），瑞士心理学家，分析心理学派创始人和代表人物。分析心理学是从集体潜意识、心理能量等概念出发，研究人格结构和发展的心理学体系，由荣格于20世纪20年代建立。

的优秀文化历史，赋予我们理论创新的源头活水和强大自信。近代以来，我国多次与科技革命失之交臂，教训深刻。以史为鉴，在科学文化的理论创新并实现创造性转化、创新性发展中，不能妄自尊大，更不能妄自菲薄，应以内在的自信和包容避免现代科学自我普遍化的倾向，尊重文明发展的复杂性，在正确的历史观中把握科学文化前进规律，坚持整体观照、涵盖和包容多样。更大程度促进学科交叉，打造开放平台，推动科技、经济与社会发展的协同，传承中国文化作为不断演化与进化的开放体系，既立足于中华文脉，又认真研究总结科学文化形成和成长规律，推进西方科学文化创造性转化、创新性发展，为实现高水平科技自立自强、建设世界创新高地提供文化给养[1]。

科学文化作为人类科技实践的精神化结晶，贯通古今中外深邃的思想源泉，连接不同价值体系、思维方式和行为准则，是推动人类文明发展进步的强大动力。处于百年未有之大变局，创造性转化、创新性发展西方科学文化，对当今世界大势、人类文明大局和中西文化交流格局进行清醒思考并形成正确认识，才能真正做到习近平总书记指出的"坚定文化自信"，进而有力激发支撑民族复兴大业更基本、更深沉、更持久的力量。

最深沉、最基础的自信源自哪儿？习近平总书记强调，开放包容始终是文明发展的活力来源，也是文化自信的显著标志。无论是对内提升先进文化的凝聚力、感召力，还是对外增强中华文明的传播力、影响力，都离不开融通中外、贯通古今。经过长期努力，我们比以往任何一个时代更有条件破解"古今中西之争"，也比以往任何一个时代更迫切需要一批熔铸古今、汇通中西的文化成果。为我们传承发展中华优秀传统文化，促进外来文化本土化，不断培育和创造新时代中国特色社会主义文化指明了方向。

---

[1] 付连斌. 系统推进科学文化建设，切实担负起科技界新的文化使命[EB/OL]. (2023-10-23) [2024-07-23]. https://mp.weixin.qq.com/s/8dhMm2B8IciM2ZKGargrAw.

世界科技发展历程表明，科技革命的发生与科学文化的兴起和发展相生相伴，科技强国、经济强国都是科学文化繁盛之地。要成为世界科技强国、屹立于世界民族之林，离不开科学文化的肥沃土壤。培根的实验科学方法、笛卡尔的理性主义文化哲学、洪堡的现代大学理念等，塑形科学文化并在当时社会文化的博物园中广泛扎根、开枝散叶，深刻改变了许多国家的历史命运，成就了英国、法国、德国、美国的现代化强国之路。全世界唯一五千年未曾间断的中华文明，早在16世纪前的千余年间就创造出引领世界的先进科学技术，并在中国传统文化的滋养下绵延不绝，成为人类文明宝库中的璀璨明珠。若以历史的尺度审视科学文化的源起和发展，有必要去探讨和发现西方科学文化与中国传统文化的关联性，探求中国传统文化对当代世界的普遍意义，在系统研究和阐释基础上，开展面向世界的文化对话，进而影响世界科技文明的发展。

科技文明的开拓是一场穿越时空的接力，在认识世界、认识自我中探索前行，因开放创新、兼收并蓄而生机勃发、引领未来。1697年，莱布尼茨（Gottfried Wilhelm Leibniz）[①]在《中国新事萃编》的绪论中写道："全人类最伟大的文化和最发达的文明仿佛今天汇集在我们大陆的两端，即汇集在欧洲和中国。"黑格尔认为，"世界精神"从最东方的古中国开始，世界历史的第一个环节就是中国所代表的混沌整体。礼仪之大，故称夏；服章之美，谓之华，"华夏"作为一种对文明的赞许和文化的认同，更多体现的是"中华"作为一种文明体在世界历史上的意义。站在人类文明进步和科学文化空前发展的重要节点，回望中华文明精神血脉滋养创造的历史荣光，挺起自信胸膛的同时，深刻感受到肩负以世界眼光看中国的时代责任，循源远流长的中华文脉，探求科学文化新发展的密码和基因。

五千年中国文化倡导"同天下之利"，形成对科学文化的整体观

[①] 莱布尼茨（Gottfried Wilhelm Leibniz，1646—1716），德国哲学家、数学家，被誉为"17世纪的亚里士多德"。

照。历史是今天的财富。中华文明源远流长、历久弥新,它的主流文化精神是刚健有为、自强不息与和而不同,注重"不谋全局者不足以谋一域"的整体观,"牵一发而动全身"的系统观,"治天下者,以人为本"的人本思想,为"天下"立法,不拘于有限区域,站在人类高度构建自己的"想象空间",以及"无信不立""学贵知疑"的治学理念,强调"万物生于有,有生于无"的宇宙演化思想,"其一也一,其不一也一"的天人合一思想,"天地固有常""复命曰常,知常曰明"的自然规律观念等。2500多年前《道德经》就讲到,"故恒无欲也,以观其眇;恒有欲也,以观其徼",包含了朴素辩证法。五千年中华传统文化以其探索天地之间奥秘更为深刻的哲学思辨和生命感悟,以及"以道观之,物无贵贱"的万物平等思想与"天人合一"的人与自然和谐相处原则,为科技文明发展提供了丰厚的滋养。

应建立与中华优秀传统文化的时空联系,避免科学文化的发展陷入自我普遍化倾向的"二元对立"。毋庸置疑,西方文明对于现代科学的诞生和发展有着深刻的影响。古希腊以来,西方文化高扬人类理性大旗,其内在思维结构更多通过仔细观察、精确描述、共性归纳、试错修正、重复验证探究自然世界和人自身发展规律,推动近代科学文化诞生于西方,研究者常常采用线性、单向度的理解模式开展科学文化研究,由于缺乏对文化自身整体性和复杂度的理解,容易在理论上陷入"二元对立"。怀海特[1]指出,2500年的西方哲学只不过是柏拉图哲学的一系列注脚。巴门尼德[2]的"存在"与柏拉图的"理念"都

---

[1] 怀海特(Alfred Whitehead,1861—1947),20世纪英国著名哲学家,在哲学、数学、逻辑学、教育学及其他领域都有所涉猎,新实在论(neo-realism)的主要代表人物。新实在论是20世纪初在欧美兴起的一次哲学运动,该学说承认外部世界和人的认识的客观实在性,把感觉、观念也看作是客观存在的,强调科学精神,肯定科学方法,特别是逻辑分析方法的效用是正确的。冯友兰、金岳霖、张岱年等为中国新实在论的代表人物,他们将新实在论进行了中国化的理论创新。

[2] 巴门尼德(Parmenides,公元前6世纪末至公元前5世纪中叶),古希腊哲学家,爱利亚学派的实际创立者和主要代表人物,色诺芬尼的学生,是前苏格拉底哲学家中具有代表性的人物。

是永恒的,"变化"永远是第 2 位。避免自我普遍化的倾向,并在历史观的确立和规律的把握中,形成对科学文化的整体观照,理论框架必须更多地涵盖和包容文化的多样性。思考科学与民主的时代化和中国化,理应建立与中华优秀传统文化的时空联系,传承中华优秀传统文化中自强不息、革故鼎新、敢为人先等创新基因,在兼收并蓄中重新发现自己。

Cirkony 等[①]认为自 19 世纪科学首次融入学校课程以来,大多数地区都关注于现代西方科学,但每种文化都会根据自己的经验和理性形成对自然描述和解释的"多科学"。本土科学知识更侧重于生命体之间的相互连接、精神及在平衡和整体性中的变化。它强调了自然世界中所有事物之间的内在联系和动态平衡,以及人与自然的和谐共处,注重与自然的精神联系和对生命体间相互依存的尊重。相比之下,西方科学更多地集中于分析部分以构建对整体和系统的理解。它通常采用分析和还原的方法,通过研究个别部件来解释整个系统的工作原理。倾向于使用定量方法和实验验证,强调理论建构、假设检验和客观性。简而言之,本土科学与西方科学在方法论和世界观上存在明显的区别,前者是一种更加整体、动态和基于关系的理解方式,强调与自然的和谐共生;后者则更侧重于通过分析组成部分来理解和控制自然界的系统和整体。

张红霞等[②]指出了西方文明与中国文明在科学探索路径和过程上的不同,以及这种差异对科学教育的影响。提议将探

---

① CIRKONY C, KENNY J, ZANDVLIET D. A two-eyed seeing teaching and learning framework for science education[J]. Canadian journal of science, mathematics and technology education, 2023, 23 (2): 340 - 364.
② 张红霞,郁波. 从"探究"到"实践":科学教育的国际转向与本土应对[J]. 教育研究, 2023, 44 (7): 66 - 80.

索中国科学史的发展和中国科学史与中国文化的关系作为认识中国、理解中国科学教育问题及其社会文化影响的基础性教育资源，同时也为学生科学认知的进阶和科学实践活动的情境设计提供理论依据和本土资源。

当代科学文化从量变到质变的发展趋势，正叩击"割裂还是融合"的"时代之问"。人类社会正大步迈向万物互联的智能时代，当代科技革命和产业变革正以前所未有的广度、深度、速度、精度对已有科学范式、思维方式乃至社会价值体系全面重塑。科技从来没有像今天这样与人类发展高度关联，政治、经济、人类价值取向均与之深深交织并互相建构。物相杂，故曰文。万物互联极大地推动学科、区域、国家的重塑，更为各种文化的连接提供桥梁。如果以一种时代的、世界的眼光审视社会系统连接、整合正在发生的革命性变化，便能发现科学文化也将随之实现从量变到质变的飞跃。科技是发展的利器，也成为风险的源头，这一挑战前所未有。实现全球可持续发展目标、推动人的全面发展等，都依赖于建立在人类共同行动基础上的可持续创新。机械式、还原式的认识论已经不能够"包打天下"，需要以系统观、整体论的方法，全面认识科学文化的时代特征和发展走向。新一轮科技革命和产业变革风起云涌，成为百年未有之大变局的重要变量，正以前所未有的程度深刻影响人类文明形态和走向。科学的联系是文化在动荡中建构的重要纽带。割裂还是融合？对世界至关重要，对中国尤其重要。"和羹之美，在于合异"。文明因交流而多彩，因互鉴而丰富。文明差异不应成为世界冲突的根源，而应成为人类文明进步的动力。

以新时代科学文化推动科技向善，不断彰显对人的全面发展的终极关怀。人类社会以不断推进人的全面发展和自我解放构筑前行方向，其自信源于其全体参与者朝着真理的共同信念和协力前行。公元前800年至公元前200年是人类文明的"轴心时代"，先哲们思考人与自然、社会的关系，以第一次思想大爆炸奠基人类文明的根基，推动人类历史迎来第一个拐点。他们提出的思想原则塑造了不同的文化传统，但这一时期最为可贵的便是在东西方几乎同时产生了以"以人为本"、重视人的价值为特点的人本思想，儒家文化的核心是"仁"，主张"仁者爱人"，古希腊提出"人是万物的尺度"，二者均强调人的地位和作用，均关注人的命运、人的价值以及人在世界上生存的意义。在此之中、之后，四大文明格局展开。近代启蒙思想与自然科学的产生，使蕴含人类进步和自我解放信念的科学文化得以形成并在各社会广泛渗透，日益成为世界范围的重要价值观，推动人类社会生产力的极大解放，推动人类历史迎来第二个拐点。正如李约瑟讲到的"想来没有比欧美和中国文明的合流更伟大的"，从中华文化中寻找新时代科学文化的给养，在崇尚理性，提倡质疑、批判、创新，追求实证和普遍确定性规律中，更加适应新一轮科技革命和产业变革需要，观照人类文明发展的纵深，坚持"以人为本"追求真理，在更广阔的时间、空间框架中推动科学文化对系统、整体、联系、辩证的追崇，将是焕发科学文化的时代感召力、凝聚力、传播力、影响力，不断创造先进文化新形态的中国贡献。

在庆祝新中国成立75周年之际，中国科技馆携手中国煤矿文工团创作的沉浸式戏剧《华夏之光——文明的烛火》在京首演，从预示国运昌隆、润泽后世的"祥光"到赢得国际宇宙线研究话语权的"拉索"探测，在近距离、沉浸式、体验式小剧场中以现代化的艺术表达，戏剧性的叙述，多场景的转换和跨时空的交流，让古今中外的科学家与现场观众同望一片星空，一起追光而遇、对话探索。"文明的烛火"开创性地将科学世界在一个复杂的、跨越古今中西、融通经济社会的系统中情境呈现，展现了5000年历史冲刷的中华文明自强不息的民族筋骨和对世界的贡献，展现了当代中国科学界以一种系统的宇宙观和科学观，把"联系"作为科学方法的宏大视野和鲜活呈现，展现了科学"零距离"走向大众、"热爱穿越千年，可抵岁月漫长"的精神共鸣。

道，中华文脉永续之根基。中国科技馆以"寻道"思路把握科学文化切入点。返璞归真，以历史自觉让科学之追求持续融入民族精神，在向光前行中开辟民族复兴康庄大道。正如中国科技馆馆长郭哲所说："循中华文脉开启溯源之旅，察古今东西科学文化之道，求得最大公约数，这是促进科学繁荣之大道，将为开辟科技新文明提供不竭源泉。""我们已进入不确定思维时代，必须思考多种文明的沟通之道。培育信奉长期主义的创新文化刻不容缓，源头活水恰在于科学文化的创新创造。科技馆是一个没有围墙的大学校，理当在推进科学与社会融合中引领风尚。""'拱顶石'由英文 keystone 翻译而来，是为拱门或拱道建筑最顶端起连接作用的石头。我们希望科技馆也起到拱顶石的作用，连接公众与科学，连接中西古今，沟通交流、兼收并蓄、互相包容。"

让文明交融之光照耀未来，中国科技馆担负起新的文化使命。未来，中国科技馆还会继续挖掘科学背后的文化，通过创造性转化、创新性发展，以强大的文化自信和历史主动，架设沟通中西古今的拱顶石，沟通交流、兼收并蓄、互相包容，破解科学文化的古今中西之争，文明互鉴中实现美美与共，为人类文明共同体的科学文化提供注脚，大众科学和大众文化交汇与此，读懂的过程就如随风入夜的春雨滋润心灵。在中国式现代化的宏大场景中打造泛在的终身学习科学教育阵地，连接公众与科学，以独特的实物、实践、情感、历史、文化与社会系统展示科学生活真实情境，引导公众像科学家一样思考、工作，让融入社会文化的科学文化掀起大众科学的蓬勃浪潮，推动以科技创新为核心的全面创新。

（2）广泛链接全社会行动者网络，历史性地成为科学文化的创造者、力行者

智能社会，个人、组织、各类创新主体，都能够成为与科技、经济和社会双向耦合的"投射者""行动者"，每个人都可以参与创造社

会的未来，成为社会最大的价值源泉。中国科技馆要发挥作为中国科技馆体系的龙头引领作用，以"馆联体""活动联盟"等牵引形成科技馆体系旗舰，要像"作战群"一样，打造无边界组织群。在连接、共享、服务理念下，实现整个科技馆行业优质科普资源的共建和共享，整体提升科技馆行业服务公众的水平和能力。增强中国科技馆体系的开放性和社会协同，支持多元主体参与科技馆建设，形成多方协同推进的科技馆体系发展态势。构建广泛联系产学研各个主体的产品创新枢纽和研发平台，由此广泛发动社会参与。把握教育科技人才贯通发展的时代规律，推进产教融合、科教融汇，推动现代化的科学传播、科学教育体系构建。网络化布局实体馆外流动体系，通过数字化技术和互联网的支持，将科技馆的内容、资源和活动向外扩展和传播，让科技馆服务成为社会生活的一部分，形成"泛在"的状态，无处不在、无时不有，鼓励公众参与到科技话题和实验活动中来，超越传统实体馆物理空间和资源的限制，形成一种覆盖多种形式、无缝连接、高效流动的新型服务体系，打造泛在的科学文化网络。

传播最佳实践，从古今中外科学技术的交融碰撞，从华夏文明的智慧与创造到与生活息息相关的衣食住行，物质之妙、光影之绚、电磁之奥、宇宙之奇、数学之魅、声音之韵、生命之秘……运用先进展示和传播手段，让古代科技文物和现代科技成果"活起来"，推动中华优秀传统文化在科学教育领域的创造性转化和创新性发展。从根本上展现科技创新和科学普及的结合，充分估量跨界创新、"无边界"创新催生技术群体性突破的挑战，既要有文化视角，也要有理论视野，透过复杂现象、复杂科技发展的图景看本质，抓住底层逻辑。从科学展示和教育项目的开发到游客接待和互动体验的提供，再到科技信息传播和社会影响的扩展，实现高水平内容供给革命性变革，推动理解科学文化对系统性、整体性、联系性和辩证性的追崇过程，传播并解读客观性、联系性、系统性、综合性的思维方式和方法论。将科学问题或现象呈现为一个相互依存和交互的系统整体，帮助全社会行动者通过对立统一的观念来理解事物的发展和变化，倡导跨学科的合作与研究，以整体性、系统性视角理解和解决复杂问题，并深入探究其背后的矛盾与统一，从而更好地把握事物的发展趋势和规律性。

科技对社会的改造和文明的塑造能力不断加强，并在以更快的加速度实现这种塑造。一旦科技的基础、引领性地位得以确立，科学文化的发展必然迎来新一轮的版本升级。中国科技馆要勇担历史使命，与全社会的行动者一起融入新一轮科学文化形成的创造中。推动当代科学文化的大潮，一往无前地朝着向善、求真、为了人的全面发展的方向前进。弘扬科学精神、启迪科学思维、传播科学方法、培养创新能力，推动开放创新生态建设，让每一位参与其中的行动者、每一位公众都历史性地成为科学文化的创造者、力行者，以更加繁荣的文化创造，推动科技进步和科学文化向行业、部门、产业前所未有地融合，成就更加美好的未来。

（3）服务人的现代化需求，成为推动大众科学蓬勃兴起的中心、枢纽

习近平总书记关于教育、科技、人才的系统论断，为我们开启科教兴国这一伟大社会历史运动新篇章提供了根与魂。马克思深刻揭示了科学在生产中日益增长的作用，强调社会生产力既包括科学的力量，又包括生产过程中社会力量的结合。处在当代科技经济社会深度融合的变革时代，所"运用的动因的力量"不仅决定社会财富的创造，更决定变革的深度和方向。历史反复证明，先进的思想文化一旦被群众掌握，就会转化为强大的物质力量；反之，落后、错误的观念如果不破除，就会成为社会发展进步的桎梏。科学文化只有在开放社会的环境中真正融入人民生活和社会生产，让广大人民理解并掌握，才能成为有本之木、有源之水。科技馆作为科学与公众的实时交互界面，以文化立馆、组织强馆为主线，努力把握大众科学的时代发展需求，成为科学文化的投射者、大众科学的发动者。

坚持人民至上，强化习近平新时代中国特色社会主义思想凝心铸魂的大众动员。站在中国式现代化建设的新起点，服务党和人民的事业发展全局，把握习近平新时代中国特色社会主义思想的世界观和方

法论，坚持人民至上这一马克思主义的根本立场观点方法，把握超大规模现代化进程中社会基础建设的规律。坚定登攀者的创新自信，就像2016年诺贝尔物理学奖得主邓肯·霍尔丹①所说，你不一定要成为像爱因斯坦这样的天才，但你需要做好准备，一旦有机会就要观察到；需要投入、需要坚持、需要不畏阻力，勇往直前。用科学更广泛团结起包括科技工作者在内的亿万人民，以大众科学的蓬勃发展，推动以科技创新为核心的全面创新，以中国特色社会主义思想的强大感召力凝聚人心、繁荣文化、培育新人。

站稳人民立场，把实现最广大人民的根本利益作为推进大众科学的担当使命。科学作为当代经济社会发展的关键动因，不仅在社会经济系统的变迁上发挥决定性作用，也通过其特有活动方式与社会物质文化、制度文化、精神文化在共同发展演化中互构。发展繁荣当代大众科学，就是通过跨越中西古今，使轴心文明启迪当代文明，消弭中西两种文化的鸿沟，坚持从世界看中国，远离封闭致盲的陷阱，远离"鄙秦贬汉笑钟王，越唐迈宋压苏黄"的舆论江湖，树立并保持永不止步的进取意识和开创精神，激发并保持永不满足的求知欲和创造欲，培养并保持永远昂扬的独立精神和进取意识，敢于突破既有的思维框架，善于创造性地提出观点、思想，在全社会形成讲科学、爱科学、学科学、用科学的良好氛围，使追求真理、创新求变被全社会所尊崇，使以人为本、以人民为中心的理念普惠人类，通过桥接上下使科学精英的理想与大众同频共振，为人民群众认识世界、改造世界提供强大武器，使先进科学文化深深融入民族性格，汇聚成引领发展、驱动复兴的不竭动力。

把握人民意愿，以科学的大众化推进人的全面发展。马克思指出，任何人的职责、使命、任务就是全面地发展自己的一切能力，其

---

① 邓肯·霍尔丹（Frederick Duncan Michael Haldane，1951—），英裔美国物理学家，现任普林斯顿大学物理学教授。他因"在物质的拓扑相变和拓扑相领域的理论性发现"与戴维·索利斯及约翰·科斯特利茨共同获得2016年诺贝尔物理学奖。

中也包括思维的能力。服务人的全面发展，优化推动和激发人的全面发展的科学教育和科学传播体系，广泛开展科技志愿服务。贯通科学教育、人才培养、精神养成、文化涵养各个环节，在全社会形成科学思维方式，保持开放创新的文化发展活力，推动广大人民群众科学文化素质的提升，不断将大众持续涌现的新思想、新观点、新方法转化为推动发展的生动实践，使文化不断深化对"人的全面发展"的关怀，成为社会发展的"加速器"，有力提升全体人民矗立前沿、引领科技文明时代的能力。

尊重人民创造，把科学的动因转化为科教兴国、人才强国的磅礴动能。科学一旦为人民掌握，就会焕发出无穷的力量。随着科技文明发展的速度越来越快，以人的创造力驱动的科技爆发已经接棒"定兴衰"的交椅。要让不畏风险、宽容失败成为社会生活的常态，有效激发全社会的创新意识和全民的创新自信与创新追求，使支持、参与科技创新成为全民的自觉行动。把握科技革命和产业变革的发展趋势，充分挖掘"人"的场景价值，有序构建"人-物-场景"的连接与再连接，以人的创新创造动能牵引社会系统的良性互动和协同创新，在现代化建设主战场有更大作为，面向现代化建设协同攻关经济社会发展难题。真正让自然科学、科技通过大众化实现全民创新的新局面，筑牢自立自强的高水平基础。

集中人民智慧，迎着科技革命浪潮不断开创科学文化建设的新局面。以科学致科学，以思想创思想。前瞻未来，世界创新版图在复杂交织中深度重构，新一轮科技革命和产业变革为当代科学文化发展注入强大动力，提出诸多新的命题。新的科研范式确立引发科技活动组织方式、交流渠道和协同机制的重新构建，数据驱动、开放科学跨界融通众多学科、领域，科技与经济、社会的深度融合，使科学文化日益走出"经院"，在塑造社会文化的新潮流中发挥着更加显性的作用。通过大众科学的广泛行动，把科学热情、人类情思、社会理想融为一体，不仅以只争朝夕的紧迫感快速赶上科技变革的进程，更以坚定的文化自信和海纳百川的格局胸襟，面向世界、面向未来，在新的科学文化创造中展示与时俱进、革故鼎新的中国气派,在促进现代科技文明为全人类共享、推动科技向善中做出新的贡献。

"在所有墙壁围起来的某个地方,
所有能使人类生活趋于完美的一切
都应起步,
去尝试,去讲授,去发展,并清楚地展示出来。"①

我们是科学博物馆,是没有围墙的大学校。
学校之大,不在其楼馆之高阔,
而在其讲述科学之深远,让自然倾诉它内心的秘密。
我们努力以开放和包容,连接过去,启示未来。
不为填满一桶水,而是点燃一团内生的火焰。
纳百川,汇细流,聚江海,
孕育大众科学蓬勃而兴的时代洪流。
走进科技馆,我们一起开启科学梦想的首航。
怀着难以言表的渴望,致敬伟大的探索者,培养年轻的心。
你的每一次全力奔赴,都是荣光的见证。
逐梦科学,万物向光而生。

中国科技馆体系将以推动大众科学的蓬勃发展为己任,用科学更广泛团结起包括科技工作者在内的亿万人民,紧紧凝聚在以习近平同志为核心的党中央周围。服务新时代人的全面发展,革新理念、破壁跨界、广泛协同,推进工作体制机制、手段方式的自我革命,不断满足人民群众日益增长的科学文化需求,始终把事业发展的基点建立在推进大众的创新创造实践之上,不断催化中国式现代化征程中

---

① 布鲁诺·格布哈特. 未来的科学博物馆人 [J]. 国际博物馆(中文版),2016(Z1).

亿万人民自信自强、团结奋斗的历史主动和使命担当，求得时代的最大公约数，助力支持、参与科技创新成为全民的自觉行动，打造支撑中国式现代化的科学文化新地标，以大众科学的蓬勃发展推动以科技创新为核心的全面创新，不断创造中国科技馆体系的时代荣光，以高水平科技自立自强谱写服务全面建设社会主义现代化国家的新篇章。